U0146322

“十四五”国家重点出版物出版规划项目·重大出版工程

中国学科及前沿领域2035发展战略丛书

学术引领系列

国家科学思想库

中国生物信息学
2035发展战略

“中国学科及前沿领域发展战略研究（2021—2035）”项目组

科学出版社

北京

内 容 简 介

21 世纪是生命科学蓬勃发展的时期，日益增长的生命科学与医学研究领域及其相关产业的大数据催生了生物信息学的快速发展。《中国生物信息学 2035 发展战略》面向 2035 年探讨了国际生物信息学的前沿发展趋势，深入阐述了生物信息学所涵盖的不同研究分支的发展历史、国内基础、发展态势，凝练了生物信息学的发展思路和发展方向，并提出了我国相应的发展领域和政策建议。

本书为相关领域战略与管理专家、科技工作者、企业研发人员及高校师生提供了研究指引，为科研管理部门提供了决策参考，也是社会公众了解生物信息学发展现状及趋势的重要读本。

图书在版编目（CIP）数据

中国生物信息学2035发展战略 / “中国学科及前沿领域发展战略研究（2021—2035）”项目组编. -- 北京：科学出版社，2024. 7. --（中国学科及前沿领域2035发展战略丛书）. -- ISBN 978-7-03-078906-8

Ⅰ. Q811.4

中国国家版本馆CIP数据核字第2024DA3938号

丛书策划：侯俊琳　朱萍萍

责任编辑：朱萍萍　姚培培 / 责任校对：韩　杨

责任印制：师艳茹 / 封面设计：有道文化

科学出版社 出版

北京东黄城根北街 16 号

邮政编码：100717

http://www.sciencep.com

北京中科印刷有限公司印刷

科学出版社发行　各地新华书店经销

*

2024年7月第　一　版　开本：720×1000　1/16

2024年7月第一次印刷　印张：20 1/4

字数：307 000

定价：168.00元

（如有印装质量问题，我社负责调换）

“中国学科及前沿领域发展战略研究（2021—2035）”

联合领导小组

组　长　常　进　窦贤康

副组长　包信和　高瑞平

成　员　高鸿钧　张　涛　裴　钢　朱日祥　郭　雷
　　　　　杨　卫　王笃金　周德进　王　岩　姚玉鹏
　　　　　董国轩　杨俊林　谷瑞升　张朝林　王岐东
　　　　　刘　克　刘作仪　孙瑞娟　陈拥军

联合工作组

组　长　周德进　姚玉鹏

成　员　范英杰　孙　粒　郝静雅　王佳佳　马　强
　　　　　王　勇　缪　航　彭晴晴　龚剑明

《中国生物信息学2035发展战略》

编 委 会

咨询专家 （以姓氏拼音为序）

陈润生 贺福初 金 力 康 乐 李衍达 强伯勤

杨焕明 张春霆 赵国屏

主　　任 陈润生

编 写 组 （以姓氏拼音为序）

卜东波 曹志伟 陈 华 陈润生 陈晓敏 陈宇航

杜 茁 冯建峰 高 歌 李 雷 李 霞 李国亮

李亦学 刘 雷 钱文峰 王秀杰 王泽峰 薛英喜

杨 力 于 军 张 勇（同济大学）

张 勇（中国科学院动物研究所） 张强锋 张世华

张治华 章 张 赵方庆 赵山岑 朱伟民 朱云平

左光宏

总　　序

党的二十大胜利召开，吹响了以中国式现代化全面推进中华民族伟大复兴的前进号角。习近平总书记强调“教育、科技、人才是全面建设社会主义现代化国家的基础性、战略性支撑”①，明确要求到2035年要建成教育强国、科技强国、人才强国。新时代新征程对科技界提出了更高的要求。当前，世界科学技术发展日新月异，不断开辟新的认知疆域，并成为带动经济社会发展的核心变量，新一轮科技革命和产业变革正处于蓄势跃迁、快速迭代的关键阶段。开展面向2035年的中国学科及前沿领域发展战略研究，紧扣国家战略需求，研判科技发展大势，擘画战略、锚定方向，找准学科发展路径与方向，找准科技创新的主攻方向和突破口，对于实现全面建成社会主义现代化“两步走”战略目标具有重要意义。

当前，应对全球性重大挑战和转变科学研究范式是当代科学的时代特征之一。为此，各国政府不断调整和完善科技创新战略与政策，强化战略科技力量部署，支持科技前沿态势研判，加强重点领域研发投入，并积极培育战略新兴产业，从而保证国际竞争实力。

擘画战略、锚定方向是抢抓科技革命先机的必然之策。当前，新一轮科技革命蓬勃兴起，科学发展呈现相互渗透和重新会聚的趋

① 习近平. 高举中国特色社会主义伟大旗帜 为全面建设社会主义现代化国家而团结奋斗——在中国共产党第二十次全国代表大会上的报告. 北京：人民出版社，2022：33.

势，在科学逐渐分化与系统持续整合的反复过程中，新的学科增长点不断产生，并且衍生出一系列新兴交叉学科和前沿领域。随着知识生产的不断积累和新兴交叉学科的相继涌现，学科体系和布局也在动态调整，构建符合知识体系逻辑结构并促进知识与应用融通的协调可持续发展的学科体系尤为重要。

擘画战略、锚定方向是我国科技事业不断取得历史性成就的成功经验。科技创新一直是党和国家治国理政的核心内容。特别是党的十八大以来，以习近平同志为核心的党中央明确了我国建成世界科技强国的“三步走”路线图，实施了《国家创新驱动发展战略纲要》，持续加强原始创新，并将着力点放在解决关键核心技术背后的科学问题上。习近平总书记深刻指出：“基础研究是整个科学体系的源头。要瞄准世界科技前沿，抓住大趋势，下好‘先手棋’，打好基础、储备长远，甘于坐冷板凳，勇于做栽树人、挖井人，实现前瞻性基础研究、引领性原创成果重大突破，夯实世界科技强国建设的根基。”①

作为国家在科学技术方面最高咨询机构的中国科学院和国家支持基础研究主渠道的国家自然科学基金委员会（简称自然科学基金委），在夯实学科基础、加强学科建设、引领科学研究发展方面担负着重要的责任。早在新中国成立初期，中国科学院学部即组织全国有关专家研究编制了《1956—1967年科学技术发展远景规划》。该规划的实施，实现了“两弹一星”研制等一系列重大突破，为新中国逐步形成科学技术研究体系奠定了基础。自然科学基金委自成立以来，通过学科发展战略研究，服务于科学基金的资助与管理，不断夯实国家知识基础，增进基础研究面向国家需求的能力。2009年，自然科学基金委和中国科学院联合启动了“2011—2020年中国学科发展战略研究”。

---

① 习近平. 努力成为世界主要科学中心和创新高地 [EB/OL]. (2021-03-15). http://www.qstheory.cn/dukan/qs/2021-03/15/c_1127209130.htm[2022-03-22].

2012 年，双方形成联合开展学科发展战略研究的常态化机制，持续研判科技发展态势，为我国科技创新领域的方向选择提供科学思想、路径选择和跨越的蓝图。

联合开展“中国学科及前沿领域发展战略研究（2021—2035）”，是中国科学院和自然科学基金委落实新时代“两步走”战略的具体实践。我们面向 2035 年国家发展目标，结合科技发展新特征，进行了系统设计，从三个方面组织研究工作：一是总论研究，对面向 2035 年的中国学科及前沿领域发展进行了概括和论述，内容包括学科的历史演进及其发展的驱动力、前沿领域的发展特征及其与社会的关联、学科与前沿领域的区别和联系、世界科学发展的整体态势，并汇总了各个学科及前沿领域的发展趋势、关键科学问题和重点方向；二是自然科学基础学科研究，主要针对科学基金资助体系中的重点学科开展战略研究，内容包括学科的科学意义与战略价值、发展规律与研究特点、发展现状与发展态势、发展思路与发展方向、资助机制与政策建议等；三是前沿领域研究，针对尚未形成学科规模、不具备明确学科属性的前沿交叉、新兴和关键核心技术领域开展战略研究，内容包括相关领域的战略价值、关键科学问题与核心技术问题、我国在相关领域的研究基础与条件、我国在相关领域的发展思路与政策建议等。

三年多来，400 多位院士、3000 多位专家，围绕总论、数学等 18 个学科和量子物质与应用等 19 个前沿领域问题，坚持突出前瞻布局、补齐发展短板、坚定创新自信、统筹分工协作的原则，开展了深入全面的战略研究工作，取得了一批重要成果，也形成了共识性结论。一是国家战略需求和技术要素成为当前学科及前沿领域发展的主要驱动力之一。有组织的科学研究及源于技术的广泛带动效应，实质化地推动了学科前沿的演进，夯实了科技发展的基础，促进了人才的培养，并衍生出更多新的学科生长点。二是学科及前沿领域的发展促进深层次交叉融通。学科及前沿领域的发展越来越呈现出多学科相互渗透的发展态势。某一类学科领域采用的研究策略和技术体系所产生的基础理论与方法论成果，可以作为共同的知识基础适用于不同学科领域的多个研究方向。三是科研范式正在经历深刻变革。解决系统性复杂问题成为当前科学发展的主要目标，导致相应的研究内容、方法和范畴等的改变，形成科学研究的多层次、多尺度、动态化的基本特征。数据驱动的科研模式有力地推动了新时代科研范式的变革。四是科学与社会的互动更加密切。发展学科及前沿领域愈加重要，与此同时，“互联网+”正在改变科学交流生态，并且重塑了科学的边界，开放获取、开放科学、公众科学等都使得越来越多的非专业人士有机会参与到科学活动中来。

“中国学科及前沿领域发展战略研究（2021—2035）”系列成果以“中国学科及前沿领域2035发展战略丛书”的形式出版，纳入“国家科学思想库-学术引领系列”陆续出版。希望本丛书的出版，能够为科技界、产业界的专家学者和技术人员提供研究指引，为科研管理部门提供决策参考，为科学基金深化改革、“十四五”发展规划实施、国家科学政策制定提供有力支撑。

在本丛书即将付梓之际，我们衷心感谢为学科及前沿领域发展战略研究付出心血的院士专家，感谢在咨询、审读和管理支撑服务方面付出辛劳的同志，感谢参与项目组织和管理工作的中国科学院学部的丁仲礼、秦大河、王恩哥、朱道本、陈宜瑜、傅伯杰、李树深、李婷、苏荣辉、石兵、李鹏飞、钱莹洁、薛淮、冯霞，自然科学基金委的王长锐、韩智勇、邹立尧、冯雪莲、黎明、张兆田、杨列勋、高阵雨。学科及前沿领域发展战略研究是一项长期、系统的工作，对学科及前沿领域发展趋势的研判，对关键科学问题的凝练，对发展思路及方向的把握，对战略布局的谋划等，都需要一个不断深化、积累、完善的过程。我们由衷地希望更多院士专家参与到未来的学科及前沿领域发展战略研究中来，汇聚专家智慧，不断提升凝练科学问题的能力，为推动科研范式变革，促进基础研究高质量发展，把科技的命脉牢牢掌握在自己手中，服务支撑我国高水平科技自立自强和建设世界科技强国夯实根基做出更大贡献。

“中国学科及前沿领域发展战略研究（2021—2035）”
联合领导小组
2023 年 3 月

前　言

随着后基因组时代（post-genomic era）的到来和各种高通量研究方法的不断涌现，生命科学与医疗健康领域对高通量数据的获取和分析的需求与日俱增，以生物大数据为研究对象的生物信息学也日益受到重视。生物信息学（bioinformatics）是生命科学与计算机科学、信息科学、数学、统计学、系统科学等多学科相互交融而成的新兴学科。21世纪以来，生物信息学已经发展成为现代生命科学研究领域一个非常重要的分支，并且成为催生很多新的研究方向和科学发现的原动力。生命科学在生物信息学的推动下，正在经历着研究范式的变革。在这场变革中，很多新的技术与方法应运而生。

纵观生物信息学50多年的发展历史可以看出，生物信息学的发展是非线性的、分阶段的，与之紧密相连的是生命科学和计算机科学的进步。传统生物信息学的研究内容主要包括数据库构建、序列分析比对与基因功能预测、转录因子结合位点预测、进化分析、核糖核酸（ribonucleic acid，RNA）与蛋白质结构预测、基因调控网络（gene regulatory network）构建等。随着后基因组时代以二代测序（next-generation sequencing，NGS）技术为代表的一系列高通量研究方法的广泛应用，生物信息学的研究重点逐渐转变为大数据解析、整合与可视化等方向。在生物信息数据分析的助力下，生命科学领域已经产生很多新的研究方向，如表观遗传修饰动态变化、染色质高级结构解析、单细胞检测与谱系分析等。在此基础上，生物信息学也迎来了前所未有的快速发展时期。

鉴于生物信息学对现代生命科学与医学研究的巨大推动作用，主要发达国家的政府、药品研发公司和医疗检测公司等均对生物信息学抱有极大的兴趣，生物信息学对国家生命科学创新战略的贡献已经成为各国政府日益关注的问题。随着生命科学领域研究范式的变革，生物信息学已经从一门新兴交叉学科，发展成为催生生命科学领域新的研究方向和重大科学发现的重要原动力，也成为各国在生命健康领域竞争的一个核心焦点。

为更好地了解生物信息学发展的国际、国内新形势，把握学科发展前沿和基础研究与产业应用的突破口，在中国科学院与国家自然科学基金委员会的支持下，陈润生院士带领我国生物信息学研究领域的多位专家学者，基于长期积累的专业知识，并结合文献调研、信息检索、会议研讨和实地走访等形式，深入了解国内外生物信息学研究的现状与发展趋势等，在此基础上撰写了本书。

本书内容涵盖了生物信息学领域的基础资源与共性技术问题，如数据资源与数据库、算法与软硬件、人工智能（artificial intelligence，AI）与新信息技术、调控网络（regulatory network）与生物建模等，组学数据解析、结构生物信息学、生物进化等生物信息学主要研究方向，以及生物信息学在医疗健康、农业、环境、生态、生物安全和空天科学等研究中的应用，分别从发展历史与驱动因素、国内研究基础与国际竞争力、发展态势与重大科技需求、未来5～15年的关键科学与技术问题、发展目标与优先发展方向的角度，对上述问题进行了逐一阐述。相信本书内容对科研人员与学生了解生物信息学领域相关知识，以及科研政策制定人员和生物医药产业人员快速掌握生物信息学领域概况与发展趋势，均具有一定的参考价值。

本书是在我国生物信息学领域的领军科学家陈润生院士的带领

下完成的。陈润生院士负责本书内容的总体规划。第一章由王秀杰研究员、于军研究员和朱伟民教授撰写，第二章由章张研究员、李亦学研究员和赵山岑研究员撰写，第三章由王泽峰研究员、卜东波研究员和张治华研究员撰写，第四章由张强锋教授和杨力教授撰写，第五章由杜茁研究员和张世华研究员撰写，第六章由王秀杰研究员、李霞教授、高歌教授和张勇教授（同济大学）撰写，第七章由陈宇航研究员和张强锋教授撰写，第八章由张勇研究员（中国科学院动物研究所）、左光宏教授、李雷教授和陈华教授撰写，第九章由冯建峰教授撰写，第十章由曹志伟教授和刘雷教授撰写，第十一章由王秀杰研究员和李国亮教授撰写，第十二章由赵方庆研究员和朱云平教授撰写，第十三章由钱文峰研究员撰写。陈晓敏和薛英喜负责全书的统稿和校对。本书的撰写得到贺福初院士、金力院士、康乐院士、李衍达院士、强伯勤院士、杨焕明院士、张春霆院士、赵国屏院士的大力支持与指导，我们深表感谢！中国生物信息学研究能够有今天的蓬勃发展，也得益于生物信息学几代研究人员的不懈努力，我们在此一并感谢！

由于调研时间和突发新冠疫情等因素的限制，本书还有很多不尽完善的地方。不足之处，敬请读者海涵！

陈润生

《中国生物信息学2035发展战略》编委会主任

2022年10月

摘　要

生物信息学是由生命科学与计算机科学、信息科学及数学、物理学、化学、系统科学等多学科相互交融而成的新兴学科，以计算机科学、信息科学、统计学和物理学等学科的技术为研究手段与方法，其核心体系为生物系统多元数据的整合与挖掘，研究内容包括设计新方法、新算法来揭示生物大数据之间的联系，开发储存与解析生物大数据的数据库和软件工具，分析和解释生物大数据蕴含的意义，其终极目标是发现新的生物学知识，阐释重要生命过程和生命稳态维持与疾病发生的调控机制和规律。

生物信息学是生命科学领域相对年轻的学科。英文 bioinformatics 这一名词首次出现在文献中是 1987 年，距今仅 37 年。但是，在 50 多年前，当台式计算机仍未问世并且脱氧核糖核酸（deoxyribonucleic acid，DNA）还不能够被测序时，最早的生物信息数据库就已经出现。1965 年，玛格丽特·戴霍夫（Margaret Dayhoff）以纸质图书的形式出版《蛋白质序列与结构图集》（*Atlas of Protein Sequence and Structure*），标志着生物信息学的问世。21 世纪以来，随着基因组测序及各种组学（omics）研究方法的开发与普遍应用，生物信息学已经发展成为现代生命科学研究领域一个非常重要的交叉学科，并且成为催生很多新的研究方向与科学发现的原动力。生命科学在生物信息学的推动下，正在经历着一场研究范式的变革。在这场变革中，很多新的技术与方法应运而生。各种组学检测技术在生物信息学的助力下，催生了很多新的研究方向，如表观遗传修饰动态变化、染色质高级结构解析、单细胞类型鉴定与特征分析、宏基因组的组成与动态变化等。在此基础上，生物信息学也迎来了前所未有的快速发展时期，涌现出一系列前沿热点研究方向。生物信息学的研究重点，也逐渐由较基础的数据库构建和算法与软件开发，向高通量、多维度数据的整合、挖掘等偏重调控元件和调控规律挖掘的方向转变。复杂生物学过程和复杂疾病的系统生物学（systems biology）研究是目前生物信息学的一个主要方向。未来生物信息学的发展将逐渐向细胞、组织、器官，乃至个体水平的生物建模和基于模型的生命活动预测过渡，即利用系统生物学的方法建模、预测并指导生物实验的开展。

当前，国际生物信息学研究处于高速发展阶段，基于生物信息学开展的生命科学和医学创新研究已经成为热点，生物信息学已经成为遗传学、细胞生物学、生物化学、病理学等学科取得创新性研究成果的重要推动力。从我国社会经济发展和科技创新的角度看，生物信息学的重要性也日益凸显，生物信息学成为保障我国粮食安全和人口健康不可或缺的重要支撑。在粮食安全方面，基于各种组学研究的作物优良性状决定基因的筛选与应用已经成为现代农业研究的主要手段，其中涉及的组学研究在很大程度上依赖于生物信息学。在人口健康方面，实现精准医学的目标依赖于对个人遗传信息和致病因素的解析，精准诊疗靶标的发掘与机制研究均必须依靠生物信息学才能实现。

在我国，生物信息学研究几乎是与国际同行同时起步的，并且取得了卓越的成绩。早在20世纪80年代末，以张春霆院士、李衍达院士、陈润生院士、郝柏林院士等为代表的老一辈生物信息学家就开始从事生物信息学的相关研究工作。近年来，我国生物信息学研究飞速发展，已经拥有一支大规模、高水平的研究队伍，并且取得了一系列较重要的研究成果。随着后基因组时代各种高通量研究方法的不断涌现，生命科学与医疗健康领域对高通量数据的获取与分析的依赖性越来越强，以生物大数据为研究对象的生物信息学也日益受到重视。为进一步梳理生物信息学领域的发展现状，以及在基础研究与应用转化领域所涉及的生物信息学相关的关键科学问题，促进我国生物信息学领域的高速发展，本书对中国生物信息领域的现状与发展趋势进行了调研和系统总结。

本书由十三章组成，首先对生物信息学的概念、研究范畴、发展历史及国内外的研究现状进行了简要概述，进而对生物信息学主要研究方向的发展历史与驱动因素、国内研究基础与国际竞争力、发展态势与重大科技需求、关键科学与技术问题、发展目标与优先发展方向进行了论述，内容涉及生物大数据资源与数据全生命周期管理、生物信息学相关的软硬件与算法、人工智能在生物信息学研究中的应用、生物调控网络与生物建模、多组学数据分析方法与发展趋势、结构生物学研究中的生物信息学、进化生物学、生物医学影像研究，以及生物信息学在健康医疗、农业、生态与环境保护、生物安全及空间生命科学相关研究中的应用等。上述内容将有助于科技工作者了解生物信息学领域相关知识，把握领域前沿进展和重点发展方向。

在总结生物信息学领域已有研究成果和对未来发展趋势进行展望的基础上，本书还针对如何更好地促进生物信息学发展提出了一些建议。一方面，由于生物信息学是一门新兴学科，人才储备相对较少，而科研领域和企业均对生物信息学领域人才具有较大的需求，因此该领域面临严重的人才缺口问题。另一方面，生物信息学研究需要较强的学科交叉技能，要求研究人员在生命科学、医学、统计学、软件编程、算法开发等方面均具有一定的知识和技能积累。因此，与其他学科相比，优秀生物信息研究人员的培养具有更大的难度。鉴于上述原因，我们需要进一步提高对生物信息学的重视程度并提升生物信息学领域的影响力，吸引更多具有生命科学、计算机科学、数学等背景的研究人员加入生物信息学的研究队伍，促进不同背景和特长的研究人员深度交叉合作，并建立相应的人才评价保障机制，这样才有助于产生更多重要的创新性研究成果。

鉴于生物信息学交叉学科的性质，大多数生物信息学研究成果均是合作完成的，这种合作研究的模式也大大促进了生命科学基础研究、医学、农学等领域的发展。近年来，国外极其重视生物信息学的发展，在生命科学领域的国际著名重大科学计划［如人类基因组计划（Human Genome Project，HGP）、DNA 元件百科全书计划（Encyclopedia of DNA Elements，ENCODE）、癌症基因组图谱（The Cancer Genome Atlas，TCGA）等］中，生物信息学都发挥着重要的发起或主导作用。但是由于我国现有人才评价标准的一些局限，我国生物信息学领域人才发展还面临很多困难。为更好地促进生物信息学的发展和应用，我们需正视生物信息学各研究方向的价值与作用，推动符合生物信息学学科特点的人才评价方法与评价体系的建设，从多个角度鼓励生物信息领域的研究人员与生命健康领域的科研机构、医院或企业合作，以便充分发挥生物信息学的学科交叉优势，促进生命科学与医学领域重大原创科研成果的产出。

Abstract

Bioinformatics is a subject formed by the integration of life science and computer science, information science, mathematics, physics, chemistry, systems science and other disciplines. Bioinformatics uses computer science, information science, statistics and physics as research methods. Its core system is the integration and mining of multi-modality data of biological systems. Its research contents include designing new methods and new algorithms to reveal the connections between biological big data, developing databases and software tools for storing and analyzing biological big data, as well as analyzing and interpreting biological big data. The ultimate goal of bioinformatics is to discover new biological knowledge, and to decipher the regulatory mechanisms and laws of important life processes and life homeostasis maintenance as well as disease development.

Bioinformatics is a relatively young discipline in life science. The English term "bioinformatics" first appeared in literature in 1987, only 37 years ago. But the earliest bioinformatic databases existed more than 50 years ago, when desktop computers were still a hypothesis, and DNA could not yet be sequenced. In 1965, Margaret Dayhoff published *Atlas of Protein Sequence and Structure* in the form of a paper book, marking the advent of bioinformatics. Since the 21st century, with the development and widespread application of genome sequencing and various omics research methods, bioinformatics has developed into a very important interdisciplinary subject of modern life science research, and has functioned as the driving power for many new research directions and fields as well as the source of scientific discovery. Driven by bioinformatics, life science is undergoing a revolutionary change, in which many new technologies and methods have emerged. With the help of bioinformatics, various omics detection technologies have spawned many new research directions, such as dynamic changes in epigenetic modification, high-level chromatin structure analysis, single-cell type identification and characterization, as well as metagenomic composition and dynamic change, etc. Based on these, bioinformatics has also ushered in an unprecedented rapid development, and many frontier hot research directions have emerged. The research focus of bioinformatics has gradually shifted from database construction as well as algorithm and software development to the direction of high-throughput, multi-dimensional data integration and mining. The systems biology research of complex biological processes and complicated diseases is a major research direction of bioinformatics. In the future, the development of bioinformatics will gradually transition to biological modeling and model-based prediction of life activities at the levels of cells, tissues, organs, and even individuals, that is, the use of systems biology methods to model, predict, and guide the development of biological experiments.

At present, international bioinformatics research is in a stage of rapid development. Using bioinformatics to achieve innovative discoveries in life science and medical innovative research has become a new trend. Bioinformatics has become an important driving force for innovative research achievements in genetics, cell biology, biochemistry, pathology and other disciplines. From the perspective of China's social and economic development and scientific and technological innovation, the importance of bioinformatics has become increasingly prominent, and it has become an indispensable and important support for ensuring food security and population health. In terms of food security, the screening of genes that determine the excellent traits of crops using various omics studies has become a major strategy of modern agricultural research, and the omics studies involved are largely dependent on bioinformatics. In terms of population health, the realization of precision medicine depends on the analysis of personal genetic information and pathogenic factors, the discovery and mechanistic study of medical targets must also rely on bioinformatics.

In China, bioinformatics research started almost at the same time as its international counterparts, and has made excellent achievements. As early as the late 1980s, the founding generation of bioinformatists, represented by Academicians Zhang Chunting, Li Yanda, Chen Runsheng, and Hao Bolin, began to engage in bioinformatics-related research. In recent years, the research community of bioinformatics has developed rapidly, a large number of high-level research teams have emerged, and a series of innovative research results have been obtained. With the continuous emergence of various high-throughput research methods and technologies, life science and medical research are increasingly dependent on the acquisition and analysis of high-throughput data, thus bioinformatics is also receiving increasing attention. In order to further sort out the present achievements of bioinformatics, as well as the key scientific issues related to bioinformatics in both basic research and translational application, and to promote the development of bioinformatics in China, this book systematically summarizes the current status and development trends of bioinformatics in China.

This book consists of thirteen chapters. It first gives a brief overview of the concept, research category, brief history as well as the current status of bioinformatics, then discusses the history and driving factors of the main research directions of bioinformatics, domestic research foundation and international competitiveness, development trends and major scientific and technological needs, key scientific and technical issues as well as research goals and priority directions in bioinformatics. The content of this book includes biological big data resources and data lifecycle management, commonly used software, hardware and algorithms, application of artificial intelligence in bioinformatics research, biological regulatory networks and biological modeling, multi-omics data analysis methods and their developmental trends, the application of bioinformatics in structural biology research, evolutionary biology, biomedical imaging research, health care, agriculture, ecology and environmental protection, biosafety, and space life science related research. The above content will help scientific researchers to acquire the basic knowledge of bioinformatics, and to be aware of the frontier progress and key research directions of the field.

On the basis of summarizing the current research achievements and prospective future development trends of bioinformatics, this book also puts forward some suggestions for better promoting the development of bioinformatics. On the one hand, bioinformatics is an emerging discipline with a relatively small talent pool. However, both scientific research fields and enterprises have a large demand for bioinformatics talents, therefore bioinformatics is facing a serious shortage of researchers. On the other hand, bioinformatics research requires strong interdisciplinary skills, and researchers need to have multidisciplinary knowledge and skills in life science, medicine, statistics, software programming, algorithm development, etc. Therefore, the education of excellent bioinformatic researchers is also more difficult than many other disciplines. In view of the above reasons, it is necessary to further strengthen bioinformatics research and enhance the influence of bioinformatics, attract more researchers with life science, computer science, mathematics or other research backgrounds to join the field of bioinformatics. In-depth cooperation among researchers in different disciplines and the establishment of a corresponding talent evaluation standard will help to produce more innovative research results.

In addition to the shortage of talents, given the interdisciplinary nature of bioinformatics, most bioinformatics research results are achieved via collaborations. The collaborative research model has also greatly promoted the development of basic research in life science, medicine, and agronomy. In recent years, developed countries have given great support to the development of bioinformatics, and bioinformatists have played importantly initiating or leading roles in many internationally renowned major scientific programs in life science (such as HGP, ENCODE, and TCGA). However, due to some limitations of the existing talent evaluation standards, the development of bioinformatists in China still faces many difficulties. To better promote the development and application of bioinformatics, we need to properly evaluate the values and roles of bioinformatics, and to refine the contribution evaluation methods in order to encourage cross-discipline collaborations. Policies are also desired to encourage researchers in the field of bioinformatics to collaborate with researchers and doctors in scientific research institutions, hospitals or enterprises in the field of life and medicine, therefore to take advantage of the interdisciplinary nature of bioinformatics and promote the production of more original and important scientific research achievements in the field of life and medical sciences.

目 录

第一章

生物信息领域的科学意义与战略价值

生物信息学（bioinformatics）是生命科学与计算机科学、信息科学、数学、统计学、系统科学等多学科相互交融而成的新兴学科，通过对生命科学相关大数据的收集、整合与挖掘，开发数据库与软件来收集与整合生命科学相关大数据，设计新方法、新算法来揭示生物大数据蕴含的信息与规律，从而达到取得新的知识发现、揭示重要生命过程与医学问题的调控机制和规律的目的。

英文 bioinformatics 这一名字在文献中首次出现是在 1987 年，距今已有 30 余年。但有关生物信息学的研究却可以追溯到 20 世纪 60 年代，即 1965 年玛格丽特·戴霍夫（Margaret Oakley Dayhoff）构建的第一个蛋白质数据库。在 20 世纪 70 年代，以埃尔文·卡巴特（Elvin A. Kabat）为代表的科学家们开展了针对抗体蛋白序列的分析，为生物信息学的发展奠定了基础。进入 21 世纪以来，随着基因组测序及各种组学研究方法的开发与普遍应用，生物信息学已经发展成为现代生命科学研究领域一个非常重要的分支，并且成为催生很多新的研究方向和科学发现的原动力。

生物信息学的研究对象为生命科学研究领域各种类型的数据，也包括人类疾病相关的实验数据和临床数据。这些数据可以是DNA、RNA或蛋白质序列相关的数据，可以是定性或定量的数字类型的数据，可以是生物大分子结构相关的数据，也可以是不同实验与检测方法获得的与图像相关的数据。数据类型的多样性使得生物信息学的研究方向比较宽泛。因此，与生命科学其他领域的科研人员主要依据其研究对象而区分研究特长不同，生物信息学领域的科研人员的研究特长更倾向于依据其熟悉的分析技术来划分。

根据研究范畴，生物信息学的核心研究内容主要可以分为数据收集整合、算法与软件开发、知识与规律的发现三大类别。数据收集整合即对不同类别的生物数据进行收集、整理，并通过数据库等综合数据平台进行整合展示。数据收集整合工作是生物信息研究的基础，也是生命科学研究的重要基础资源。20世纪80年代以来，以美国国家生物技术信息中心（National Center for Biotechnology Information，NCBI）建立的基因库（GenBank）为代表的各种综合或专门数据库已经超过5000个[①]，成为科研人员开展研究不可或缺的数据资源。算法和软件开发的主要研究内容为针对不同类型的生物数据，应用统计与人工智能等方法，开发能够对数据进行分析和特征挖掘的计算方法与相应软件。算法和软件开发是生物信息学研究的核心，也是解析生命科学大数据奥秘的钥匙。遗憾的是，目前国际生物信息学领域常用的数据分析方法与软件主要还是由国外研究人员开发的，中国学者在这一方面的学术贡献和国际影响力亟待加强。知识与规律的发现主要是指应用生物信息学软件对生物大数据进行分析，从而发现其中蕴含的趋势与规律。知识与规律的发现是生物信息学研究的终极目标，也是生物信息学对生命科学其他研究领域推动作用的最集中体现。

从生物信息学的发展历史可以看出，生物信息学的发展与生命科学和计算机科学的进步密不可分。20世纪70～80年代，生物信息学的主要研究内容为数据的收集整理与展示，GenBank等许多全球著名的核酸和蛋白质序列数据库是在那时建立的。但在生物信息学发展的初期，由于传统生物学实验方法和互联网发展的限制，生物大数据的产生和积累速度均相对较慢，生物信息学的研究内容也相对单一，以数据库构建、序列比对相关的算法和软件开

① Database Commons. Database Commons[EB/OL]. https://ngdc.cncb.ac.cn/databasecommons/[2024-04-18].

发为主。1985年人类基因组计划的提出和伴生的各种模式生物基因组测序计划的实施，极大地推动了生物信息学的发展。自人类基因组序列草图在2001年发布以来，生命科学研究进入后基因组时代，生物芯片、二代测序技术等高通量研究方法的研发与普及使得生命科学领域进入以海量多元组学数据为特征的大数据时代，这也促进了生物信息学的飞速发展，使得生物信息学成长为一门在生命科学研究领域越来越多地发挥引领作用的学科。

传统生物信息学的研究内容主要包括数据库构建、序列分析比对与基因功能预测、转录因子结合位点预测、进化分析、RNA与蛋白质结构预测、基因调控网络构建等。随着各种高通量组学检测方法的开发和广泛应用，生物信息学的研究重点逐渐转向基因组组装、转录组数据分析、基因功能富集分析、表观修饰组数据分析等各种组学大数据的分析挖掘。与此同时，生物信息分析与实验方法开发相结合的研究方式，催生了很多新的研究技术与方向，如基因组序列变异和相关疾病风险预测技术、核酸分子与组蛋白修饰的高通量检测技术、新型非编码RNA（non-coding RNA，ncRNA）的系统发现与功能解析技术、染色质开放程度和高级结构检测技术、基于人工智能的蛋白质结构预测与分子对接（molecular docking）技术、肠道微生物等人体宏基因组的检测技术等。这些新方法和新技术的研发与推广催生了很多新的研究方向，给生命科学研究带来了突飞猛进的发展，也证明了生物信息学在现代生命科学研究中的重要价值。

纵观国际，随着近年来高通量测序技术的快速迭代发展，生物技术和信息技术推动生命科学进入大数据时代，全球生命健康数据呈爆炸式增长态势，由原来的科学发现产生数据积累，发展为大数据推动大科学计划，到如今的大数据驱动科学发现，生命科学的研究范式已经发生根本性的改变。大数据驱动的科学研究与成果转化催生了生命健康领域新理论、新方法、新技术和新的创新应用模式。21世纪以来，以美国、欧盟为首的西方发达国家和组织已经发起多项涉及人类正常与疾病样本和其他重要物种测序与基因组调控元件解析的大科学计划，所产生的数据资源在疾病精准医疗、新药研发、农作物与畜牧业品种改良和新品种培育等方面均产生了巨大的推动作用，也进一步加强了美国、欧盟等国家和组织在生命健康研究领域的引领地位。解析这些大数据的生物信息学也成为影响生命科学、医学与农学发展的关键核心技术。加强生物信息学研究和应用，对提升生命科学原始创新能力、破解健康领域科技难题具有至关重要的战略支撑作用。

鉴于生物信息学对现代生命科学与医学研究的巨大推动作用，主要发达国家的政府、药品研发公司和医疗检测公司等企业均对生物信息学抱有极大的兴趣，生物信息学对国家生命科学创新战略的贡献已经成为各国政府日益关注的问题。美国国立卫生研究院（National Institutes of Health，NIH）设立了专门支持生物信息学和计算生物学相关项目的研究基金，并且已经与斯坦福大学等多家高校合作，建立了多家国立生物医学计算中心（National Center for Biomedical Computing），包括国家整合生物医学信息中心（National Center for Integrative Biomedical Informatics）、I2B2 数据平台（Informatics for Integrating Biology and the Bedside）、国家医学影像计算联盟（National Alliance for Medical Imaging Computing）、国家生物医学本体中心（National Center for Biomedical Ontology）、计算生物学中心（Center for Computational Biology）、细胞网络多尺度国家研究中心（National Center for Multi-Scale Study of Cellular Networks）、整合数据分析平台（Integrating Data for Analysis）等。2014 年 2 月，英国科学大臣戴维·威利茨（David Willetts）宣布生物信息学的发展是政府的重大优先事项，对推动研发、提高生产率和创新并最终改变人民生活具有重要影响。此前，《英国生命科学战略》在 2012 年就指出，要使英国成为基因组学（genomics）和生物信息学方面的世界领导者。2013 年，英国卫生事务大臣杰里米·亨特（Jeremy Hunt）在启动英国基因组学计划和十万人基因组计划（100 000 Genomes Project）项目时表示，要使英国成为第一个将基因组技术引入其主流卫生系统的国家，从而在全球的医疗检测、药物开发及个性化治疗等领域处于领先地位。同时，印度科技部生物技术局（Department of Biotechnology，DBT）明确表示，其生物信息学计划和国家生物信息学网络项目的目标是确保印度成为生物信息学领域的关键国际参与者，使人们能够更多地获取后基因组时代创造的信息财富，并促进印度在医疗、农业、动物和环境生物技术方面取得领先地位。2004 年，印度科技部生物技术局在其发表的关于生物信息学战略文件中强调，印度积极参与全球生物信息学革命对印度今后的科学与技术创新发展至关重要。各国政府的支持也使得生物信息领域快速发展，产出丰硕。

近年来，中国生物信息学的研究队伍迅速壮大，科研成果在数目和影响力上均不断攀上新台阶。以 2018 年的统计为例，国际生物信息学领域著名学术期刊《核酸研究》（*Nucleic Acids Research*）数据库专刊于 2018 年发表了 168 篇文章，其中 39 篇来自中国。《核酸研究》生物信息软件工具专刊于 2018 年发表了 85 篇文章，其中 11 篇来自中国。2018 年，中国学者作为主要作者，在《自然》（*Nature*）、《科学》（*Science*）、《细胞》（*Cell*）这三个顶级学术期刊上共发表 161 篇研究论文，其中涉及生物信息学的有 43 篇，占比超过 1/4。考虑到中国学者发表在《自然》和《科学》上的论文还包括很多非生命科学领域的，生物信息学对生命科学领域顶级文章的贡献要远高于上述比例。

综上，随着生命科学领域研究范式的变革，生物信息学已经从一门新兴交叉学科，发展成为催生生命科学领域新的研究方向和重大科学发现的重要原动力，也成为世界各国在生命健康领域竞争的一个核心焦点。鉴于生物信息学对未来生命科学、医学与农学发展的巨大推动作用，本书将从生物信息学的主要研究内容与面临的挑战、未来发展趋势、发展目标与建议优先发展方向等几个方面进行总结分析，以期能够为领域内的专业人员和政府相关决策提供参考。

第二章

生物大数据资源与数据全生命周期管理

第一节　发展历史与驱动因素

一、发展现状

随着高通量基因测序技术的快速发展及测序成本的不断下降，世界每天都会产生海量的生物信息大数据。因此，最有效地管理、使用这些海量生物大数据的方式就是建立公共生物数据库，面向科学研究与产业创新人员及大众提供免费公开的数据访问与获取服务。从20世纪80年代至今，美国、欧盟、日本等国家和组织纷纷立法并出台相关政策计划，支持并资助生物信息学领域的数据资源建设与大科学研究计划，以此产生海量生物数据并形成国际领先的生物数据中心（表2-1）。

表 2-1　国际三大生物数据中心概况

国际生物数据中心	美国国家生物技术信息中心	欧洲生物信息研究所	日本 DNA 数据库
成立年份	1988	1992	1987
人员规模 / 人	约 700	约 600	约 50
年度经费 / 万美元	约 8500	约 9000	约 900

资料来源：NCBI（2023）、National Library of Medicine（2023）、EMBL-EBI（2023a、2023b）、DDBJ（2023a、2023b）。

注：人员规模和年度经费按 2021 年度数据统计。

（一）美国国家生物技术信息中心

美国国家生物技术信息中心是由前参议员克劳德·派帕尔（Claude Pepper）基于计算机信息化过程方法对指导生物医学研究的重要性而发起提出的，于 1988 年 11 月 4 日通过美国国会立法建立，隶属美国国立卫生研究院下的美国国立医学图书馆（National Library of Medicine，NLM）（Sayers et al.，2022）。美国国家生物技术信息中心在重点开发基因序列库 GenBank 的同时，又于 1991 年开发了 Entrez 数据库检索系统。该系统整合了 GenBank、蛋白质信息资源（Protein Information Resource，PIR）和蛋白质序列数据库（Swiss-Prot）等数据库的序列信息及文献信息，并通过相关链接将它们有机地结合在一起。之后，美国国家生物技术信息中心陆续发布了包括人类在线孟德尔遗传库（Online Mendelian Inheritance in Man，OMIM）、分子模型数据库（Molecular Modeling DataBase，MMDB）、通用基因库（UniversalGene，UniGene）、物种分类库（Taxonomy）、测序数据归档库（Sequence Read Archive，SRA）、参考序列数据库（RefSeq）、同源基因数据库（HomoloGene）、单核苷酸多态性数据库（dbSNP）等数据库资源。现今，美国国家生物技术信息中心主要针对生物技术和生物医学领域的数据，致力于创立自动化系统用于储存和分析相关数据和知识，促进科研团体对这些数据库进行数据获取与使用，协调国内外生物数据信息的收集与整合。

美国国家生物技术信息中心下设有三个分支部门，即计算生物学部（Computational Biology Branch，CBB）、信息工程部（Information Engineering Branch，IEB）和信息资源部（Information Resources Branch，IRB）。CBB 致

力于计算分子生物学的基础研究，针对数据获取与使用过程中存在的计算、数学和理论问题开展基础及应用研究，包括基因组分析、序列比对、注释审编、大分子结构、动态相互作用（简称互作）及结构/功能预测等。IEB致力于支撑分子生物学领域数据库的创建和运维，开展数据展示和分析的应用研究。IRB计划、指导和管理美国国家生物技术信息中心的计算运行，包括用于研究和开发的计算机系统及用于访问公共数据库的计算机系统。美国国家生物技术信息中心设有科学顾问委员会，该委员会成员每半年开会评估中心的项目和科研活动。美国国家生物技术信息中心的经费来自于政府拨款，由美国国会提供稳定的经费支持。

（二）欧洲生物信息研究所

欧洲生物信息研究所（European Bioinformatics Institute，EBI）是一个集生物信息学研究和服务于一体的研究机构，隶属于欧洲分子生物学实验室（European Molecular Biology Laboratory，EMBL）。EBI成立于1992年，其主要职责是存储和分析生命科学领域的数据，包括核酸序列数据、基因组、宏基因组、基因调控网络、蛋白质序列、蛋白质家族模体结构域、大分子结构等。作为EMBL的一部分，EBI的经费大部分来自EMBL成员国政府。2021年，EBI共获得约合9260万欧元的经费支持，其资金主要来自三个渠道：40%来自EMBL成员国，45%来自科研项目资助，15%来自基建和数据基础设施投资。其中，数据基础设施投资始于2019年并持续到2024年，共计7000万英镑，其中的4500万英镑来自英国政府（European Bioinformatics Institute，2022），用于EBI的计算、存储和共享能力建设，为药物发现、肿瘤遗传学、再生医学和农作物疾病预防等研究提供支撑。

（三）日本DNA数据库

日本DNA数据库（DNA Data Bank of Japan，DDBJ）隶属于日本国立遗传学研究所（National Institute of Genetics，NIG），成立于1987年，是世界三大生物信息中心之一，与美国的国家生物技术信息中心、欧洲的EBI共同组成国际核酸序列数据库合作联盟（International Nucleotide Sequence Database

Collaboration，INSDC），三方每日互相交换和更新数据与信息（Okido et al.，2022）。DDBJ 主要向研究者收集核酸序列数据，并免费提供可开放的核酸数据，同时也开展相应的培训，支持生命科学的研究。DDBJ 的数据主要来自日本的研究机构，亦接受其他国家的数据递交。当研究人员通过国际核酸序列数据库合作联盟将数据在世界范围内共享时，DDBJ 会根据国际核酸序列数据库合作联盟的统一标准，尽量给予丰富完备的数据描述，使用户能顺畅地使用 DDBJ。

二、政策支持

生物技术的快速发展促使各国政府加大了生命科学研究的投入，开展并实施了一系列跨国合作的国际大科学项目计划，产生了海量的多模态组学数据信息。在 20 世纪提出人类基因组计划之后，2003 年 9 月，美国国家人类基因组研究所（National Human Genome Research Institute，NHGRI）启动跨国研究项目 DNA 元件百科全书计划。该项目联合了来自美国、英国、西班牙、新加坡、日本等多国的科学家，旨在解析人类基因组中的所有功能性元件，是人类基因组计划完成之后，又一重要的跨国基因组学研究项目。2008 年 1 月，大型国际科研合作项目国际千人基因组计划（1000 Genomes Project）启动，旨在绘制迄今最详尽、最有医学应用价值的人类基因组遗传多态性图谱。同年，美国政府启动"表观遗传组学路线图计划"（Roadmap Epigenomics Project，REP），耗资 2.4 亿美元（Mullard，2015），以期解析人类表观基因图谱。2012 年 11 月，国际千人基因组计划的研究人员在《自然》上发布了 1092 个人类基因组数据，这一成果将有助于更广泛地分析与疾病有关的基因变异。2013 年，美国国立卫生研究院启动了"从大数据到知识"（Big Data to Knowledge，BD2K）研究计划，旨在使生物医学研究成为一项数字研究事业，促进新知识的发现和运用，最大限度地提升社会参与度。2015 年 1 月，美国总统奥巴马在国情咨文演讲中宣布启动精准医学计划（Precision Medicine Initiative，PMI），旨在加快在基因组层面解析对健康和疾病的认识，使医生能够更准确地了解病因并针对性用药。随后，英国、加拿大、沙特阿拉伯、韩国等纷纷提出自己国家的精准医学计划或人群基因组计划，旨在为公共健康和癌症研究提供基础数据资源。

2007 年，欧盟第七框架计划（7th Framework Programme，FP7）提供资助，支持大型科研基础设施项目的研究，即泛欧洲生物信息学计划（pan-European Bioinformatics Effort，ELIXIR），基于 EBI 建立一个集政府部门、科研机构、投资实体和科学组织于一体的泛欧洲生物信息技术网络平台。迄今，ELIXIR 已经被建设成为公认的欧洲超级生物信息数据和资源中心，主要针对生物制药行业的研发创新，未来也将扩展到卫生保健、生物农业、生物技术工业和环境保护行业。

近年来，基于大数据驱动的生物信息学进入高速发展、加速向产业转化应用并不断取得重大突破的时代。新的生物学技术和方法的出现，引发了生命科学大数据的新一轮爆炸式增长。随着各种大规模、高通量实验技术的不断应用，海量的生物学数据正源源不断地从世界各地的生物学实验室、研究所及公司等机构产生出来。随着大规模人群队列及动植物群体遗传学的研究，复杂而多层次的生物学数据和表型信息的产出量已经达到年均千万亿字节（petabyte，PB）的量级，并且还在呈超指数级增长。

第二节　国内研究基础与国际竞争力

随着生命科学的蓬勃发展，我国产出的生物数据呈爆发式增长态势。国内一些优秀的生物信息团队在近些年纷纷脱颖而出（表 2-2），在机遇与挑战并存的生物大数据时代，已经形成有一定研究基础和特色的数据资源。尤其是近年来，国家部署一系列数据中心的建设，已经形成多个具有一定国际竞争力的支撑公益性科学研究的国家级中心和平台。

表 2-2　国内生物信息大数据相关研究机构与研究基础

序号	主管部门	机构名称	建成年份	主要任务与数据类型	人员规模 / 人	数据量	计算 / 存储
1	中国科学院	国家生物信息中心	2019	面向国家重大战略需求的生物大数据汇交共享和多维数据–信息–知识资源体系	约 250	6.2PB	900TFlops/ 80PB
2	中国科学院	国家基因组科学数据中心	2019	生物大数据汇交共享与组学数据资源平台	92	5.2PB	150TFlops/ 18PB
3	国家发改委	深圳国家基因库	2016	三库两平台：数据库、样本库和活体库，数字化平台、合成编辑平台	—	18PB	—/ 60PB
4	中国科学院	中国科学院生物物理研究所健康大数据研究中心	2015	非编码序列	6	—	40TFlops/ 3.5PB
5	中国科学院	国家微生物科学数据中心	2019	微生物菌种目录和物种编目数据	—	200GB	600CPU/ 1PB
6	中国科学院	中国科学院上海营养与健康研究所生物医学大数据中心	2016	计算平台、组学数据平台、信息服务平台	50	5PB	30TFlops/ 6PB
7	上海市科学技术委员会	上海生物信息技术研究中心	2002	核酸序列、蛋白质组	45	500TB	960CPU/ 1PB
8	中国共产党中央军事委员会	国家蛋白质科学中心（北京）	2015	蛋白质组数据资源	约 400	60TB	192TFlops/ 2PB
9	国家卫生健康委员会	国家人口与健康科学数据共享服务平台	2004	人口健康信息化和健康医疗大数据	490	1TB	1.2TFlops/ —

资料来源：根据各中心官网数据整理。

注：排名不分先后，“—”表示信息不详，统计时间为 2020 年 10 月，每秒万亿次浮点运算（TFlops）。

一、国家生物信息中心

面对我国生物大数据安全、共享和利用存在的问题和挑战，几代科学家一直呼吁建设我国自己的生物信息中心，这引起了国家层面的高度重视。我国陆续出台了《科学数据管理办法》《国家健康医疗大数据标准、安全和服务管理办法》《中华人民共和国人类遗传资源管理条例》。2019 年 11 月 13 日，经中央机构编制委员会批准，中央机构编制委员会办公室发文，在中国科学院北京基因组研究所加挂“国家生物信息中心”（China National Center for Bioinformation，CNCB）牌子，整合中国科学院和全国优势力量，建设国家生物信息中心，它主要承担我国生物信息大数据的统一汇交、集中存储、安全管理、开放共享，以及前沿交叉研究和转化应用等工作。截至 2020 年 10 月，根据其官网信息，国家生物信息中心已经为国内外 270 多个单位提供免费数据管理服务，用户提交的数据量超过 6280TB，建设形成有组学原始数据归档库（Genome Sequence Archive，GSA）（Wang et al.，2017；Chen et al.，2021a）、基因组序列库（Genome Warehouse，GWH）（Chen et al.，2021b）、基因组变异库（Genome Variation Map，GVM）（Li et al.，2021）、基因表达数据库（Gene Expression Nebulas，GEN）（Zhang et al.，2022）、甲基化数据库（Methylation Bank，MethBank）（Li et al.，2018）、全基因组关联知识库（Genome-Wide Associations Atlas，GWAS Atlas）（Tian et al.，2020）、全表观基因组关联知识库（Epigenome-Wide Association Study Atlas，EWAS Atlas）（Li et al.，2019）等一系列多维组学数据库、信息库和知识库，支撑国内外用户的公益性科学研究与产业创新发展。

尤其值得注意的是，在 2019 年新冠疫情暴发伊始，国家生物信息中心快速组建科研攻关团队，于 2020 年 1 月 22 日正式发布 2019 新型冠状病毒[①]信息库（RCoV19）（Zhao et al.，2020）。该信息库是全球第一个公开发布的针对新冠病毒的专业库，整合了来自德国全球流感共享数据库（Global Initiative on Sharing All Influenza Data，GISAID）、美国国家生物技术信息中心等机构公开发布的新冠病毒核苷酸和蛋白质序列数据、元信息、学术文献等信息，开展了病毒基因组数据质控、整合分析及其变异动态监测等多方位研究，现在已经成为全球最大、数据最全的新冠病毒库（Song et al.，2020）。根据官网信息，截至 2020 年 10 月 26 日，RCoV19 已经收录全球范围内产出的 161 014 个新冠病毒基因组序列，为全球 175 个国家和地区提供数据服务，累计数据下载超过 1.69 亿次，为全球抗疫提供重要数据资源和共享平台，获得国内外重要机构和组织的肯定和认可。

① 简称新冠病毒。

二、国家基因组科学数据中心

2019年6月，科学技术部、财政部联合发布了《科技部 财政部关于发布国家科技资源共享服务平台优化调整名单的通知》，公布了不同学科领域的20个国家科学数据中心。其中，国家基因组科学数据中心（National Genomics Data Center，NGDC）依托中国科学院北京基因组研究所（国家生物信息中心）建设，共建单位包括中国科学院上海营养与健康研究所和中国科学院生物物理研究所（CNCB-NGDC Members & Partners，2022）。

国家基因组科学数据中心是针对我国基因组数据"存管用"的实际需求及"数据孤岛""数据主权"等重大问题而组建的，围绕人、动物、植物、微生物等基因组数据，重点开展基因组科学数据管理，建立基因组数据资源体系与开放共享平台，开展数据服务、数据管理、数据挖掘、技术研发等工作，提供基因组科学数据统一存储、整合挖掘、共享应用的一站式数据服务。目前，国家基因组科学数据中心已经拥有自主知识产权的组学数据汇交、管理与共享系统，2018～2020年连续三年被生物信息学领域国际权威期刊《核酸研究》称为"全球主要生物数据中心"之一。

三、深圳国家基因库

深圳国家基因库由深圳华大生命科学研究院（原深圳华大基因研究院）组建，于2016年9月正式运营，主要涵盖"三库两平台"，即生物信息数据库、多样性生物样本和物种遗传资源库和生物活体库，以及数字化平台、合成与编辑平台（Chen et al.，2020）。

四、中国科学院生物物理研究所健康大数据研究中心

中国科学院生物物理研究所健康大数据研究中心主要开展的是大数据分析和疾病研究。该研究所与中国科学院计算技术研究所共同开发和维护的非编码RNA数据库（NONCODE）是国际上较有影响力的非编码RNA综合数据平台（Zhao et al.，2016），该中心是国家生物信息中心建设单位之一和国家

基因组科学数据中心的成员单位。

五、国家微生物科学数据中心

该中心致力于微生物信息资源的电子化和网络信息共享，建立了全球微生物菌种目录、全球保藏中心名录等一系列微生物专业数据库（Wu and Ma，2019），是世界微生物数据中心新的主持单位。2019年6月，国家微生物科学数据中心落户中国科学院微生物研究所。

六、中国科学院上海营养与健康研究所生物医学大数据中心

中国科学院上海营养与健康研究所生物医学大数据中心（原隶属于中国科学院-马普学会计算生物学伙伴研究所）成立于2016年，承担了国家科技重大专项、地方政府科技专项等生物医学大数据共享平台建设项目，是国家生物信息中心建设单位之一和国家基因组科学数据中心的成员单位，建设的国家组学数据百科全书（NODE）是国家生物医学数据共享汇交技术平台之一。

七、上海生物信息技术研究中心

该中心成立于2002年，是上海市指定的科技计划数据汇交管理机构，建立和完善了基因组功能注释、生物芯片数据分析和蛋白质组数据分析技术平台，并建立了人类疾病相关基因的高通量生物信息学筛选技术体系。其主要数据库有肝细胞癌预后分子标志物数据库（dbPHCC）（Ouyang et al.，2016）、人类癌症蛋白质组变异数据库（CanProVar）（Zhang et al.，2017）等。

八、国家蛋白质科学中心（北京）

该中心下设生物信息平台，主要对蛋白质组数据进行采集、处理和标准化，为中心管理实验技术平台的数据统计解释提供信息支持，同时提供主

要的生物信息和蛋白质数据公共资源，其中最重要的是蛋白质组整合资源库（Integrated Proteome Resources，iProX，http://www.iprox.org）。iProX 是一个蛋白质组数据资源共享系统，目的是支撑中国人类蛋白质组计划（Chinese Human Proteome Project，CNHPP）和促进蛋白质数据共享，该数据库具有提交功能（Chen et al.，2022）。

九、国家人口与健康科学数据共享服务平台

该平台于 2004 年正式运营，承担国家科技重大专项、科技计划、重大公益专项等人口健康领域科学数据汇交、数据加工、数据存储、数据挖掘和数据共享任务，服务于科技创新、政府管理决策、医疗卫生事业的发展。

第三节　发展态势与重大科技需求

生物信息大数据资源体系建设，已经成为塑造国家竞争力的战略制高点之一，汇聚、整合和运用生物大数据的能力成为国家竞争力的重要体现，具有重大的科技需求和战略意义。美国高度重视大数据研发和应用，2012 年 3 月推出“大数据研究与发展倡议”，将大数据作为国家重要的战略资源进行管理和应用，2016 年 5 月进一步发布“联邦大数据研究与开发战略计划”，不断加强在大数据研发和应用方面的布局。欧盟于2014年推出了“数据驱动的经济”战略，倡导欧洲各国抢抓大数据发展机遇。此外，英国、日本、澳大利亚等国也出台了类似政策，推动大数据应用，拉动产业发展。从 2014 年至今，我国涉及大数据发展与应用的国家政策规定已经多达 63 个，其中国家大数据发展顶层设计 1 个、国家层面顶层规划 4 个、重点行业领域发展应用 31 个，如 2015 年 9 月的《国务院关于印发促进大数据发展行动纲要的通知》、2016 年 1 月的《国家发展改革委办公室关于组织实施促进大数据发展重大工程的通知》、2016 年 6 月的《国务院办公厅关于促进和规范健康医疗大数据应用发

展的指导意见》、2016年12月的《工业和信息化部印发大数据产业发展规划（2016～2020年）的通知》等。中共中央政治局于2017年12月8日就实施国家大数据战略进行学习，强调加快推动实施国家大数据战略，加快建设大数据基础设施，推进数据资源整合和开放共享，加快建设数字中国，更好地服务于我国经济社会发展和人民生活改善。

一、生物信息大数据是实现精准医学与普惠健康的重要基础资源

生物信息大数据与数据库为复杂疾病的研究和治疗提供了重要的基础资源和条件平台。疾病的复杂性和个体差异性是治疗低效的最主要原因，多数疾病的发生是遗传、环境等多层次因素共同作用的结果，具有很强的个体差异性。复杂疾病的精准医学和普惠健康研究需要多维生物信息数据的不断积累和深度挖掘，并越来越依赖于高质量的、经人工质控审编的数据库和知识库。基因组测序技术的飞速发展使得开展大规模人群队列的精准医学研究成为可能。从生物信息学出发，建立生物信息数据收集、整合、分析、共享等标准规范，通过有机整合多层次组学数据、临床数据和图像数据等生物医学大数据资源，结合生物信息知识库中的重要知识进行精准医疗已经成为生命科学研究的重大科技需求。

因此，生物信息大数据是开展精准医学研究、实现普惠健康的重要基础和必需条件。“十三五”期间，我国已经启动精准医学、慢性病、生殖健康与重大出生缺陷等研究计划，开展大规模前瞻队列和专病队列研究，同时还启动了中国人群参比基因组项目，这些研究都将会产生海量的生物信息数据。精准医学研究需要在大规模人群多组学数据基础上，针对大量人群的临床表型进行长期动态检测和分析才能确定相关主要因素，将不同层次的信息与临床数据关联起来，从而构成能够揭示个体的疾病分子机制和遗传易感性的知识网络，实现精准医疗。

二、生物信息大数据是生物医学研究模式转变的核心驱动力

生命科学是当今世界科技发展最迅猛、最前沿的领域之一，并已经实现

向数据密集型科学发现的范式转变。随着生命科学和生物技术的发展，生物医学进入大数据时代，生物信息大数据正在逐步变革生命科学研究范式。生物信息大数据是现代生命科学产生新知识、提出新假说、开发新应用的引擎，是国家战略必争领域的关键核心技术和重大科技需求之一，是抢占未来生命科学和医学科技创新战略制高点的重要基础性支撑。

生物信息大数据给生命科学研究带来了前所未有的机遇，在研究表型组、干细胞与再生、基因功能、表型可塑性、分子调控、疾病机制等方面具有重要意义。当前，对生物信息大数据的利用已经成为生命科学发展的动力源泉，生物大数据的利用能力决定了未来生命科学的发展水平和产业领域的核心竞争力。我国已经充分认识到生物大数据对动物、植物、微生物及医学等学科的支撑和推动作用，加快生物信息学研究对提升我国生物大数据利用水平和转化效率、增强我国在生命科学和健康科学领域的原始创新能力具有重要意义。

三、生物信息大数据是推动前沿交叉研究的关键基础

生物信息数据量巨大、增长迅速，且具有“时空尺度大、关系复杂度高、内涵结构性低、非标性偏强”等特点，其中基因测序技术的进步速度甚至已经超过传统的摩尔定律，而被称为超摩尔定律。多层次大数据的不断积累迫切需要高性能计算及解析技术方法对这些数据进行处理，以提取有效数据，完成知识积累，形成生物医药发展的核心支撑动力。然而，相比于生物信息大数据的不断积累，对不同类型大数据的整合分析严重滞后，使得宝贵的数据价值未能完全体现出来。针对生物信息大数据分析面临的具体问题，借助人工智能、云计算、深度学习等一系列新型前沿信息技术来研发解决方法，有望促进信息科学等领域新方法、新技术的产生。

在数据整合方面，面对多样化、海量数据，需要建立标准化的分析方法，理清数据集之间的内在关系，建立标准化、一体化的生物云平台是数据分析和深度挖掘的关键。在数据分析方面，亟需多组学整合分析体系来解决生物学问题，研发高精度、高分辨率和高通量的新方法，用于发现重要疾病基因、关键变异位点和表观遗传信息，开发多维组学数据整合分析方法及基因型与

表型关联解析新模型。在数据计算方面，需要结合云计算、人工智能、深度学习等新一代计算技术，形成面向生命与健康多维生物大数据挖掘分析、系统应用的新方法、新工具和新范式。

第四节　未来5～15年的关键科学与技术问题

我国人口众多，具有宝贵的人类遗传资源，生物多样性和战略生物资源也极其丰富。随着国家对科技研究投入的持续加大，相关数据呈现爆发式增长态势，未来生命与健康大数据将达到泽字节（zettabyte，ZB）级。因此，面向国家重大需求和世界科技前沿，未来所面临的关键科学与技术问题包括：生物信息大数据的汇交管理与质控审编、整合分析与深度挖掘、安全利用与创新应用等。围绕上述生物信息大数据"存、管、用"的实际问题和发展需求，亟须加快国家生物信息中心建设，强化国家生物信息中心的基础设施作用及其配套经费支持，建立适合生物信息学学科特点的人才评价机制，加强生物信息学复合型专业人才队伍培养，为应对未来学科领域的关键科学与技术问题奠定坚实基础。

一、生物信息大数据汇交共享与安全管理

近几十年来，我国生命与健康多学科领域产生了海量的数据，虽然这些领域已经建设大量的信息系统，这些系统也能够实现在特定业务背景下的数据采集和垂直方向上的信息流动，但由于缺乏统一的标准，这些系统形成了一个个孤岛，不能在横向上实现跨部门、跨系统、跨地域、跨领域的信息互联互通和资源共享。因此，需要制定各类数据标准及管理规范，使得信息能够跨系统跨领域共享，提高数据的可发现（findable）、可访问（accessible）、可互操作（interoperable）和可重用（reusable），简称"FAIR原则"。

针对人口健康、战略生物资源、生物多样性等多领域的大数据资源汇交与存储需求，制定各类数据标准及管理规范体系，发展面向海量生物大数据的递交存储、质量控制与注释审编的新方法和新技术，建设面向生物信息大数据的汇交共享与审编质控的数据库平台；研发人类遗传资源数据管理系统，实现人类遗传资源数据的统一汇交与安全管理服务，在保障安全的前提下，加强生物信息大数据的规范化共享访问和安全可控利用，形成面向科学研究与产业应用的高质量、多层次生物信息数据库资源体系。

二、生物信息大数据整合分析与深度挖掘的新技术与新方法

发展面向生物信息大数据整合分析与深度挖掘的智能计算新技术与新方法，建立基因组、转录组、蛋白质组、表观组等多维数据分析工作流程；发展标准化生物信息大数据分析处理新方法，建立高效的数据处理和快速分析体系；结合人工智能、云计算等前沿信息技术，发展生物信息大数据挖掘分析的新算法和新技术；研发组学数据和环境、表型信息的整合框架及生命与健康大数据融合方法和算法；开发健康风险因素预测计算模型、技术和集成化工具；建立组学数据标准化整合分析的云计算平台，形成生物信息大数据分析方法与技术体系。

发展基于云计算的生物大数据整合管理、分布式计算、共享访问、加密脱敏、安全维护、可视化等关键技术；发展大数据集成检索、优化搜索引擎等关键技术；研发组学大数据云平台关键技术；建立组学大数据云分析系统，贯通从原始组学数据到知识的信息流，突破大数据时代从大数据存储到大数据挖掘与知识转化的瓶颈，引领生命和健康领域的云技术发展。

三、生物信息大数据的安全利用与创新应用

生物信息大数据在普惠健康、临床医疗、农业育种、国家安全等领域产生了巨大的科学、社会和经济价值。在保障安全的前提下，加强生物信息大数据的开放共享和安全利用，势必会发挥数据本身在科学技术与产业发展的创新驱动作用。

随着组学技术的不断发展，对不同层次和类型的生物数据的获取方法日益成熟，也给生物信息大数据的创新应用提出困难和挑战。因此，亟须开展生物信息大数据多学科交叉融合的创新应用，解决多学科领域中实际的重大科学问题和产业发展需求。

第五节　发展目标与优先发展方向

一、生物信息多层次数据资源体系及其关键核心技术

生物信息多层次数据资源体系及其关键核心技术是生物信息大数据领域的基础研究内容。面向爆发式激增的高维生物数据，需要研发适合海量生物数据特点和类型的高效存储、无损压缩、快速传输等关键底层技术；研发支撑生物大数据跨库融合检索的标准体系、关键技术和平台系统，提供多维、异质、海量生物数据的一站式快速查询服务和分类智能检索；发展涵盖数据、信息和知识的注释审编和整合分析关键技术和方法，建立生物信息多层次数据资源体系；基于前沿交叉技术，研发高维生物大数据的可视化关键算法和技术，提供生物大数据可视化交互服务。

二、高维动态生命组学数据库和知识图谱系统

随着生命科学研究向“数据密集型科学”新范式的转变及其单细胞组学、时空组学等新技术的不断发展，研发建立高维动态的生命组学数据库和知识图谱系统成为生命科学领域的基础科学问题和重大挑战。为解决上述问题，需要发展生命组学大数据挖掘分析与知识挖掘提取的关键技术和方法，建立生命组学大数据质控与审编标准和流程，研发高维生命组学大数据的高通量运算解析的算法与技术，发展智能化的知识挖掘与提取方法，建立新的可解释人工智能计算方法，整合全基因组关联分析（GWAS）、全转录组关联分析

（TWAS）、全蛋白质组关联分析（PWAS）、全表观组关联分析（EWAS）等多层次知识，建立复杂多维知识图谱的构建方法，研发高维动态生命组学数据库和知识图谱系统。

三、基于人工智能的生物信息大数据算法与技术

生物信息学研究的核心目标是基于高异质性、高维度、内部结构复杂的生物大数据进行生命系统的建模分析及应用。未来须基于人工智能等前沿技术，开展多元、多层次、多组学生物数据的整合分析，样本有限的高维数据的有效建模与学习，多层次大规模复杂调控网络的构建与因果调控关系的推导，面向单细胞尺度和多细胞生物学过程的系统建模和分析，复杂疾病、智慧医疗异构大数据的融合解析，基于人工智能的创新药物靶标发现与药物设计，蛋白质、RNA、亚细胞器、基因调控环路的创新设计，以及研发建立新型生物信息大数据智能计算操作环境等研究。

本章参考文献

Cantelli G, Bateman A, Brooksbank C, et al. 2022. The European Bioinformatics Institute(EMBL-EBI) in 2021[J]. Nucleic Acids Research, 50: D11-D19.

Chen F Z, You L J, Yang F, et al. 2020. CNGBdb: China National GeneBank DataBase[J]. Hereditas, 42(8): 799-809.

Chen M L, Ma Y K, Wu S, et al. 2021a. Genome warehouse: a public repository housing genome-scale data[J]. Genomics Proteomics Bioinformatics, 19: 584-589.

Chen T, Ma J, Liu Y, et al. 2022c. IProX in 2021: connecting proteomics data sharing with big data[J]. Nucleic Acids Research, 50: D1522-D1527.

Chen T T, Chen X, Zhang S S, et al. 2021b. The genome sequence archive family: toward explosive data growth and diverse data types[J]. Genomics Proteomics Bioinformatics, 19: 578-583.

CNCB-NGDC Members & Partners. 2022. Database resources of the National Genomics Data Center, China National Center for Bioinformation in 2022[J]. Nucleic Acids Research, 50: D27-D38.

DDBJ. 2023a. About DDBJ Center[EB/OL]. https://www.ddbj.nig.ac.jp/about/index-e.html[2023-10-27].

DDBJ. 2023b. Activities[EB/OL]. https://www.ddbj.nig.ac.jp/activities/index-e.html?tag=annual_report[2023-10-27].

EMBL-EBI. 2023a. About Us[EB/OL]. https://www.ebi.ac.uk/about[2023-10-27].

EMBL-EBI. 2023b. EMBL-EBI Digital Bookshelf[EB/OL]. https://www.ebi.ac.uk/about/digital-bookshelf[2023-10-27].

European Bioinformatics Institute. 2022. Highlights 2021 [EB/OL]. https://www.embl.org/documents/wp-content/uploads/2022/05/EMBL-EBI-highlights-2021-digital.pdf[2023-05-17].

Li C P, Tian D M, Tang B X, et al. 2021. Genome variation map: a worldwide collection of genome variations across multiple species[J]. Nucleic Acids Research, 49: D1186-D1191.

Li M W, Zou D, Li Z H, et al. 2019. EWAS Atlas: a curated knowledgebase of epigenome-wide association studies[J]. Nucleic Acids Research, 47: D983-D988.

Li R J, Liang F, Li M W, et al. 2018. MethBank 3.0: a database of DNA methylomes across a variety of species[J]. Nucleic Acids Research, 46: D288-D295.

Mullard A. 2015. The Roadmap Epigenomics Project opens new drug development avenues[J]. Nature Reviews Drug Discovery, 14: 223-225.

National Library of Medicine. 2023. NLM Official Reports[EB/OL]. https://www.nlm.nih.gov/pubs/reports.html[2023-10-27].

NCBI. 2023. Our Mission[EB/OL]. https://www.ncbi.nlm.nih.gov/home/about/mission/[2023-10-27].

Okido T, Kodama Y, Mashima J, et al. 2022. DNA Data Bank of Japan(DDBJ) update report 2021[J]. Nucleic Acids Research, 50: D102-D105.

Ouyang J, Sun Y, Li W, et al. 2016. DbPHCC: a database of prognostic biomarkers for hepatocellular carcinoma that provides online prognostic modeling[J]. Biochimica Et Biophysica Acta(BBA)-General Sujects, 1860: 2688-2695.

Sayers E W, Bolton E E, Brister J R, et al. 2022. Database resources of the National Center for Biotechnology Information[J]. Nucleic Acids Research, 50: D20-D26.

SIB Swiss Institute of Bioinformatics Members. 2016. The SIB Swiss institute of bioinformatics' resources: focus on curated databases[J]. Nucleic Acids Research, 44: D27-D37.

Song S H, Ma L N, Zou D, et al. 2020. The global landscape of SARS-CoV-2 genomes, variants, and haplotypes in 2019nCoVR[J]. Genomics Proteomics Bioinformatics, 18: 749-759.

Tian D M, Wang P, Tang B X, et al. 2020. GWAS Atlas: a curated resource of genome-wide variant-trait associations in plants and animals[J]. Nucleic Acids Research, 48: D927-D932.

Wang Y Q, Song F H, Zhu J W, et al. 2017. GSA: genome sequence archive[J]. Genomics Proteomics Bioinformatics, 15: 14-18.

Wu L H, Ma J C. 2019. The Global Catalogue of Microorganisms(GCM) 10K type strain sequencing project: providing services to taxonomists for standard genome sequencing and annotation[J]. International Journal of Systematic and Evolutionary Microbiology, 69: 895-898.

Zhang M H, Wang B, Xu J, et al. 2017. CanProVar 2.0: an updated database of human cancer proteome variation[J]. Journal of Proteome Research, 16: 421-432.

Zhang Y S, Zou D, Zhu T T, et al. 2022. Gene Expression Nebulas(GEN): a comprehensive data portal integrating transcriptomic profiles across multiple species at both bulk and single-cell levels[J]. Nucleic Acids Research, 50: D1016-D1024.

Zhao W M, Song S H, Chen M L, et al. 2020. The 2019 novel coronavirus resource[J].Hereditas, 42: 212-221.

Zhao Y, Li H, Fang S S, et al. 2016. NONCODE 2016: an informative and valuable data source of long non-coding RNAs[J]. Nucleic Acids Research, 44: D203-D208.

第三章

生物信息学相关硬件、软件与算法

第一节 发展历史与驱动因素

一、发展历史概述

作为一门生命科学和计算科学的交叉学科，生物信息学在生命科学的诸多领域都发挥着关键作用。尤其是21世纪以来，生命科学进入组学大数据时代，生物信息学面临着新的挑战和机遇：一方面，需要高效处理海量的生物学数据，以及有效理解复杂相互作用关系；另一方面，信息技术领域包括硬件设备、软件算法、体系结构等方面的进步为应对数据爆炸的挑战提供了新的资源和新的解决方案（Gauthier et al.，2019）。

从信息领域来说，计算设备的性价比得到指数级提高，尤其是以异构计算为代表的新型计算设备和硬件架构为处理海量生物学数据提供了前所未有的算力保障。例如，基于现场可编程门阵列（field programmable gate array，FPGA）的DRAGEN突变分析方案可以将全基因组分析时间缩短至数十分钟，而基于图形处理器（graphics processing unit，GPU）的转录组定量分析比传统中央处理器（central processing unit，CPU）集群计算最高能提升百倍的性能。由于生物大数据主要由海量的彼此相对独立的数据构成，并行度非常高，因此目前为并行计算设计的新型计算设备在处理生物大数据上的性能提升潜力很大，但是结合具体的生物学问题在新型设备上开发生物学专用应用的编程难度高。如何有效利用新的计算硬件架构，进而开发专门对生物多维大数据进行分析的专业计算设备，是当前生物信息学在硬件环境方面的首要任务。

在计算环境的运维方面，云计算技术的广泛使用推动了生物信息学的发展和生物信息技术的普及，降低了分析系统的维护成本。因此，可以预计，随着云服务的价格降低和性能提高，以及用户生态的扩大，云计算在生物信息分析中将得到更广泛的应用（Koppad et al.，2021）。

从生物信息学通用软件和算法的角度来说，以人工智能等为代表的信息分析方法全面应用于生物信息领域，将极大地促进对复杂生物问题的认识。例如，谷歌公司发布的 DeepVariant 模型可以有效避免传统基因组突变分析中参数设定时人为因素的影响（Huang et al.，2020）；二代测序公司因美纳（Illumina）公司发布的剪接预测模型 SpliceAI 针对突变对剪接位点变化的预测显著优于传统方法（Jaganathan et al.，2019）。然而这些新模型的建立，仍需依赖可靠的实验手段获得大量可靠标注的数据集合来进行训练并且检验结论。层见迭出的各类生物信息分析软件构成了高度多样性的生信分析社区和软件生态，但也产生了缺乏标准、应用的可移植性差、易用性低等问题。

生命科学中的大数据挑战在很大限程度上来自组学数据的爆炸式增长。生物信息学需要针对组学数据的不同特征设计高效的新算法，在新算法的基础上寻求优化的实现方案，结合硬件的技术进步最终构建面向组学大数据的专用计算设备，这不仅将丰富高性能计算在生命科学研究中的应用，也将较好解决生物大数据时代的海量数据及其复杂关系的解析问题，有效促进新的科学发现与应用（Vamathevan et al.，2019；Wooller et al.，2017）。

总而言之，生物信息数据多样化和规模化的不断扩大，对底层的专业硬件、软件和算法的研发提出了前所未有的挑战。这些软硬件环境和算法的研发和工程优化与迭代，是生物信息学多个分支的共有基础，也是重要的底层技术。

二、国内外研究现状

在国际研究现状方面，美国在信息计算领域的领先地位和在生物信息领域的研究基础，使其在生物信息基础硬件和软件环境上处于领先地位，尤其是在核心芯片和开源环境建设方面处于统治地位（Searls，2000；Azad and Shulaev，2019；Sun et al.，2010）。欧洲的研究者在算法和数据库研究方面有一定优势（Akalin，2006；Holtsträter et al.，2020）。我们的生物信息学研究在专业设备开发方面和美国仍有差距，如大规模专业分析设施、专用计算芯片、软件应用生态等方面。现有硬件加速器的大部分应用程序均由国外开发，并且海外商业软件公司具备较强的开发能力，是学术界之外的有效补充力量。我国生物信息学研究虽然在核心硬件和软件基础方面的影响力还有待提升，但在一些方面的研究已经处于国际第一梯队（Zhao et al.，2016；Teng et al.，2020；Zheng and Wang，2008）。尤其是在很多近期快速发展的新问题新技术领域，如在环形RNA分析和质谱原始数据的分析方面，中国团队开发的分析软件得到了广泛使用。

（一）硬件研发现状

1. CPU架构

由于生物信息学分析涉及的数据种类繁多且计算任务不同，其依赖的硬件设备也有较大跨度。针对不同需求的数据量和计算量，从小型机/工作站到服务器/集群，直至超算和云计算，都在生物信息领域得到大量应用。在硬件设备中最关键的是CPU。作为计算机系统的运算和控制核心，CPU是信息处理、程序运行的最终执行单元，其芯片设计方案和对应的核心指令集也是决定计算机硬件设备构建方案的关键。

目前主流的计算机硬件设备是基于x86架构的系统。使用x86架构的优势在于技术成熟、功能强大、应用生态完整并且有较好的兼容性。基于此架构的生信分析基础软件可对个人计算机到超级计算机等的不同层级计算机进行支持，因此在软件移植和更新开发方面有较大的优势。

除x86架构及相应指令集体系外，其他的架构也在生物信息领域有少量应用。例如，早期的许多生物图形分析工具是基于太阳计算机系统（Sun

Microsystems）的工作站来开发的，其特有的 Solaris 操作系统运行在开放的可扩充处理器架构（Scalable Processor Architecture，SPARC）上，其最突出的特点就是可扩展性，它们是业界出现的第一款有可扩展性功能的微处理器，曾广泛用在高端图形工作站上。

另一种通用 CPU 架构是美国国际商用机器公司（IBM）的增强 RISC[①] 性能优化（Performance Optimization With Enhanced RISC，POWER）架构。POWER 系列 CPU 用在很多 IBM 工作站、服务器及超级计算机中。最新的 POWER9 处理器芯片的设计特点是对并行计算有强大支持，通过支持英伟达（NVIDIA）的 NVLink 达到在 CUP 和 GPU 间的快速数据传输分享，因此在并行计算需求量大的应用场景（如人工智能）中有较大的应用。尤其是在新的 GPU/CPU 混合架构的编程方面，有很好的计算效率。这样的架构可以把 CPU 的大量并行计算任务分配到 GPU 上，从而充分利用 GPU 的并行计算能力，在生物数据分析上有独到的优势。

随着生物数据量的增加、核心生物信息分析任务的标准化和算法的优化，越来越多的生物信息分析需要利用 CPU 之外的计算设备来进行。此类设备使用的核心芯片主要包括 GPU、FPGA 及张量处理器（tensor processing unit，TPU）等神经网络（neural network）计算专用芯片。

2. GPU

GPU 最初是专为执行复杂的图形计算和处理而设计的，利用其并行的多线程设计，对图形处理进行加速。GPU 和 CPU 的设计目标有很大的不同，它们分别针对两种不同的应用场景。CPU 需要很强的通用性来处理各种不同的数据类型，同时逻辑判断又会引入大量的分支跳转和中断的处理，使得 CPU 的内部结构非常复杂，从而达到对复杂问题进行运算的目的。GPU 面对的则是类型高度统一的、相互无依赖的大规模数据和不需要被打断的纯净的计算环境。因此 CPU 和 GPU 就呈现出非常不同的架构（图 3-1）。因为每个 GPU 芯片上运算执行单元数目远比 CPU 多，GPU 适合处理大量的相对简单的逻辑操作。此类计算复杂度低而数据量大的大规模并行简单操作很适合对基因组数据的分析，尤其是高通量测序数据的分析，包括全基因组分析、全外显子

① 精简指令集计算机（reduced instruction set computer，RISC）。

分析、转录组分析、表观基因组分析等典型的大数据处理问题。因此，充分利用 GPU 的并行计算能力是生物信息学的专用硬件发展的新趋势。

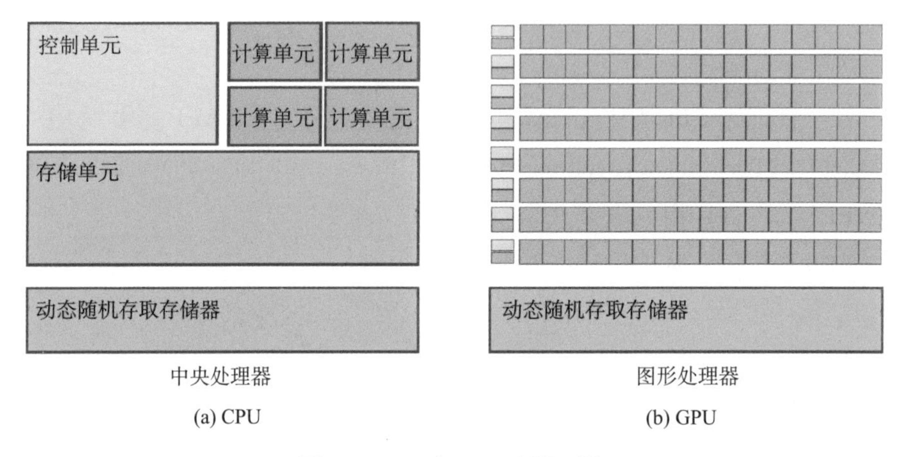

图 3-1　CPU 与 GPU 架构对比

资 料 来 源：CUDA. CUDA C++ Programming Guide[EB/OL]. https://docs.nvidia.com/cuda/cuda-c-programming-guide/[2024-04-18].

注：橙红色的是计算单元，黄色的是存储单元，蓝色的是控制单元

3. FPGA

FPGA 属于专用集成电路（application specific integrated circuit，ASIC）中的一种半定制电路，能够有效地解决原有的器件门电路数较少的问题。简而言之，FPGA 是在硬件上针对特定计算任务设计的一类专用芯片，用硬件设计的方法完成软件的计算任务。因此，其基本结构包括可编程输入输出单元、可配置逻辑块、数字时钟管理模块、嵌入式块随机存取存储器（random access memory，RAM）、布线资源、内嵌专用硬核、底层内嵌功能单元等，从而实现对相对固定的运算任务进行编程。对于常见的生物信息算法，如果运算任务相对固定，把其中的计算量大的部分（如序列比对），做成专门的 FPGA，可以极大地提高芯片运算效率。但是因为 FPGA 依靠硬件来实现所有的功能，其设计的灵活度和可编程性与通用处理器相比有很大的差距。

4. 新型运算处理器 TPU 与 DPU

TPU 是近年来谷歌公司为神经网络计算而构建的专用集成电路，是为了应对快速增长的人工智能计算需求而设计的。神经网络计算中需要进行大量

的矩阵乘法和加法运算，运算的并行程度高但对精度的要求不高，尤其是在推理阶段只需要整数运算就可以满足精度要求。因此 TPU 使用整数计算而不是浮点计算，在牺牲了一些计算精度的前提下，减小了硬件尺寸并降低了功耗。一个 TPU 可以包含 65 536 个 8 位整数乘法器，而主流 GPU 通常包含数千个 32 位浮点乘法器。因此使用 TPU 可以带来 25 倍以上的性能提升。此外，TPU 使用复杂指令集计算机（complex instruction set computer，CISC）作为指令集的基础，侧重于运行更复杂的任务，因此具有较好的可编程性。

数据处理单元（data processing unit，DPU）是 2020 年英伟达公司新提出的一个硬件设计思路。DPU 主要依靠专用芯片设计，以新型处理器承担安全、网络、存储和 AI 等业务的加速处理，旨在降低 CPU 的利用率，满足网络专用计算需求。DPU 尤其适用于服务器量多、对数据传输速率要求严苛的场景，可以提高生物大数据的数据传输和转换效率。DPU 像一个连接枢纽，起到中心调度管理作用，一端连接 CPU、GPU、固态盘（solid state disk，SSD）、FPGA 加速卡等本地资源，另一端连接交换机 / 路由器等网络资源。以 DPU 为中心的架构旨在针对以数据为中心的市场发展和应用需求，在数据所在位置开展计算，在解决网络传输中的瓶颈问题或者丢包问题时，典型通信延时可以从 30～40 微秒降低到 3～4 微秒。2020 年 DPU 芯片设计思路成为半导体领域的焦点。2021 年 4 月，英伟达公司宣布将数据中心芯片战略升级为“GPU+CPU+DPU”的“三芯”战略。同时，英特尔公司、中科驭数（北京）科技有限公司、美满科技（Marvell）集团有限公司等国内外芯片厂家也都陆续推出自己的 DPU 产品，使得计算机技术进入以数据为中心的新计算时代。DPU 的出现并非要替代 CPU 和 GPU，相反，CPU、GPU、DPU 三者协作的异构计算，是未来数据中心计算领域的前沿发展趋势，也是生物大数据达到高效分析的底层基础。

5. 不同运算规模的硬件整合与配置

高通量测序产生的每个样本包含的数据通常在太字节（terabyte，TB）量级，普通个人计算机几乎无法进行常规的读写操作，因此对于独立生物信息实验室的常规科研任务，多数情况下需要利用小型工作站进行数据处理。对于典型的生物信息研究中心及计算量较大的研究组，通常需要使用服务器集群来进行分析。服务器集群是由多个服务器并联而成的，支持多个用户端进行并行复杂的计算。每个服务器节点的运算能力接近于一个工作站，需要安装特定的服务器操作系统来配置计算资源支持并运行集群服务。集群中的多个服务器（节点）保持不间断的联系，从而起到不同计算节点间相互备份的作用，以实现容错，提高系统的稳定性。服务器集群是多数生物信息分析机构的主力计算设备，通常需要专用的机房及专人维护。

对于大型的生物信息中心，其硬件需要支持较复杂的计算任务和多用户使用，通常是由高性能计算机群（high performance computing，HPC）作为其硬件支持环境。HPC 就是通常指的超级计算机系统，可以看作是一种较复杂的超大型集群设备。由于生物医学数据具有高价值、高增速、高复杂度等特点，这决定了面向生物大数据科学研究的超算系统必然是一个高度复杂的体系，其中的计算、存储与网络系统是由多分区计算、多层次存储、高性能分级网络所组成的异构多源数据处理系统。其中，异构是指系统中包括通用处理器、GPU 加速器、AI 处理器、生物处理单元（biology processor unit，BPU）、领域专用处理器等多种计算部件；多源是指数据的来源多样性，既包括数据类型的多样性，也包括数据存储载体的多样性。

6. 云计算在生物信息上的应用

传统的生物信息学研究通常把大量的数据存放在本地的硬件系统上进行计算与分析，这样对网络环境和计算环境都有一定的要求，尤其是在计算工具的更新维护和数据利用率方面，需要较大的投入。近十年来，越来越多的生物信息分析用到了云计算资源。例如，美国博德研究所（Broad Institute）的多数分析软件就是被谷歌云支撑的，国内的云计算（如华为云）也开始参与到生物数据的分析中。云计算对生物信息分析的好处是大量数据存在云端，节省了网络资源，并节省大量本地系统维护成本。另外，在云端并行服务器上运行分析软件也有较高的可靠性。因此，随着云服务的价格降低和性能提高，云计算将会在生物信息分析中得到更广泛的应用。

（二）生物信息学软件与算法现状

生物信息学已经广泛地融入生物学研究的每个分支。由于数据类型和分析任务不同，生物信息学软件的种类繁多，适用场景和更新频率也有很大不同。生物信息分析的常见任务已有很多相似而各有特点的工具，例如对高通量测序得到的短序列在基因组上的定位软件包，常用的就有ELAND、MAQ、SHRiMP、SOAP、Bowtie等。我们在后续的章节里将按照分析应用的种类对生物信息的常用工具软件分别进行深入说明，而本节将着重介绍在生物信息研究中用到的共性软件编程环境和通用工具包，以及几个核心算法。这里说的软件算法是进行生物信息研究子领域的基础。

1. 操作系统

在生物信息研究中，最基本也是使用最多的操作系统是尤内克斯（UNIX）系统及其开源版本Linux操作系统。UNIX系统的强大功能和可扩展性，使其成为生物信息研究领域的主流操作系统，大部分应用程序是在此系统上开发出来的或者支持在UNIX上运行。当前在生物信息领域使用最广的Linux操作系统也可以看作UNIX系统的开源版本，其代码公开并可以进行免费使用和自由传播，是一个基于UNIX的多用户、多任务、支持多线程和多CPU的操作系统。除UNIX/Linux系列操作系统外，Microsoft Windows操作系统在生信分析中也有少部分应用，但是UNIX/Linux仍是生物信息领域的主流操作系统。

2. 编程语言及软件环境

生物信息研究所依赖的编程语言非常多，因为分析任务的多样性，许多编程语言环境和软件环境都在生物信息领域有不同程度上的应用。生物信息研究早期应用最多的是C/C++语言，其功能强大且丰富、使用灵活方便、代码效率高、可植入性好，同时具有高级语言和低级语言的特点，因此在追求程序运行速度的场景下有较大的用途，尤其是对同时涉及复杂运算和字符处理的任务有一定的优势。

随着人类基因组测序的完成，基于字符运算的序列分析任务成为生物信息的主要研究模式，因此Perl语言在生物信息领域的使用变得更加流行。Perl语言最初是作为一种UNIX的脚本语言来设计的，由于Perl语言的解释程序是开放源码的，Perl语言能在绝大多数操作系统上免费进行编译运行，可以方便地向不同操作系统迁移。Perl语言借取了C语言和Shell脚本语言及很多其他程序语言的特性。最重要的是，它内部集成了正则表达式的功能及巨大的第三方代码库CPAN，因此在字符串处理方面效率较高。Perl语言的许多特征是从C语言继承下来的，并可以内嵌在运行C语言编程的模块，因此有强大的能力和灵活性。重要的是，Perl语言的开源特征使生物信息领域的研究社区构建了BioPerl这样的开源工具包，包括的大量的生物信息分析脚本可以被直接调用。几乎所有的计算分子生物学方面的算法和分析任务都能在BioPerl中找到已有的工具脚本。此外，Perl语言简单易学，使用起来非常灵活，因此Perl语言和BioPerl是第一个真正意义上的生物信息领域主流编程语言，曾被广泛地使用。大量的基因组学分析软件最早都是用Perl语言来写成并再利用C语言进行优化的。

类似于Perl语言，Python语言最初也是被设计用于编写脚本的高级语言，随着新功能的添加，越来越多被用于独立的大型项目开发，并且在生物信息领域得到越来越多的应用。Python的主要特点是语法简单严格易于学习，具有很强的可读性。相比其他语言，Python经常使用英文关键字及常用符号。此外，与Perl语言类似，Python也有很大的生物信息应用工具库Biopython，Biopython中包括大量的用于各类生物数据分析的脚本。Python同时还具有很大的人工神经网络算法的工具库，因此它是人工智能编程的首选语言。由于其易学性和丰富的工具包，Python语言在近年来取代了Perl语言，成为生物信息领域中使用最广的编程语言。

3. 外部工具软件

生物信息分析还常用到外部的工具软件及脚本工具库。常用的分析工具软件有MATLAB、R语言、统计分析系统（statistical analysis system，SAS）等分析软件和脚本编程环境，以及用这些软件环境编程的生物信息工具包。

MATLAB是美国MathWorks公司出品的商业数学软件，用于算法开发、数据可视化、数据分析及数值计算的高级计算语言和交互式环境。MATLAB是一种高级的矩阵/阵列语言，在数据分析中和图形处理上的功能很强，并且界面简单交互性强。因为MATLAB的语法特征与C++相似且更加简单，所以MATLAB符合科技人员对数学表达式的书写格式，利于非计算机专业的科技人员使用。MATLAB被广泛用于科学研究及工程计算的各个领域。生物信息中常用的数据处理算法都可以通过MATLAB中现成的函数来实现，并且其函数算法的效率较高，因此用 MATLAB 对生物数据分析的速度和代码稳定性较好。然而，由于 MATLAB 是较昂贵的付费软件，因此这在某种程度上限制了其应用的广泛移植及应用生态的发展。

R 语言是一个开放源代码的软件，主要提供了一个针对各类统计分析及相关的绘图的工具语言，包括几乎所有的统计函数和工具。由于其开源性和编程的简单性，R 语言被广泛应用于生物数据的研究中，尤其是生命健康数据统计和生物组学的分析，是生物信息领域应用最为广泛的工具软件之一，并有着良好的应用生态，尤其受科研用户的青睐。基于 R 语言开发的 Bioconductor 工具包（http://bioconductor.org）中的多数分析工具是由不同生物信息用户自行研发并共享的，并由超过 1000 个研究组进行维护，涵盖了组学数据收集和分析方面几乎所有的生物信息问题，是一个非常有用的工具包。

在生物数据统计方面，除 R 语言外，SAS 也是一个广泛使用的商业工具软件，尤其是在药物研发和医学数据与健康数据的管理分析方面得到工业界的支持，是美国食品药品监督管理局（Food and Drug Administration，FDA）等许多药物和医疗监管部门认可的软件。SAS 的优点在于分析工具可靠、编程环境简单、使用方便，因此是多数生物医药公司和医院在生物统计方面的首选分析工具软件。其新开发的 JMP Genomics 软件是一个功能强大的基因组数据分析工具包，有很好的使用界面和强大的统计绘图功能，适合不同生物信息的终端用户使用，但由于软件收使用费的原因，在科研界使用的范围相对较小。

4. 常用的生物信息工具库

以基因组学为代表的大规模生物数据通常是通过大型科学计划生成的，如人类基因组计划、DNA 元件百科全书计划、癌症基因组图谱等。因此许多生物信息新分析工具也伴随着此类科学计划被开发出来并被广泛应用。这些工具通常以开源工具库的形式集成在生物信息科学设施和生物信息研究中心网站上，以供研究人员下载和使用。此外，在 GitHub 上也有研究者开发的开源工具库。这些生物信息工具库涉及广泛的生物信息问题，对普通研究用户有很大帮助。

常用的多用途生物信息工具库包括由美国国立卫生研究院/美国国家生物技术信息中心维护的工具库、瑞士生物信息研究所维护的 ExPasy 工具库、美国博德研究所维护的基因分析工具库 GAKT 等。利用这些工具库，可以在线分析小规模数据，也可以在数据量大的情况下，把软件下载后离线使用。

除这些通用工具库外，也有一些很好的工具库可以支持专门的分析需求。例如，基因组数据分析和检索可视化就可以使用加利福尼亚大学圣克鲁兹分校（University of California，Santa Cruz，UCSC）提供的基因组浏览器或欧洲生物信息研究所和英国桑格研究所（Sanger Institute）合作开发的 Ensembl。这些数据库除提供基因组数据和浏览界面外，也为用户提供了应用程序编程接口及下载接口。

第二节　国内研究基础与国际竞争力

在支撑生物信息分析的基础硬件和软件方面，国内的研究主要是由计算机技术的研究团队来进行的。在国家高技术研究发展计划（863 计划）支持下，研究团队建立了由 10 余个网格节点构成的中国国家网格（http://www.cngrid.org）。这 10 余个网格节点分布在全国 8 个省市，集成了计算、存储、软件和应用服务等多种资源，包括神威·太湖之光超级计算机、天河计算机等高性能计算机。研究团队依托国家网格环境开发和集成了 100 多个工具软件和应用软件，向全国的科学研究用户和行业用户提供了开放共享的高性能计算和数据处理等多种服务，部分生物信息的分析工具（尤其是蛋白-药物作用动态模拟）在超算上有了较好的应用。此类超算网络的建立，为我国的科学研究和信息化建设提供了有效的支撑环境和平台。不足之处在于，我国尚缺乏类似于美国国立卫生研究院的 Biowulf 这样的适合生物信息大规模分析的专业超算设施，因此限制了数据的集中有效使用。

生物大数据的传输和共享对网路硬件也提出了挑战。我国已经在开始探索新计算、数据资源组织和服务方式。2016 年 7 月，中共中央办公厅、国务院办公厅印发《国家信息化发展战略纲要》，要求将信息化贯穿我国现代化进程始终，加快释放信息化发展的巨大潜能，以信息化驱动现代化，加快建设网络强国。首次将科研信息化作为“创新公共服务，保障和改善民生”的关键一环纳入国家发展战略，提出要“加快科研信息化”，要求“建设覆盖全国、资源共享的科研信息化基础设施，提升科研信息服务水平”。2016年12月，国务院正式印发《“十三五”国家信息化规划》，建设基于云计算的国家科研信息化基础设施。从趋势来看，网络、计算、存储、大数据处理环境不仅是计算的基础设施，也要成为一种公共服务，为广大科研用户提供及时、优质和不间断的计算和存储服务。

在基本软件工具方面，我国的研究者为国际开源的软件包（如 BioPerl、Bioconductor、Biopython 等）贡献了许多分析工具，成为国际软件共享生态中的重要一员。其工具覆盖了生物信息学分析的几乎所有方面，在很多方面，其研究水平处于国际第一梯队。这种贡献也有效地防止了我国在基础软件环境方面被国外施加技术壁垒。

第三节　发展态势与重大科技需求

一、测序技术迅速发展对快速有效的数据处理能力提出新需求

近年来，随着生命科学的高速发展，个体全基因组测序在遗传疾病和癌症等疾病的诊断和治疗方面凸显出巨大的发展空间，但高通量测序产生的海量数据处理也对计算机技术发展提出了新的挑战。基因测序是典型的大数据问题。官网介绍，Illumina 公司在 2015 年投产的 HiSeq X Ten 测序仪，只需要 1000 美元就可完成 30X 全覆盖的人类基因组测序，能在 3 天时间内生成 1.8TB 的数据，相当于 16 个人类基因组，每年将能够测序 18 000 个人类基因组。其最新型号 NextSeq 的测序能力又有大幅度的提升。

与二代测序相比，第三代技术速度更快，价格更低，将真正实现单分

子测序（又称第三代测序技术）。利用第三代测序仪，美国太平洋生物科学（Pacific Biosciences）公司希望可以用它在几分钟之内完成人体基因组测序的工作，其费用也将大为降低，平均每个样品只需花费100美元。随着新一代测序仪相继问世并逐步走向成熟，由此带来的基因组数据新一轮的爆炸式增长无疑对数据的存储、组织、分析和检索等提出了更高的要求。

针对高通量测序数据的处理问题，人们已经开发出一些专门面向短序列重测序的软件包，如ELAND、MAQ、SHRiMP、SOAP、Bowtie等。但这些软件包的处理能力都远小于10Mbps[①]/CPU小时，因此普遍需要大规模的集群计算才能满足对高通量深度测序的数据处理要求。对于某些大型的测序中心，其数据中心的计算能力已经高达上百万亿次，但仍然难以满足其飞速增长的数据处理需求。未来，随着单分子实时测序仪的大规模应用普及，现在的计算能力将更加捉襟见肘，如果不能在算法和计算机结构上进行创新，数据处理能力将很快成为阻碍深度测序技术普及应用的最大的瓶颈。因此，设计更适合快速处理大量组学数据的新硬件环境成为组学大数据时代的重要需求。

二、生物信息数据处理过程中的计算瓶颈问题与新分析算法需求

长期以来，计算机的处理速度基本上是沿着摩尔定律的指引以指数速度在发展，但与基因测序数据的发展相比，摩尔定律的速度远远不能跟上测序数据处理业务的数据要求。产生这一差距背后的原因需要从计算机体系结构和基因数据处理特点两方面进行分析。目前主流的通用CPU的计算能力已经达到1TFlops/CPU小时。这个速度在理论上是可以快速处理TB级的数据的，但在实际应用中，这样强大的处理能力还不能满足基因数据处理的计算需求。

出现上述问题的原因在于，当前生物信息学数据分析中的重要操作就是对字符串的近似查找匹配，其数据分析计算特征之一是数据量巨大，内存容量需求从几十个GB到数个TB量级；特征之二是计算模式的变化，从以科学计算为主转变为以数据的检索、变换为主，从复杂的控制流为主转变为以海量的数据流为主，从以传统的高精度浮点操作为主转变为以简单的逻辑操作

① 兆比特每秒（Mbps）。

为主；特征之三是数据特点的变化，从可反复利用的数据变化为一次性数据流访问，数据局部性变差，和传统体系结构的重要基础相背离。因此，基因测序数据处理是一类典型的大数据应用。其中，基因测序数据处理、网络数据信息检索、内存性数据库等应用对内存容量有巨大的需求；而图计算操作、大型哈希表操作、稀疏矩阵操作则对不规则内存访问性能有很高的要求。这是两个典型的大数据应用对内存系统的需求，需要在体系结构层次上进行研究解决。

为了突破传统体系结构的层次化存储设计方法，需要新的面向大数据的内存访问技术研究思路，其主要特征为：①将处理能力向数据靠拢，从传统上的以计算为中心向以数据为中心转变，从传统上的以 CPU 为中心向以内存为中心转变。②分析大数据应用的特点，提取出占 80% 处理时间的 20% 简单操作，将简单操作交给智能内存控制器处理，将复杂操作才交给 CPU 处理。这种研究思路可以在加快数据处理能力的同时降低能源消耗，具有较好的应用前景。

第四节　未来 5～15 年的关键科学与技术问题

在生物信息的硬件和软件环境基础方面，亟须解决的是面向生物数据的未来芯片算力问题。当前，生物数据的产生速度远大于生物信息分析速度，后摩尔时代传统算力提升缓慢进一步扩大了两者之间的差距。受限于算力，大量的数据只是做了简单的固定流程分析而缺乏深入的比对和挖掘，因此一些生物信息分析的结果对机理的理解并没有很好的促进作用，而只在表面上做一些简单统计分析（深入的分析通常需要随机生成大量的背景数据来做相关分析，这类分析对计算速度的要求较高）。在未来的 5～15 年中，随着面向数据的新型芯片设计和异构硬件构架的研发，底层基础算法的工具库研发和新计算语言的开发成为关键。将计算技术的优化迭代和新计算技术引入生物信息分析，有望解决大数据带来的算力不足的问题。

一、针对新计算构架的算法开发

大数据算力不足问题的主要原因是，通用处理器的计算性能是使用双精度浮点计算来衡量的，而基因数据的分析处理完全与上述设计思路不一致。DNA 有四种碱基——A、C、G、T，可使用 2 个字节编码表示——00、01、10、11。现代处理器内部寄存器使用 64 位字长，如在 CPU 内部 64 位寄存器表示一个字母 T，通常只能是 0000 0000 0000 0000 0000 0000 0000 0000 0000 0000 0000 0000 0000 0000 0000 0011，只有最后 2 个字节是有效的数字，其他位置都是浪费的。DNA 字符在内存中表示时情况稍好（内存可以按照字节寻址），RAM 中表示字母 T 可以表示为：0000 0011，但利用率也只有 1/4。因此，在通用计算机内部，无论是寄存器级还是在内存中，存储一个 DNA 字符本身就存在着巨大的浪费。另一方面的浪费是，DNA 数据常用计算形式是序列的比对，其基本操作是对两个序列中的所有字符进行一一对比。这种操作在计算机内部实际上是对碱基字符编码后的 2 个字节进行异或操作，显然这种操作与向量乘加截然不同，自然也无法发挥出传统 CPU 指令的性能优势。

在主流计算机体系结构设计中为了充分利用程序在指令流和数据流的时间和空间局部性，其存储是分层次的，从底层至上层分别为输入 / 输出（IO，硬盘或网络）、主存储器（简称主存）、L3 高速缓冲存储器（Cache）、L2 Cache、L1 Cache、寄存器堆，越向上容量越小但速度越快，通常数据需要穿越全部的层次才能最终被处理，并需要再次穿越出来才能被永久储存。在大部分计算过程中，少量经常运行的程序和被经常使用的数据可以存储在上面的几个层次中，这样就无须再反复从硬盘甚至内存中载入，这种层次化的存储设计方法可以极大地提高 CPU 的运行效率，因而成为经典的体系结构设计方法。对于基因数据的处理，通常需要将海量的数据调入 CPU，经过一次简单的比对操作就不再重复使用。因此，经典的 CPU 分层存储体系结构对这种流式数据的处理过程并无帮助，反而会影响程序运行的效率。

对基因组数据处理流程的典型特征分析表明，数据分析的程序多但缺乏单个热点。对内存的访问为主要操作，简单的加减和逻辑运算次之，只有很少的乘除操作，几乎没有复杂的浮点运算操作。大量的生物信息学算法（如各种基因组研究的算法）都具有数据量较大、算法相对简单、并行度较高、运算类型单一、重复性较强的特点，许多计算过程都可以归类于字符串的查找和比对等简单操作。通常对字符进行操作只需要8～16位数据宽度，计算类型多为各种简单的逻辑运算和算术运算，无须浮点计算，但需要进行大量的判断和转移。目前通用处理器的设计通常都采用32位或64位字长，集成有数个复杂的浮点计算单元，为了提高指令级并行一般都采用超标量技术，而为了提高系统的工作频率，几乎所有的通用处理器都采用了深度流水线技术。这些特点使得通用处理器在进行字符串操作时往往是事倍功半。因此，用现有的超级计算机系统解决这些问题，既浪费系统的资源，其使用维护也比较复杂，有些问题甚至无法在限定的时间内完成。预计在未来的10年内，这些矛盾将会随着新型专用硬件和与之匹配的创新算法的研发得到缓解。

二、生物信息分析软件的标准化和准确性

现有生物信息分析软件多存在使用复杂、商业化程度太高和界面不够友好等问题，从而普通的实验生物学家难以利用成熟的软件来进行数据分析。同时，生物问题的提出和生信分析结果的解读需要实验生物学家的深入参与，这造成了生物信息学和实验生物学之间在某种程度上存在学术“鸿沟”，影响到生物信息学的未来发展。生物信息分析软件相关的另一个问题是生物信息学分析工具发展较快，各种分析工具的功能重叠程度高但结果经常不统一，所以分析软件的标准化评估也是一个急需解决的问题。

在新算法开发应用方面，新的分析算法的引入和改造，如人工智能和区块链技术，将是决定生物信息在未来发展的一个关键问题。目前，人工智能算法在图像分析上取得了很大的进展，其表现多优于传统分析工具，尤其在医学影像分析的个别领域可以和病理学家水平相比。人工智能在组学分析方面的应用在近年来也开始逐步增加。例如，在蛋白质结构预测方面，DeepMind公司的最新人工智能程序阿尔法折叠（AlphaFold）取得了突破性的进展，大大地提高了蛋白质结构的预测精度和速度。人工智能在生物信息方面的应用需要紧密结合生物问题，关键的步骤不是神经网络算法本身，而是把生物问题用正确的模型来转化为可用神经网络解决的问题，并且得到合适的训练数据来指导神经网络算法的学习。与此类似，区块链的技术在生物

数据的保存和共享方面有很大的应用前景，尤其是它对数据所有权和使用权的界定有了较好的解决方式，对包含个人隐私的数据使用有很大帮助。

第五节　发展目标与优先发展方向

一、面向组学序列大数据处理的专用硬件

从计算机发明至今，虽然现代的微处理器在运算速度上得到巨大的提高，但在体系结构上仍然没有突破传统的冯·诺依曼体系结构，其间虽然出现过数据流计算机等探索，但由于种种原因并没有取得成功。近年来，以FPGA为代表的可重构计算技术及其应用的快速发展引起了超算领域的高度关注。如果深入考察FPGA的体系结构，就会认识到它的结构是一种与冯·诺依曼体系结构完全不同的设计。FPGA内部并行地分布了大量的逻辑与存储资源，不存在一个中心的控制与执行部件，也不存在一种可以统一访问的存储空间，而我们现在所使用的各种高级语言基本上都是基于冯·诺依曼体系结构建立的，因此，我们需要在这一领域进行深入的研究，以弥合这两种微处理器运算结构间的巨大差异并实现跨结构的软件开发。

基于前述的生物大数据的分析特点和计算瓶颈，以及目前相关计算机体系结构对面向典型大数据应用的访存操作特点，一种新型的可重构的计算机架构有望满足高通量测序数据的处理问题。这种可重构的计算机架构系统需要包含一个通用x86架构的CPU和一套基于FPGA的可重构协处理器，因此能够动态地载入针对不同应用而优化的函数功能，同时还具有本地的大容量高带宽的内存系统。利用这种增强型访存控制器，可以对前面所述的深度测序数据处理程序进行重新设计，把测序的序列数据及索引数据都存储在BPU协处理器的本地内存空间中，实现了面向基因测序数据处理中的关键的定长核苷酸串（*k*-mer）查找功能，从而显著提升基因组数据处理的效率。

二、建设多维生物健康数据的分析计算整合软件环境

现代生物医学的发展使得生物数据的处理广泛延伸到科研、医疗、体检、社区健康管理等多个领域，因此生物健康的数据分析常常需要用到跨领域的分析工具。当前的生物信息工具库多数是集中在基因组和其他科研数据的分析，并且同一种任务常需要多种分析工具，利用这些工具来建立的能兼容不同数据的并且结果可靠的分析流程需要花费较长的时间来优化。因此，亟须一类可以对多维数据进行交叉分析和整合计算的一站式软件平台。这种新软件工具平台不仅要支持对传统的多维组学数据的生物信息进行整合分析，还需要对新型计算技术和真实世界数据留有接口，从而达到对不同应用场景的支持。

多维度的异构数据整合分析严重依赖科研、体检、社区及医疗数据的标准化，因此不同数据之间信息关联整合的数据标准和技术标准的建立变得至关重要。因此需要研发大量的数据处理新技术新工具，包括将传统生物研究数据与移动设备所产生的数据进行互联的接口工具，以及面向多维度多层次复杂结构生命健康大数据的智能化搜索技术。此外，需要研发基于第五代移动通信技术（5th generation mobile networks，5G）和区块链技术的生命健康大数据的安全防控、加密计算和知识产权保护的应用技术和系统，从而保障系统内和跨系统的数据确权和追溯。

在算法上，需要充分运用机器学习和人工智能算法，开展基础研究数据、自然人群数据和临床医疗数据的融合计算、模糊搜索、深度整合和系统化展示的技术研究；研发生物医学知识图谱、决策支持等系统，提供安全、公平、可解释的智能计算服务；研发从宏观到微观，时间与空间异构的多尺度、跨平台生命健康数据可视化方案；依托生命健康大数据仓库，研发、安装和部署满足各类用户数据挖掘和分析需求的模块和流水线，实现与云计算体系的无缝衔接；研发依托生命健康大数据研发支撑环境的应用程序。

三、克服计算技术上的瓶颈与壁垒

在生物信息分析的硬件和软件环境方面，主要的技术瓶颈和“卡脖子”

问题是：在超算云计算环境和基础软件工具上对国外核心芯片和软件系统的依赖性。

在硬件及大型服务器集群以至超算方面，国产的品牌系统还是严重依赖国外的核心芯片。在生物信息分析上使用最多的服务器集群是基于x86架构的计算及存储系统。在服务器集群和超算的管理系统方面，国内的发展相对滞后，计算资源的分配和计算任务的监控主要用国外研发的解决方案，这方面的技术封锁将影响到计算环境的优化和分析软件的迭代开发。

在超算的软件支持方面，国产操作系统的用户生态不够完整，在国产超算上运行的生物信息分析软件较少而且优化程度不够。发展国产系统的应用软件生态需要一定的时间和培养用户习惯，这将是一个长期的任务。

四、科学与工程融合的人才培养

作为一门新兴的交叉学科，生物信息学人才储备相对较少，而随着大数据的不断积累和数据复杂度的不断提高，生物医学科研、药物研发、健康管理等领域对此类人才有较大的需求，面临严重的人才缺口问题。目前培养的生物信息学学生很多为生物学与医学研究背景，对计算机领域的新技术发展理解不足，尤其是在基础硬件软件和算法方面，生物信息的发展需要生物学和数理科学及软件工程紧密结合。今后在人才培养方面，应该侧重和科学与工程的融合，除了加强在基础科研方面的教育，还需要培养在计算工程优化方面的人才。

本章参考文献

Akalin P K. 2006. Introduction to bioinformatics[J]. Molecular Nutrition & Food Research, 50(7): 610-619.

Azad R K, Shulaev V. 2019. Metabolomics technology and bioinformatics for precision medicine[J]. Briefings in Bioinformatics, 20(6): 1957-1971.

Gauthier J, Vincent A T, Charette S J, et al. 2019. A brief history of bioinformatics[J]. Briefings in Bioinformatics, 20(6): 1981-1996.

Holtsträter C, Schrörs B, Bukur T, et al. 2020. Bioinformatics for cancer immunotherapy[J]. Methods in Molecular Biology, 2120:1-9.

Huang P J, Chang J H, Lin H H, et al. 2020. DeepVariant-on-Spark: small-scale genome analysis using a cloud-based computing framework[J]. Computational and Mathematical Methods in Medicine, 2020: 1-7.

Jaganathan K, Panagiotopoulou S K, McRae J F, et al. 2019. Predicting splicing from primary sequence with deep learning[J]. Cell, 176: 535-548.

Koppad S, Basava A, Gkoutos G V, et al. 2021. Cloud computing enabled big multi-omics data analytics[J]. Bioinformatics Biology Insights, 15: 1-16.

Reimers M, Carey V J. 2006. Bioconductor: an open source framework for bioinformatics and computational biology[J]. Methods in Enzymology, 411: 119-134.

Searls D B. 2000. Bioinformatics tools for whole genomes[J]. Annual Review of Genomics and Human Genetics, 1: 251-279.

Sun W, Li Y-S J, Huang H-D, et al. 2010. MicroRNA: a master regulator of cellular processes for bioengineering systems[J]. Annual Review of Biomedical Engineering, 12: 1-27.

Teng X Y, Chen X M, Xue H, et al. 2020. NPInter v4.0: an integrated database of ncRNA interactions[J]. Nucleic Acids Research, 48(D1): D160-D165.

Vamathevan J, Apweiler R, Birney E. 2019. Biomolecular data resources: bioinformatics infrastructure for biomedical data science[J]. Annual Review of Biomedical Data Science, 2: 199-222.

Wooller S K., Benstead-Hume G, Chen X R, et al. 2017. Bioinformatics in translational drug discovery[J]. Bioscience Reports, 37(4): BSR20160180.

Zhao Y, Li H, Fang S S, et al. 2016. NONCODE 2016: an informative and valuable data source of long non-coding RNAs[J]. Nucleic Acids Research, 44: D203-208.

Zheng Q, Wang X J. 2008. GOEAST: a web-based software toolkit for gene ontology enrichment analysis[J]. Nucleic Acids Research, 36: W358-W363.

第四章

人工智能与生物信息新技术

人工智能或者说机器智能（machine intelligence），一般指的是一类计算技术，这些技术可以执行以往只有依靠人类智慧才能完成的任务。人工智能的概念从1956年被首次提出，和计算机科学拥有差不多长的历史。近年来，计算能力的提高、大数据的兴起、新的算法的层出不穷，极大地推动了人工智能新的发展，在人工智能发展史上可以被称为第三次浪潮。在这场波澜壮阔的人工智能第三次浪潮中，世界各国都意识到人工智能可能是一场颠覆性的技术革命，因而都积极出台各种政策法规，并投入极大的资源，期望在这场革命中占领战略优势地位。

随着高通量测序、质谱和影像技术的飞速发展，生命健康大数据快速积累，昭示着生命和健康大数据时代的到来。然而生命系统高度复杂，生命健康大数据来自各个不同的维度和层面，包括基因序列数据、结构数据、表达数据、生物大分子结合数据、基因调控关系数据、健康和疾病等表型数据等。这些数据来源、结构和意义不一，常常具有高维小样本数据的特征，数据内部结构关系复杂、多个因素互相影响。对这些数据的建模、分析、处理常常需要高度智能的算法。

人工智能在生命健康大数据生物信息分析的各个领域都有较深入的应用，在生物组学数据挖掘（Lopez et al.，2018）、蛋白质结构预测（Kuhlman and

Bradley，2019；Senior et al.，2020）、基因调控和生物大分子相互作用网络重构（Alipanahi et al.，2015；Sun et al.，2021a）、药物靶点识别（Sun et al.，2021b）、药物设计、精准医学（Vamathevan et al.，2019）、医学影像识别和分析（Shen et al.，2017；Ning et al.，2020）、合成生物学（Radivojević et al.，2020）、脑科学和类脑人工智能技术等领域，都发挥了巨大的作用。我们国家也在生物信息的人工智能算法各个领域开展了全面的研究，取得了一系列的突破，形成了在国际竞争中紧跟尖端前沿甚至个别领域领先的局面。

人工智能第三次浪潮的代表是深度学习的革命性突破。深度学习是机器学习的自然发展，用多层神经网络的复杂模型来模拟复杂问题和过程，通过相关大数据的广泛训练，得到准确预测的模型。深度学习作为一项人工智能新技术，非常适合处理复杂的生命健康大数据。利用深度学习等人工智能方法和生物信息新技术来进行生命健康大数据研究，面临以下几方面的挑战。一是生命健康大数据的表示问题。生命健康大数据的类型多种多样，既有数值数据，也有序列数据、结构数据、表型数据，以及文本和影像数据等，数据异构性高，如何有效、准确地表示这些数据是应用人工智能进行生物信息分析所面临的一个基础科学问题。二是利用有限的数据进行深度学习的问题。在数据缺乏这一重大制约的前提下，如何设计更有效的人工智能技术和方法是一个重要的科学和技术问题。三是高维生命健康大数据的建模和学习问题。高维数据的建模和学习是机器学习中的难点。针对不同的重点和方向，具体有高维小样本、高维稀疏、高维不平衡等多方面问题。四是因果调控关系的推导问题。生命科学研究的核心问题是推导基因变异和表型数据之间的因果关系，这也是未来生物信息学研究的重点内容。

此外，利用深度学习等人工智能和生物信息新技术来进行生命健康大数据分析，还面临着几方面的现实和技术挑战。一是高质量生命健康大数据的获得问题。人工智能方法尤其是深度学习依赖高质量的大数据。由于涉及隐私和伦理，需要从政策和法律层面解决生命健康大数据及其来源的合法性和规范性问题。为提高生命健康大数据的质量，还需要政府和社会从不同层面出发，发展和完善数据标准和规范，同时在保障伦理、隐私，以及权益的前提下，鼓励数据共享，以最大限度地生产和提供高质量生命健康大数据。二是需要发展能够解析复杂生命健康大数据的新的人工智能框架和算法。其中包含如何表示这些多模态、结构不一的生命健康大数据，如何分析和学习高维小样本生物信息大数据，以及如何从有限的数据出发，分析复杂的生命系统。三是复合型人才及产学研合作问题。对计算科学和生命科学两个学科高度复合型人才的迫切需求，以及如何提高产学研在生物大数据人工智能生物学上的通力合作，是利用人工智能和新信息技术解决生物学问题所面临的特殊需求和挑战。

总而言之，用深度学习等人工智能方法分析生命健康大数据，可以从中发掘新的知识和规律，深入和系统化我们对生命的理解，最好地服务于满足人民健康需求、发展社会经济的国家战略。在未来，我国应进一步完善生命健康大数据的政策和法规，建立数据标准和规范，协调和促进学科发展，同时加大人才和产学研结合的投入，针对复杂生命科学前沿方向，大力促进生命健康研究与计算机科学、信息电子科学、材料科学等多学科的交叉，积极推进人工智能和生物信息新技术在生命健康领域中的应用。

第一节　发展历史与驱动因素

一、发展历史

人工智能自1956年被首次提出以来，其发展经历了六十多年的沉浮。从新的计算模型和算法的出现，到硬件的计算能力特别是图形图像计算硬件的飞跃发展、各行各业大数据的爆炸式增长，人工智能已经从一个学术层面上的探索发展成为一种可推动产业结构变革的新兴生产方式，在各个学科和应用领域都展现出颠覆性的力量。

人工智能的几个重要的研究领域包括符号推理、搜索算法、专家系统和机器学习等。其中机器学习是计算机获取知识的重要途径，也是现阶段人工智能的核心研究课题。机器学习是研究计算机如何模拟人类的学习行为，以获取知识和技能，进而改善自身系统性能的理论和方法。机器学习的过程是机器学习模型在特定任务下，根据经验进行不断自我更新，从而改善其在特定任务下的性能表现的过程。一般来说，机器学习算法使用的训练数据由一组包含“特征”（features）和“标签”（labels）的样本组成。在生物学应用中，特征可以包括一种或多种模态的数据，如基因或蛋白质序列、蛋白质结构、基因表达量、蛋白质-蛋白质相互作用、蛋白质在基因组上的结合位点等。机器学习模型利用样本的特征信息预测样本的标签。机器学习的过程就是，根据损失函数评估模型预测的标签与真实给定标签的差距，更新模型的参数，然后进行新的预测与评估，之后不断迭代这一学习过程，直至模型性能不再提升。训练好的模型可以应用于新的数据进行预测。

根据学习方式不同，机器学习的方法可以大体分为三大类，即监督学习、无监督学习及强化学习。监督学习是指利用具有标签的输入数据进行模型训练，然后将训练好的模型应用于无标签的数据，对其标签进行预测。根据标签的类型，机器学习又可以进一步分为分类模型和回归模型。这类方法包括线性回归、逻辑回归、随机森林、支持向量机等。监督学习在生命健康大数据中的应用包括根据表观基因组数据预测基因组元件、根据临床影像诊断癌症等。无监督学习使用的输入数据是没有标签的，其目的是从输入数据的特征中学习模式或规律。根据方法所应用问题和场景，无监督学习可以进一步大致分为降维、聚类及异常值检测。常用的无监督学习包括主成分分析、奇异值分解、k 均值聚类（k-means clustering）、层次聚类（hierarchical clustering）等。无监督学习在生命健康大数据中的典型应用包括对高维度单细胞数据、多维度的临床数据进行降维，进而对细胞进行分群，对患者进行分类，便于下游分析，如关键基因及标志物的发现。强化学习的输入数据也没有标签，其目的是学习一种策略来使得目标最大化，其应用场景更多是游戏及机器人导航等。另外，值得注意的是介于监督学习与无监督学习之间的半监督学习。在标签不完整的情况下，可以使用半监督学习方法，如仅有少量训练数据具有标记时。这种情况在生物数据中经常发生。例如，对于一组感兴趣的基因，只有一小部分存在功能注释。半监督学习的思想是结合监督学习与无监督学习，利用标记数据进行有监督的训练，将得到的模型用于推断未标记数据的标签，和/或利用未标记数据进行无监督训练，获得关于训练数据集结构的信息，进而帮助有监督的模型训练。

深度学习作为目前机器学习的重要研究分支，在许多领域获得了成功，如计算机视觉、自然语言处理、生物信息等领域。在模型架构上，深度学习基于多层人工神经网络，包括输入层、多个中间或隐藏层，以及输出或预测层。输入层中的神经元将原始数据输入，并将信息传递给隐藏层，最终输出层以隐藏层结果为输入根据，在实际问题中转化输出结果。深层神经网络通过迭代地调整其内部参数，实现预测误差的最小化，这种过程一般通过反向传播实现。与传统的机器学习模型（如随机森林和支持向量机等）最大的不同是，深度学习将传统机器学习的特征提取步骤整合进入人工神经网络的训练当中，让网络自己学习进行特征的提取；而在传统机器学习中，特征的提取是需要具有特定知识的专家进行设计和反复尝试而得到的。

深度学习的基础是含有多个隐藏层的人工神经网络。这是一个复杂模型，具有优异的特征学习能力，学习得到的特征对数据有更本质的刻画，能够发现大数据中的复杂结构。根据其神经网络的架构大致可以分为多层感知机、卷积神经网络（convolutional neural network，CNN）、递归神经网络（recurrent neural network，RNN）、图神经网络及自编码器等。例如，卷积神经网络的特点是含有一个或者多个卷积层。每个卷积层是一个小得仅有一层的神经网络，它的输入只是局部的一些特征，因此可以学习到数据中一些局部的结构特征（Yamashita et al.，2018）。卷积神经网络很适合处理图像或与图像类似数据，也被应用于鉴定DNA上的转录因子结合位点。递归神经网络是对输入序列具有记忆性的网络，适合处理有顺序关系的序列，即在序列中前后两个点存在相互依赖的关系。例如，它被应用于预测转录因子结合位点及蛋白质二级结构（Shen et al.，2018；Sønderby and Winther，2015）。

深度神经网络在机器学习中已有很久的历史，但由于多层网络训练困难，只有在最近随着新的算法的发展和计算能力的提高，深度神经网络才慢慢成为机器学习乃至整个人工智能的主流方法，并很快在许多大数据应用上带来了显著的突破和改善，包括视觉对象识别、语音识别等。生命科学包括医药健康领域的研究和应用带来了可用生物数据量的爆炸性增长。按照具体研究领域和问题性质的不同，我们将这些问题分为不同方向：基因组学和功能基因组学、结构生物学、系统生物学、精准医学、医学影像、药物发现、合成生物学等。

（一）基因组学和功能基因组学

基因组学是分子生物学的一个分支，专注于研究基因组的所有方面，包括基因组的结构、功能、进化、定位和编辑，及其对于生物体表型的影响。基因组是指生物体内的全套遗传物质。人类基因组有大约 30 亿个碱基对和 2 万个基因。然而人类基因组计划之后，科学家们认识到，这些基因绝不是基因组的全部，还有许多未知功能的基因组上的元件。二代测序技术的出现与发展推动了高通量测序技术的发展，使得快速、廉价地获取全基因组及其他组学（如转录组）成为可能，改变了人们在基础、应用和临床研究的科研方法，加深了人们对复杂生命现象及其机制的理解。例如，DNA 元件百科全书计划、表观遗传组学路线图计划等后基因组时代的科研项目，使用 RNA 测序（RNA-seq）、染色质免疫沉淀测序（ChIP-seq）、脱氧核糖核酸酶超敏位点测序（DNase-seq）等高通量测序技术，提供了多层次、全基因组范围内的基因组元件的信息。人们基于这些海量的多维度的基因组学信息，开发了生物信息特别是人工智能算法和软件来识别功能元件，取得了巨大成就，并基于算法识别的全基因组功能元件，从表观组蛋白修饰、转录因子结合位点、DNA 酶超敏位点、DNA 甲基化、保守性、染色质三维结构、启动子和增强子、基因表达及非编码 RNA 等多个方面来分析这些不同功能元件的相关生物学性质，以及探究其与疾病的关系。

（二）结构生物学

结构生物学的核心是解析生物大分子的结构并研究其结构与功能关系。随着 X 射线晶体学（X-ray crystallography）、核磁共振（nuclear magnetic resonance，NMR）、冷冻电子显微术（cryo-electron microscopy，Cryo-EM）等技术的发展，大量的生物大分子结构数据被获得，结合生物大分子的功能研究成果，我们可以利用机器学习方法，针对已知的生物大分子序列、结构和功能数据进行学习，进而预测未知的生物大分子的结构和功能。

例如，蛋白质结构预测一直是生物信息学的最重要研究课题之一。蛋白质的三维结构是其行使生物学功能的基础，而其三维结构由一级序列决定。因此，理论上根据蛋白质的一级氨基酸序列是可以预测蛋白质三维结构的。研究者开发了一系列生物信息特别是人工智能的方法，已经取得大量研究成果，如多种同源建模（homology modeling）方法、片段组装方法罗塞塔（Rosetta）、穿针引线法及共进化的方法等。值得一提的是，基于深度神经网络的人工智能算法 AlphaFold 在蛋白质结构预测方面取得了突破性进展，变革式地改变了蛋白质结构的获取方式与应用。

（三）系统生物学

系统生物学是基于系统论而不是还原论的思想对复杂生命系统进行研究的科学，更注重对生命系统内不同组成之间的相互作用和行为的研究，可以帮助我们更好地理解生命系统的复杂性。例如，与传统方法依赖于疾病特定方面的识别和特征描述而发现疾病相关基因不同，系统生物学更加全面地刻画疾病相关的基因模块、调控关系网络、代谢组等，因此能更加全面地揭示疾病表型的驱动因素。随着不同基因组、转录组、蛋白质组及代谢组数据和生物分子的相互作用信息的积累［如生物通用互作数据库（BioGRID）来源的现有生物网络知识数据库］，许多基于人工智能算法包括深度学习算法框架被开发并应用于预测生物系统在不同组学水平对于药物、基因编辑的响应或者在不同疾病状态下的改变，以帮助我们理解生命体系中的复杂生物网络结构及其调控。例如，卷积神经网络被应用于从单细胞数据中构建基因间相互关系，进行调控关系推理，预测疾病相关基因等。

（四）精准医学

精准医学是指将患者通过特别的诊断测试，根据其疾病的分型、风险、预后，或者对不同治疗的响应进行分类，进而采取不同的治疗手段。它的核心思想是：医疗手段的决策依赖于患者个体的特征，包括临床指标、分子表型等，而不是基于群体的平均表现。不断积累的不同患者的高维度复杂医疗数据使得精准医学高度依赖于人工智能算法的开发与进步。例如，人工智能方法被用于预测类风湿关节炎患者对抗肿瘤抑制因子治疗药物的响应。但目前除少数的例子外，人工智能在精准医学的领域应用仍处于早期阶段。

另一方面，随着基因检测技术不断发展和完善和检测价格不断下降，基因检测趋向大众化发展。同时随着各种可穿戴设备的发展，个人健康数据越来越多、越来越复杂，除生物数据（如基因等）外，还包括生理数据（如血压、脉搏）、环境数据（如每天呼吸的空气）、心理状态数据、社交数据及就诊数据（即个人的就医、用药数据等）等。随着这些个人健康数据的不断积累，利用人工智能算法对个体健康大数据进行分析，可以对潜在健康风险做出提示，并给出相应的改善策略，最终可以实现对健康的前瞻性管理。

（五）医学影像

目前人工智能在医学影像领域应用得较为广泛和深入。由于各种成像技术（包括直接成像或间接成像）在医疗健康领域的广泛应用，医疗诊断对影像的依赖程度越来越高。医学影像已经成为医疗诊断的重要依据。在临床上，对这些医学影像的解读主要由专家进行，且需要长时间的训练和经验积累。然而，由于疾病的复杂与变异性，人类专家也可能犯错。医生开始借助于一些人工智能算法，特别是深度学习算法对医学图像进行处理和分析。例如，利用人工智能算法对收集的大量人群 10 年间的软骨磁共振成像（magnetic resonance imaging，MRI）影像数据进行学习，发现正常人软骨中的异常，可以预测其未来 3 年患有骨关节炎的概率（Kundu et al.，2020）；基于深度学习的生物医学图像的分类已经被用于帮助诊断皮肤癌和视网膜疾病，甚至达到专家级的表现水平。这些都显示了人工智能算法在医学影像领域的成功应用。

（六）药物发现

药物的发现与开发的过程漫长而复杂，往往成功率很低。人工智能算法能够在药物发现与开发的过程中提高成功率，从而降低研发成本。人工智能算法已经被成功应用于药物研发的各个步骤，包括新药物靶标的鉴定、基于靶标与疾病关联性的靶标筛选、靶标可成药性预测、小分子药物的设计与优化、药物合成路径的规划、与疾病的发展预后及药物效用相关的生物标志物（biomarker）的鉴定等。例如，在小分子药物设计阶段，针对寻找先导化合物的类似物的任务，多任务的深度神经网络被证明更加有效。然而，目前人工智能算法在药物研发过程中的应用仍存在可解释性及可重复性的问题，同时也需要更多的高质量的数据。

（七）合成生物学

合成生物学是利用现代分子生物学工具和技术对细胞内的过程进行正向工程的一门学科，其应用范围已经扩展到包括健康、农业、能源、环境等在内的广阔领域。该领域内重要的研究方向包括复杂环路设计、代谢工程、最小基因组构建及以细胞为基础的治疗策略等。其中，代谢工程使我们可以对细胞进行生物工程设计，利用分子元件创建合成基因网络，并利用这些基因线路重编程细胞，使其具备合成新的有实用价值的分子的能力，如生物质能、抗癌药物等。代谢工程常用的研究思路是通过“设计—建造—测试—学习”的循环不断迭代最终达到目标，这样的过程往往耗时很长，并且缺少切实的证据支持。

深度学习的方法具有预测复杂生物系统行为的能力，且能够在不了解完整的机制的情况下进行预测，能够帮助我们预测基因线路设计的性能，并具有提炼基因线路中有功能的元件和设计原理的能力，有望使合成生物学的基因线路设计变得更加高效和可预测。通过训练算法学习不同元件的序列-功能关系，以及调控单位和合成基因线路的组成-功能关系，可以从调控（网络控制）角度和拓扑（网络架构）角度学习合成基因线路的关键性质，并可用于分析合成生物学的基本设计原则。相应地，深度学习方法也可用于产生性能增强或功能新颖的元件（如诱导型启动子、操纵基因等），以及新的调控单元和合成基因网络，促进复杂的合成基因线路在生物医学领域的广泛应用。

二、政策支持

人工智能和生物信息新技术在生命科学、医药、健康、生物安全和农业等行业中具有很大的应用潜力。世界各国，包括欧美国家和我国都对此极为重视，采取了更为积极的政策支持。美国在几年时间内连续发布不同的政策，从不同方面支持人工智能在各方面包括生物医药健康方面的应用。2016 年 5 月成立的人工智能和机器学习委员会作为协调人工智能领域的行动和发展的政策机构，主要是探讨制定人工智能相关政策和法律，其中重点涉及医疗健康等领域。2016 年 10 月美国政府连续发布了《为人工智能的未来做好准备》和《国家人工智能研究和发展战略规划》两份报告，从国家战略层面上为人工智能在包括医疗健康领域的应用制定规划。2019 年 2 月 11 日，美国总统特朗普签署行政命令，正式启动“美国人工智能计划”（The American AI Initiative），该计划要求联邦政府优先考虑医疗保健等领域人工智能的研究和开发，并呼吁制定美国主导的国际标准，实现其在人工智能领域的领导地位。欧洲也将人工智能特别是其在生命健康方面的应用确定为优先发展项目。2016 年 6 月，欧盟委员会提出人工智能立法动议；2018 年 4 月，提交《欧洲人工智能》战略计划方案；2018 年 12 月，发布《人工智能协调计划》，为实现“人工智能欧洲造”的目标步步推进。在2019年欧盟“旗舰”科学计划中，六个新入围的候选研究项目中就包括探索人工智能如何增强人类能力、创建个性化医疗创新平台等。

中国为推进人工智能领域的发展也全方位地展开了政策支持和部署。2017 年国务院印发《新一代人工智能发展规划》，2018 年国务院办公厅印发《关于促进“互联网 + 医疗健康”发展的意见》，将人工智能及智慧医疗的发展上升为国家战略。规划和发展意见指出，人工智能可以在医学影像、健康管理、疾病风险预测、虚拟助理、药物设计、临床诊疗等医疗行业多个环节发挥作用。在行业方面，国家药品监督管理局组织成立人工智能工作组，负责人工智能医疗器械的监管研究，并起草和制定了《人工智能医疗器械技术审查指导原则》等纲领性文件。2019 年 4 月 13 日，国家卫生健康委医院管理研究所、社会科学文献出版社共同发布了首部《人工智能蓝皮书：中国医疗人工智能发展报告（2019）》。该蓝皮书从医疗人工智能政策环境分析、临床应用、科研投入与学科发展、产业、社会认知和伦理等方面全面分析了中国医学人工智能的发展现状与趋势，探讨了人工智能影响医疗健康产业发展的未来前景。

除了出台各种政策支持人工智能科技创新，各国政府也加大资金投入，推动人工智能研究发展。美国政府在 2023 年对非军事人工智能相关领域投入的研发资金由 2018 年的 5.6 亿美元提高至 18.4 亿美元（NITRD，2023），后续也将继续加大人工智能研究领域的长期投资，以保持美国在这一领域的世界领先地位；欧盟委员会于 2020 年推出“数字欧洲”项目，计划投入 92 亿欧元。在各级各类人工智能政策规划中，关于生命科学特别是医学人工智能的政策都是其重点内容之一。

第二节　国内研究基础与国际竞争力

我国在生物大数据的人工智能研究领域的思想理念和技术水平与全球其他国家（包括美国）基本没有代差，尤其是在人工智能算法的开发和应用层面上的研究基本与发达国家处于“并跑”的状态。我国的科研院校在发展利用人工智能方法研究生物学问题方面取得了可喜进展，从组学到结构数据分析，从药物设计到精准医学，中国科学界不断涌现新的研究成果。

面对新冠疫情，华中科技大学团队通过合作收集、整合和注释 1500 多例新冠感染患者的胸部计算机断层扫描术（computer tomo-graphy，CT）影像和临床诊断大数据，构建了综合数据库。在此基础上，团队设计了“基于混合学习的新冠无偏预测”人工智能诊断软件，实现 CT 影像学和临床诊断数据的高效融合。清华大学的研究团队解析了感染新冠病毒的细胞的 RNA 二级结构，发现并验证了新冠病毒多个重要的 RNA 结构元件，同时利用课题组最新开发的人工智能算法预测并验证了多个与病毒 RNA 相互作用的宿主蛋白，找到了潜在的抗新冠感染药物（Sun et al., 2021a）。

在针对不同类型的生物医学大数据的分析层面上，清华大学研究团队开发了单细胞表观组学的深度学习数据分析框架和算法（Xiong et al.，2019），中国科学院团队构建了 RNA 结合蛋白剪接调控作用预测和剪接因子设计的人工智能模型（Mao et al.，2018），北京大学团队开发了基于人工智能的单细胞转录组数据整合检索方法（Cao et al.，2020a），复旦大学团队构建了基于机器学习的 RNA 亚细胞定位预测模型（Yuan et al.，2023），同济大学团队基于人工智能度量学习开发了单细胞类型鉴定新方法（Duan et al.，2020），北京大学团队提出了多组学、跨平台的调控网络重构模型与方法并应用于人类单细胞生理病理图谱的构建（Cao and Gao，2022）。在蛋白质结构方面，清华大学团队开发了新的三维结构人工智能预测算法，中国科学院团队发展了新型酶蛋白设计技术（Li et al.，2018a）。在基因编辑和药物发现方面，同济大学团队开发了基于深度神经网络的全基因组基因编辑预测方法（Chuai et al.，2018），清华大学团队提出了一套新颖的预测药物–标靶相互作用的机器学习算法（Luo et al.，2017），同济大学团队构建了癌症个性化协同组合用药的高效预测系统（Sun et al.，2015）。

在精准医学方面，广州医科大学团队开发了一种新型的人工智能疾病诊断系统（Liang et al.，2019），香港中文大学团队开发了可以准确诊断肺癌及乳腺癌的人工智能影像新技术（香港中文大学新闻中心，2017）。此外，越来越多的科研单位也正在组建人工智能相关的研究机构，并构建各具特色的生物医学大数据集从而服务于相关人工智能研究。与此同时，开展生物大数据和人工智能应用的产业公司也如雨后春笋一般涌现，很多传统基因组生物公司［如深圳华大基因科技有限公司（简称华大基因）等］都开始提供生物大数据的数据分析服务。更为重要的是，一些针对特殊人类疾病诊疗的新兴技术也在市场孵化中。例如，中国人民解放军第三军医大学团队开发出一种基于机器学习模型，用于快速、准确鉴定血型的方法（Zhang et al.，2017）；中山大学团队联合西安电子科技大学团队开发出“先天性白内障人工智能平台”（Long et al.，2017）；广州中山眼科中心团队推出全球领先的“眼科人工智能诊疗”系统（中山大学中山眼科中心，2019）。

同时，我们也要清醒地看到，由于我们国家在人工智能领域的核心人才培养和基础算法 / 技术等领域的研究仍比较匮乏，我们在未来的人工智能应用领域存在一定的短板。例如，以谷歌为代表的美国新技术公司在人工智能领域持续加大投入，并已经将在人工智能领域取得的算法和经验等成果应用于生命科学研究，取得了较大的领先优势。相比而言，国内对人工智能领域的基础研究存在投入不够和追求短期产出的问题。在未来，需要加大对人工智能基础和核心领域研究的投入，并大力推进生物大数据和人工智能技术的深度融合，以期在生物大数据人工智能研究领域取得长久和持续的领先优势。

此外，虽然我们国家是生物大数据的产生大国，但是这些生物大数据要么递交于国外的生物数据资源库，要么分散储存于科研工作者或科研机构中，因此我国在生物大数据资源的整合上处于劣势。生物数据资源库的建设在美国和欧洲有着较为长久的历史，他们在数据汇集、管理机制和共享策略方面有着雄厚的积累；而在我们国内，虽然一些研究单位有意识地建立了生物大数据资源体系，但是我们缺乏在国家层面上的生物大数据中心。值得高兴的是，中国科学院北京基因组研究所和中国科学院上海营养与健康研究所计算生物学伙伴研究所分别构建了全面的生物医学大数据中心，并期望以此为基础构建国家层面上的生物医学大数据中心。相信在当今的全球化时代，伴随着信息和人员的充分流通，我们有希望在生物大数据资源的汇交和共享方面从“跟跑”变为“并跑”，进而达到“领跑”的水平。在西方国家，健康医疗行业和医疗体系都以私有制为主，这也限制了其在生物医学大数据上的共享。我们可以充分发挥我国健康医疗行业以公有制为主的体制优势，廓清思路、发展新技术、消除数据壁垒、打破单位藩篱、打通医疗大数据的共享障碍，为构建普惠全民的健康医疗体系提供知识保障，为相关产业化的健康发展提供原动力。

第三节　发展态势与重大科技需求

一、发展态势

（一）重要成果

1. 蛋白质结构预测

作为生命活动的主要承担者，蛋白质只有折叠成特定的三维结构才能行使其独特的生物学功能。蛋白质结构预测一直是生物信息学的重点研究课题，因为准确预测出蛋白质的三维结构将在医学和生物技术上带来颠覆性的变化，如药物设计、酶的设计（Wang et al.，2016；Jumper et al.，2021）。尤其是在生命科学进入后基因组时代后，高通量测序技术可以产生海量的氨基酸序列数据，然而相比而言，尽管科学家付出了大量的努力，用实验方法解析蛋白质结构的速度还是远远落后。

蛋白质结构预测是一项极其困难的工作，其核心在于准确计算蛋白质自由能并找到这种能量的全局最小值对应的三维结构。为了找到全局最小值，蛋白质结构预测方法理论上必须计算出每一种可能的结构对应的自由能，但是蛋白质所有可能的结构数目是一个天文数字，因此这几乎是一个不可能完成的任务。然而，一些生物信息学，特别是人工智能的方法，可以部分地绕过这一问题。例如，同源建模或者折叠识别方法，假设所要预测的蛋白质的结构与另一种同源蛋白质的已知结构接近，极大地缩短了搜索的过程。在结构生物信息学四十多年的研究过程中，科学家利用包括人工智能在内的各种算法，发展了大量预测蛋白质结构的方法和软件，包括多种同源建模方法、片段组装方法、穿针引线法和共进化的方法等。对于那些个头小，或者具有高同源性的已知结构的蛋白质，我们已经可以比较准确地预测其三维结构。然而，对于那些大的，或者只具有低同源性的已知结构的蛋白质，依然无法准确预测其结构。

为了建立评估蛋白质结构预测算法的统一标准，并推动这一领域向前发展，从 20 世纪 90 年代开始，科学家每隔两年会组织一次“蛋白质结构预测关键评估”（critical assessment of protein structure prediction，CASP）比赛。CASP 比赛使用事先用实验方法解析好结构的蛋白质，仅将这些蛋白质的氨基酸序列公布出来，然后对结构预测算法进行双盲评估。按照 CASP 比赛的结果，蛋白质结构预测在很长时间内停留在一个较大的误差上。然而，这种情况在深度学习引入结构预测之后得到了改变。2016 年，丰田研究所的许锦波研究组基于同源序列进化中包含的结构空间距离信息，首次在蛋白质结构预测中使用深度学习，极大地提高了蛋白质结构预测性能。在这之后，人工智能方面的商业公司也加入到结构预测比赛中来。2018 年 CASP13 比赛中，谷歌公司的人工智能程序 AlphaFold 取得突破性的胜利，以超出第二名 20% 的成绩排名第一。最激动人心的是，2020 年 CASP14 比赛中，谷歌公司的 AlphaFold2 将上一届的成绩又提升了 30%，甚至可以认为简单蛋白质的结构预测问题已获解决。

当然，想要最终解决蛋白质结构预测问题依然有漫长的道路要走。例如，在同源信号不强时，AlphaFold2 会产生较大的预测误差；AlphaFold2 对蛋白质可变区结构的预测也不够准确；对于大的复合物，AlphaFold2 的预测效果就更差了。另外，AlphaFold2 要求的计算资源也很多。在结构预测方面，有另外一项工作值得关注。2019 年，哈佛大学医学院的 Mohammed AlQuraishi 研究组发表了一项新的研究结果，基于一种称为复发几何网络（recurrent geometric network，RGN）的深度学习模型，不需要同源序列，但需要在所有的蛋白质序列上进行训练，学习蛋白质的折叠过程。在预测全新折叠方式的蛋白质结构时，RGN准确率可媲美CASP12比赛的最佳方案，但速度提高了100万倍（Chowdhury et al.，2022）随着更多的蛋白质结构得到解析，和更好的人工智能算法投入应用，我们可以期望未来的方法能更加快速、更加准确地预测更加复杂的蛋白质三维结构。

2. 蛋白质－蛋白质相互作用预测

蛋白质功能的实现在很大程度上是通过蛋白质–蛋白质相互作用来完成的。随着大规模蛋白质–蛋白质相互作用筛选技术的快速发展，人们得到的蛋白质–蛋白质相互作用数据量大大增加。然而，目前从这些数据构建的蛋白质–蛋白质相互作用网络仍然是不完整和嘈杂的，因此急需发展计算预测的方法，挖掘出新的蛋白质–蛋白质相互作用，补全相互作用网络中缺失的部分，从而阐明蛋白质的生物功能。

另外，蛋白质复合体的结构能够揭示蛋白质–蛋白质相互作用的分子机理。然而，由于实验手段的限制，得到大的复合体结构非常困难，而用计算的方法预测蛋白质复合体的结构，则能摆脱这些限制。一种思路是利用已有的复合体结构和序列进行建模，从未知复合物的序列来预测其结构；另一种思路是从自由状态的两个蛋白质结构出发，预测这两个蛋白质结合后的复合物的结构（也被称为蛋白质–蛋白质分子对接方法）。蛋白质复合物结构预测是当前计算结构生物学领域的一个很重要并且富有挑战性的问题，对研究蛋白质的功能、蛋白质–蛋白质相互作用，以及针对蛋白质–蛋白质相互作用的药物开发十分重要。

和蛋白质三维结构预测一样，蛋白质–蛋白质相互作用及复合物结构预测也有一个国际同行组织的比较评价平台——相互作用预测关键评估（Critical Assessment of Prediction of Interactions，CAPRI）。近十年来，人们开发了大量蛋白质–蛋白质相互作用的预测算法，预测结果的可靠性和准确性都在逐步提高。2012年，哥伦比亚大学的巴里·霍尼格（Barry Honig）研究组在《自然》上发表了一个新的基于机器学习的预测方法（PrePPI）（Zhang et al.，2012），从蛋白质结构全空间搜索含有类似局部结构、可以用作建模模板的复合体结构，并利用贝叶斯网络（Bayesian network）将大量模型参数集成起来。该方法在已有蛋白质-蛋白质相互作用数据上训练之后，预测结果达到了与高通量实验方法相当的水平。

3. 蛋白质和DNA/RNA结合预测

在生物体中，一些蛋白质主要通过结合DNA或者RNA分子而发挥功能。这些DNA和RNA结合蛋白质在调节生命过程，特别是在基因的转录调控（transcriptional regulation）和转录后调控中发挥着重要作用。了解DNA和RNA结合蛋白质的行为，如它们的结合位点，有助于我们深入了解与这些蛋白质相关的疾病。随着ChIP-seq和CLIP-seq等高通量测序技术的发展，我们可以在全基因组的规模上检测蛋白质在DNA和RNA上的结合位点。然而，尽管效率很高，但ChIP-seq等高通量测序技术既昂贵、耗时又对实验条件有较高的限制。在这种情况下，基于机器学习的人工智能方法可以快速可靠地预测蛋白质在DNA和RNA上的结合位点。

事实上，人工智能特别适合研究这类问题。众所周知，蛋白质结合DNA和RNA具有序列和结构偏好，可识别特定DNA和RNA模体和局部结构并特异性地结合这些位点。另外，人工智能（如深度学习的卷积神经网络）在寻找序列和图案特征方面表现出强大的能力。

2015年，来自多伦多大学的弗雷（Frey）研究组开发了一个深度学习模型DeepBind，使用卷积神经网络来预测蛋白质在DNA和RNA上的结合位点，也就是预测某个蛋白质是否可以结合某个给定的DNA或者RNA序列。DeepBind使用独热编码（one-hot encoding）将DNA或RNA序列转换为二维向量作为输入。通过学习特定蛋白质大量结合位点的序列信息，DeepBind可以检测出这一蛋白质偏向于结合DNA或RNA的序列特征，进而预测出这一蛋白质在新的DNA或RNA序列上的结合与否。实验结果表明，DeepBind对细胞内蛋白质结合位点的预测优于之前传统的非深度学习模型。2021年，清华大学张强锋研究组开发了新型的人工智能模型PrismNet，通过深度神经网络来整合细胞内的RNA序列和结构信息，预测蛋白质的结合（Sun et al., 2021b）。PrismNet使用RNA序列及基于实验测得的RNA二级结构信息（单链或者双链结构信息）来作为模型输入，从而更加准确地揭示了细胞内蛋白质结合 RNA 的真实状态。此外，利用人工智能模型预测 RNA 可变剪接位点和 Poly（A）位点等，都取得了非常好的效果。

4. 单细胞组学数据分析

细胞是构成生命的基础单元。在生物体中，细胞不仅是结构单位，而且是基本功能单位。人体中万亿个细胞虽然共享相同的基因组，却具有千差万别的生理功能与分子特性，这个特性被称为异质性。它们在一个高度严密、精准的调控网络的控制下，从一个受精卵开始，不断增殖并分化为不同的细胞类型，组成身体的各种组织，并最终汇聚在一起形成器官。构建人类细胞调控图谱，深入理解这一过程背后的调控网络及其机制是准确刻画人体中每个细胞的类型和特性，进而理解其如何发挥生物学功能的核心关键，对临床医学研究有重要的指导意义。

随着现代高通量组学测序平台的发展，生物医学研究越来越依赖于多组学数据来深入了解生物系统。通过整合来自多种组学［如转录组学（transcriptomics）、表观组学、蛋白质组学（proteomics）和代谢组学（metabolomics）等］的大量数据，结合机器学习方法可以帮助解开生物系统的复杂机理。相比于基于多细胞批量测序（bulk sequencing）技术的传统组学，单细胞组学数据在提供了更高分辨率的同时更是产生了海量的数据。目前，单个单细胞组学研究已经达到几百万个细胞的规模，数据量大约几十 TB（Cao et al.，2020b）。这样大规模的数据，对数据的存储、检索和分析等方面提出了严峻挑战。此外，单细胞数据还存在高维和稀疏的特点，这也为单细胞数据的分析增加了额外的困难。针对单细胞数据的特点及生物学研究的需求，单细胞数据的数据预处理、降维 / 聚类、网络推断、细胞动态轨迹分析等计算方法也获得了迅猛发展。这些海量的单细胞数据也为如何从数据出发［从头计算法（*ab initio* method）］推断调控网络等关键生物学问题提供了难得的研究基础和机遇。发展新的人工智能方法，整合新一代高精度单细胞组学技术与数据挖掘技术是解决这些问题的有效途径。

针对单细胞组学数据的特点及生物医学研究的需求，当前已经开发出一系列基于深度学习的单细胞组学分析方法。对于单细胞组学数据较为稀疏这一难题，研究人员开发了用于数据增补和降噪的深度学习方法。例如，德国慕尼黑工业大学的研究组利用自编码器结合负二项分布开发了深度计数自编码器网络方法（deep count autoencoder net work）方法（Eraslan et al.，2019），美国宾夕法尼亚大学的研究组提出了自动编码器结合贝叶斯分层模型的方法 SAVER-X①（Wang et al.，2019）。对于单细胞组学数据中的批次效应，研究人员开发了用于消除这种由非生物学因素导致的数据偏差的深度学习方法。例如，美国耶鲁大学的研究团队利用稀疏自编码器开发了批次校正算法 SAUCIE②（Amodio et al.，2019），德国慕尼黑工业大学的研究团队开发了基于变分自编码器的方法 scGen（Lotfollahi et al.，2019）。对于单细胞组学数据维度较高这一难题，研究人员开发了一些基于深度学习的降维方法。例如，美国加利福尼亚大学伯克利分校的研究团队开发了基于变分自编码器和负二项分布的方法scVI③（Lopez et al.，2018）。针对当前整合多个单细胞组学数据进行系统分析的需求，研究人员开发了单细胞多组学数据的整合方法。例如，美国斯坦福大学的研究团队开发了基于自编码器的方法 BABEL（Wu et al.，2021），该方法可以通过单细胞表观组学数据对单细胞转录组学数据的预测来整合这两种单细胞组学数据。

5. 医学图像处理

生物医学数据的分类在生物医学诊断中有广泛的应用。例如，生物医学图像的分类模型已经被用于帮助诊断皮肤癌和视网膜疾病，其分类的准确度甚至达到了专家级的水平。研究人员还利用人工智能模型来对电子健康档案（EHR）进行分类，预测了一些医学事件，如疾病死亡率。这些人工智能模型都有非常优秀的表现。

深度神经网络作为新兴的机器学习方法，已经被证明其在图像处理任务中的潜力。例如，卷积神经网络在不同的图像分类任务中都占据主导地位。所以，使用深度神经网络去处理图像数据，可以辅助医生快速诊断疾病，提高医疗诊断效率。利用人工智能技术，依据每个人的历史就医数据（如医学影像、生化检测等多种结果）进行综合分析和判断，还可以依据某个长期形

① 基于外部数据的单细胞表达恢复分析方法（single-cell analysis via expression recovery harnessing external data，SAVER-X）。

② 用于无监督聚类、插值和嵌入的稀疏自动编码器（a sparse autoencoder for unsupervised clustering, imputation and embedding，SAUCIE）。

③ 单细胞变分推断（single-cell variational inference，scVI）。

成的单一数据进一步进行疾病预测。譬如，在2020年，匹兹堡大学和卡内基梅隆大学的研究人员通过收集大量人群多年的软骨MRI影像数据，并利用人工智能技术进行图像数据的学习，从中发现正常人软骨中的医生肉眼无法看到的细微征兆，并且预测了其未来3年患有骨关节炎的概率（Kundu et al.，2020）。在未来，基于各类医疗健康大数据的采集和汇聚，类似的疾病预测将会越来越普遍，预测准确度也会越来越高。

（二）成果转化

美国食品药品监督管理局于2018年4月批准了世界上第一款人工智能医疗设备IDx-DR，该设备可以在没有医生帮助的情况下诊断疾病。IDx-DR设备使用内置摄像头拍摄患者眼睛的照片，再通过人工智能算法评估该照片，确定患者是否有糖尿病视网膜病变的迹象。2018年5月，Imagen公司的OsteoDetect软件也获美国食品药品监督管理局批准，该软件利用机器学习技术，分析二维X射线图像，通过识别患者手腕前后和侧面X射线图像判断该患者是否骨折。2018年11月，由国内的乐普医疗自主研发的心电图人工智能自动分析诊断系统AI-ECG Platform获得美国食品药品监督管理局注册批准，成为国内首项获得美国食品药品监督管理局批准的人工智能心电产品。截至2022年10月，美国食品药品监督管理局已经批准几百种泛AI类医疗产品进入临床应用（Food and Drug Administration，2023）。

2018年，美国新一代人工智能英科智能（Insilico Medicine）与A2A Pharmaceuticals宣布联手创建一家名为Consortium.AI的新公司，应用AI最新研究进展，合作发现并开发了用于治疗杜氏肌营养不良症（duchenne muscular dystrophy，DMD）和其他罕见孤儿疾病的新型小分子。新成立的公司通过Insilico Medicine的人工智能系统，可以对预先经过优化的新候选药物进行靶点设计。

2020年，在新型冠状病毒肺炎（COVID-19）大流行的巨大挑战下，新冠登月（COVID Moonshot）计划的人工智能驱动的药物发现代码已经开源。COVID Moonshot是一个众包协议，由500多名国际科学家共同参与，以加速开发COVID-19抗病毒药物。根据该协议，参与的科学家们无偿公开他们的分子设计。人工智能初创公司PostEra使用机器学习和计算工具基于科学家们提交的材料评估制造化合物的难易程度，并生成合成路线。在第一周之后，COVID Moonshot 收到了 2000 多份材料，PostEra 在不到 48 小时的时间内设计了合成路线；而如果相同的任务完全由人类化学家执行，一般需要花三到四周的时间才能完成（Jones N，2020）。

2020 年 1 月，我国国家药品监督管理局发出了第一张“人工智能”器械注册证——深圳科亚医疗科技有限公司的冠脉血流储备分数计算软件率先撞线，这也标志着我国医疗人工智能的商业化进程进入新阶段。随后，相关审批进程陡然加速。在整个 2020 年，共有 9 张“人工智能”器械注册证获批，包括乐普（北京）医疗器械股份有限公司的心电分析软件，北京安德医智科技有限公司的颅内肿瘤磁共振影像辅助诊断软件等。2021 年，北京深睿博联科技有限责任公司等企业的“人工智能”器械注册证又陆续获批。根据统计，2023 年 8 月，国家药品监督管理局已经累计批准 45 张“人工智能”器械注册证（袁维，2023）。这些标志着我国的人工智能医疗设备发展正式进入快速落地阶段。

目前，人工智能技术之所以成为世界各国竞争的焦点和产业政策发力的重点，是因为其在经济社会发展的各个方面都具有巨大价值。一方面，人工智能拥有强大的经济带动性。人工智能技术是当代通用的高新技术，也就是说它是一种能够在国民经济各行业获得广泛应用并持续创新的技术，这意味着经济社会对人工智能的需求巨大，人工智能技术能够发展成规模巨大的产业。另一方面，人工智能可以对其他产业产生颠覆性影响，加快产业行业的技术创新、商业模式和业态变革，提高生产效率，改善用户体验。

对于这样一种刚进入产业化初期且快速发展的前沿技术，目前没有哪个国家已经具备绝对优势，更没有哪个国家能够像掌控传统产业那样在这一领域形成垄断地位。因此，我国如果能及早进入这一领域就可能占据一席之地，甚至获取未来产业发展的主导权，反之则很有可能被其他国家甩在后面。

二、重大科技需求

随着大数据时代的到来，人工智能和生物信息新技术的蓬勃发展为生命科学带来了革命性的改变，其成果不仅推动了生命科学基础研究高质量发展，也对医药、卫生、食品、农业等相关产业的发展产生了重大影响。人工智能和生物信息新技术利用已有的大规模、多元化数据，通过数据挖掘、数据整合、数据建模等多种方式在复杂生物系统解析、疾病风险预测和精准医疗、健康管理、药物研发等多个领域实现了颠覆式的突破，帮助人们更好地开展大规模生物数据的知识发现与预测，辅助人们探索并解决生命健康的问题。

（一）复杂生物问题建模和分析

复杂生物系统存在于生物界的各个层面，包括分子层面、细胞层面、组织器官层面、个体层面及群体层面。人工智能和生物信息新技术可以通过对大规模、多元化数据进行分析和模拟，将具体的复杂生物系统转化为相对抽象简单的数学模型，并可以通过人为改变模型变量来探究不同的条件扰动对生物系统运行的影响，进而揭示生物系统的潜在特征及运行规律，为实际的复杂、长期、昂贵乃至无法实现的实验提供计算上的解决方案，大大提高研究效率。

在分子层面，中心法则涵盖了现代分子生物学的几乎所有分支，看似简单的遗传信息传递过程中包含了一系列极其复杂的生物学问题，如生命系统中 DNA 的损伤与修复、突变与重组、从亲代到子代的遗传信息传递、基因表达及其调控，以及核酸、蛋白质及其复合体的结构与功能等。人工智能和生物信息新技术的发展为解决这些复杂生物学问题，窥探生物内在特征提供了强有力的工具。以基因表达调控为例，基因表达调控呈现多层次性，包括染色质水平、转录水平、转录后水平、翻译水平、翻译后水平等，并呈现随时间的动态变化。目前已有实验技术检测不同水平的潜在因素对基因表达调控的影响，包括 DNA 结构、DNA 修饰、RNA 修饰、RNA 可变剪切及相关蛋白质（转录调控元件、酶等）的结构与功能等。面对这些不同结构、不同维度的数据，传统生物信息学方法只能分析其中一种或少数几种数据，无法有效整合多种基因表达调控相关数据；而人工智能算法可以很好地处理大规模、结构异质性的数据，具有出色的数据整合和信息提取能力，为解析基因表达动态调控网络带来了重大的突破。

在细胞水平上，随着高通量测序技术尤其是单细胞高通量测序技术的飞速发展，生命科学研究产生了海量的组学测序数据，包括基因组、转录组、表观组及新兴的空间转录组等。其中，单细胞测序（single-cell sequencing）数据呈现出测序数据量越来越大、从单组学到多组学的发展趋势。利用人工智能和生物信息学分析方法对这些规模大、结构复杂的测序数据进行建模分析，可以很好地解析单个细胞不同的组学特征，揭示不同细胞间的异质性，实现单细胞的亚群分类，揭示潜在的细胞间状态转换关系，以及器官组织在单细胞水平的空间结构和相互作用信息等。单细胞测序技术结合生物信息学分析给肿瘤生物学、发育生物学、微生物学、神经科学等研究领域带来了革命性改变，成为解析细胞水平复杂系统的有力工具。

（二）疾病风险预测和精准医疗

一个人的生命和健康是在基因组精确调控的前提下，与外界复杂环境相互作用的结果。为了解和诊治癌症、心血管疾病、神经退行性疾病等复杂疾病，科学家提出了精准医疗的概念。精准医疗整合细胞组学数据与临床医学数据，针对每个患者的分子及病理学特征，进行相匹配的个体化诊断和治疗策略。以恶性肿瘤的精准医疗为例，大数据时代下恶性肿瘤的精准诊疗策略能够促进恶性肿瘤相关数据的汇聚整合和共享，建立生物大数据库，提升恶性肿瘤医疗信息化的速度，为恶性肿瘤患者的个体化治疗提供准确的指导，从而提高恶性肿瘤规范化诊疗水平，延长患者的生存期，提高患者的生存质量。另外，大数据研究也使科研工作者能够从大量个体的差异变化中深入揭示恶性肿瘤的防治规律；基因组学、蛋白质组学、代谢组学和免疫组学等大规模数据库的建立也为不同阶段恶性肿瘤的精准医疗提供了新的思路。

人工智能和生物信息新技术是实现精准医疗的重要手段。通常，研究人员和医疗保健提供者使用基因检测结合生物信息学分析来寻找可能对应于特定疾病风险增加的 DNA 序列，如 *BRCA*1 和 *BRCA*2 基因的突变可能预示着患乳腺癌的风险增加；有研究者通过对超过 400 个乳腺癌、肺癌、卵巢癌和前列腺癌的样品进行生物信息学遗传分析，识别出了数千个与癌症相关的突变，并确定了多个潜在的治疗靶点（Kan et al.，2010）；基于机器学习的新方法 HEAL[①]；通过整合个体的大量遗传数据和健康记录来预测其患有腹主动脉瘤的患病风险（Li et al.，2018b）；来自巴斯克地区大学的研究者开发了一种名为 Wregex 的软件，可以帮助预测并自动搜寻蛋白质的功能性模体，并通过与已知的癌症突变相结合，帮助预测癌症相关的功能模体（Prieto et al.，2014）。

① 数据驱动的基于未知学习的层次评估（hierarchical estimate from agnostic learning，HEAL）。

此外，疾病风险预测还包括群体传染性疾病的防控与救治。新冠感染是新中国成立以来传播速度最快、感染范围最广、防控难度最大的重大突发卫生事件，不仅对我国公共卫生体系产生了巨大冲击，而且对国家制度体制、人们思想认知都是一次大考验。运用人工智能和生物信息学的方法对病毒在个体水平传播这一复杂过程进行建模，可以有效解析传染病的发展途径，预测未来的增长模式等，为公共卫生和政策干预提供理论支持，如确定疫情防控等级、制定疫情防控措施、接种疫苗等，大大增强国家应对重大突发卫生事件的能力，有效保障人民的生命财产安全。

（三）健康管理

健康管理是运用信息和医疗技术，在健康保健、医疗的科学基础上，建立一套完善、周密和个性化的服务程序，促进个体建立有序健康的生活方式，进而预防疾病发生，并在个体出现临床症状时提供及时的诊疗指导，提高个体生活质量。人工智能和生物信息新技术正在广泛地应用于人群的健康管理，通过对个人健康档案数据分析为其设计个性化的健康管理方案，降低疾病风险。面对日益凸显的世界肥胖问题，来自美国麻省总医院和博德研究所的凯瑟瑞桑（Kathiresan）团队于2019年在《细胞》发布了他们的新算法，可根据基因组中200多万个位点的基因突变来评估一个人变胖的风险。他们将身体质量指数（BMI）与210万个基因变异相关联在一起，并使用10万人的数据集验证了该算法在遗传学中预测BMI的准确性。这种量化遗传肥胖易感性的新方法为肥胖的临床预防和治疗提供了新手段（Khera et al.，2019）。

人工智能和生物信息新技术可以解析个体DNA遗传变异对寿命的综合影响。2019年《生命科学在线》（*eLife*）期刊报道，爱丁堡大学的科学家通过对超过50万人的遗传数据及其父母生命记录数据进行挖掘与分析，鉴定了12个与寿命紧密相关的DNA位点，包括之前未报告的5个位点，这一研究为延长人类寿命和促进人们健康提供了一定的理论指导（Timmer et al.，2019）。

（四）药物研发

目前，药物研发面临研发费用高、成药周期长等问题。有统计表明，平均每个获批上市的药物的总研发成本约为26亿美元，整个研发过程大约需要

13.5 年，其中包括 8 年药物开发和 5.5 年临床试验。降低金钱和时间成本是现阶段药物研发的主要挑战。有统计数据表明，80% 的药物研发失败归因于药物开发过程中传统方法对药物本身药代动力学、动物毒性等评估不够准确，导致候选药物在临床试验中表现不理想（Sun et al.，2022），而目前不可能通过实验合成手段来评估所有化合物的成药性。在这种情况下，基于人工智能的预测模型正在成为一种革命性的解决方案，以提高药物设计和开发的效率，特别是优化治疗靶点和候选药物的选择。人工智能允许整合大规模多模式的数据，包括结构化和非结构化数据，来建立问题的概率和动态模型，并支持评估候选药物疗效和安全性临床试验的设计、实施和监测，为药物研发提供科学有效的决策引导。

例如，基于网络的深度学习方法 deepDTnet① 整合了 15 种细胞内化学组分、基因组、表观组等特征用于识别已知药物新的分子靶点，以加速药物的转化与再利用（Zeng et al.，2020）；另一个基于递归神经网络和图卷积神经网络的算法 DeepAffinity② 通过评估模型捕获到的蛋白质 / 化合物中残基 / 原子之间的长期非线性依赖性来预测化合物与蛋白质的相互作用，进而评估化合物的成药可能性（Karimi et al.，2019）。

第四节　未来 5 ～ 15 年的关键科学与技术问题

人工智能和生物信息新技术正在蓬勃发展，在强力助推生命科学基础研究及相关产业发展的同时，仍存在如下几个技术瓶颈和壁垒。

一、高质量生命健康大数据的获得

首先，人工智能方法尤其是深度学习非常依赖于数据。为了获得具有良

① 深度药物-靶标网络（deepDTnet）。

② 深度亲和力（DeepAffinity）。

好性能的深度学习模型，人工智能算法需要更多的数据。在生命科学和医药健康等多个领域，由于数据缺乏，深度学习模型往往达不到预期的训练效果。数据来源的合法性和规范性界定模糊，而且市场化应用方面缺乏详细的法律规定，数据的归属权、使用权、存储权、交易权还不够明确，这些因素大大制约了生命健康大数据的产出与应用。2017 年 2 月，国家卫生和计划生育委员会发布四份医疗领域应用人工智能的规范标准，为生命健康大数据和人工智能医疗的规范和规模化应用提供了基础保障。政策指出，医疗数据属国家的财产，或由医院和患者共同所有，要求目前数据的管理方医院和政府要保护好隐私，在科研的前提下使用这些数据。《新一代人工智能发展规划》指出，国家将于 2025 年初步完成法律政策的制定，规范医疗数据的各类权利。这些政策和规范标准提出后，生物健康大数据匮乏的现状有望得到改善。

其次，生物和医疗健康大数据的质量也缺乏保障。各种高通量的基因组学方法飞速发展展现了生物学的蓬勃兴旺，但其中一个不容忽视的问题是由于缺乏规范统一的质量控制，各种测序数据质量良莠不齐。同样，由于规范和标准的缺乏，当前医疗健康数据的标注质量也参差不齐。例如，医学影像标注中存在标注者队伍混乱、资质不一，影像征象认识不统一，影像标注方法不统一，影像分割方法不统一，影像量化方法不统一等问题。根据《中国医疗人工智能发展报告（2019）》，中国食品药品检定研究院在构建肺结节标准库的过程中，招募全国影像科医生志愿者进行标注，发现人为标注准确率仅为 30%。

最后，临床医学数据标注往往需要医生投入巨大的精力，需要提倡数据共享来避免重复劳动，提高数据生产效率，但目前情况是医疗体系复杂且不同系统和机构间的信息共享程度低。发展和普及应用区块链技术有望成为解决这一问题的有效途径。区块链是一个基于密码学原理，由不同节点共同参与的分布式数据库系统。区块链以去中心化、高信任的方式集体维护一个可靠的数据库，具有信息公开透明、记录难以篡改、不依赖中介机构三个主要特征，是目前最有发展潜质的信息通信和存储技术，正逐步应用于金融、网络安全、能源等领域。利用区块链技术将临床医学数据电子化并上链存储，可以实现分布式数据高效安全的共享，一方面提高医生的诊疗效率；另一方面打破不同系统和机构间的壁垒，提高临床医学数据的产出和利用效率。

二、针对复杂生物大数据的新型人工智能算法开发

生物系统高度复杂，生物大数据来自于生物系统不同的维度和层面，在细胞维度上包括基因组、转录组、表观组、代谢组等多种组学测序数据，蛋白质结构电镜数据及细胞成像数据等；在组织器官维度包括医学影像数据等，在个体层面包括各种生物理化指标及生物行为数据等。这些数据的分布及结构千差万别，如何表示这些生物大数据是设计合适的人工智能算法的前提和基础。目前对于不同的生物数据有不同的表示方式。例如，对于研究较多的序列数据，大多采用独热码、*k*-元组法编码（*k*-mer encoding）方式。然而对于很多其他类型的数据，目前仍缺乏有效的、适合大数据计算的表示方式，这既是应用人工智能技术解析复杂生物大数据面临的瓶颈问题和重大挑战，也是探索生物大数据内在结构的重要机会。

大部分生物大数据（如基因表达、表观遗传、蛋白质结构数据等）具有非常高的维度特征，但样本量相对较少。通常来说，数据维度特征多是获得事物准确描述的有力保障，然而这些高维数据大多含有大量冗余特征及噪声，加之样本量较少，容易引发“维数灾难”（curse of dimensionality），即随着维数增加，计算复杂度显著增大但模型的性能急剧下降。传统的人工智能方法在分析小样本高维度数据时效果严重下降，且容易出现过拟合现象，无法实现有效的分类或回归任务。开发适合高维度小样本生物大数据学习的人工智能算法任重而道远。

三、人工智能的标准和规范化

作为新一轮产业变革的核心驱动力，人工智能在催生新技术、新产品，提高社会生产力的同时，也面临着标准化、规范化程度不足的问题。人工智能及其衍生品关于安全、伦理及隐私方面的标准和规范化是人工智能及其产业健康发展的基础。

人工智能存在潜在的安全问题。人工智能的重要特征之一是能够在人为起始设定下进行自主化学习与运行，之后的决策不再需要操作者的进一步指令，最终产生的结果可能超出人们预期，产生潜在的安全问题。这就要求人

工智能的设计目标要与大多数人类的利益一致，并谨慎设计实现方案，使得人工智能在决策过程中面对不同情况时，也能做出相对安全的决定。

人工智能存在潜在的伦理问题。人工智能是人类智慧的延伸，也是人类价值观的延伸。在其发展的过程中，科学家所关注的应当包含对人类伦理价值的正确考量。人工智能及其衍生品应当遵循人类社会的道德法律规范，这体现出对人权的尊重，追求人类和自然环境利益最大化，尽可能降低技术风险，减少对社会的负面影响。

人工智能存在潜在的隐私问题。政府和企业可以通过人工智能技术更便利地收集公民个人数据信息，这在一定程度上可以为公民提供更好的个性化服务，但人工智能需要大规模数据进行训练，会不可避免地涉及个人信息的合理收集和使用问题，若处理不慎甚至会造成个人隐私的大量泄露。

人工智能属于新兴领域，发展方兴未艾，在世界范围内，人工智能涉及的安全、伦理及隐私问题的标准和规范化工作仍在起步过程中，尚未形成完善的体系，我国迫切需要把握机遇，加快对人工智能技术及产业发展的研究及人工智能各领域标准和规范化体系的建立，占领竞争的制高点，促进我国人工智能技术和产业蓬勃发展。

第五节　发展目标与优先发展方向

一、生物数据的表示

生物数据具有多种类型，主要包括数值数据、图形图像数据、序列数据和结构数据等。其中，数值数据是最为常见的生物数据类型，主要包括基因表达等信息。另一类较为常见的生物数据类型是图形图像数据，既包括分子的也包括医学的，如免疫荧光数据及医学影像数据（CT 扫描图等）。这些数值数据和图形图像数据在很大程度上可以用现有的表示方式进行编码和学习。另外一类序列数据，是生物学所特有的数据类型。人类基因组的所有遗传信息都储存在由约 30 亿个碱基对所组成的 DNA 序列中，其中人类基因的长度大多在数万个碱基对规模上；而在每个基因序列内部及基因序列之间，基因组上还存在大量的控制元件，这些元件的长度大部分在几十至几百个碱基对。除了 DNA，RNA 和蛋白质也是由碱基和氨基酸构成的长序列分子。为了应用机器学习方法，需要对这样的序列信息进行编码。一些机器学习方法可以允许将原始序列直接输入模型，另一些方法则要求对原始序列进行一定的编码和预处理。常见的机器学习方法对序列的处理有独热码、*k*-元组法编码等，这些方法都存在一定的缺陷。例如，独热码就是将原始序列变量转换成四维向量以表示四种不同的碱基，并用是否（0，1）这种方式进行替代和量化。因此独热码需要用一个四维向量来表示一个碱基。这种表示方式比较低效，同时还存在导致特征空间增大和稀疏的缺点，容易造成模型学习困难。*k*-元组法编码通过统计一段序列中 4^k 种碱基组合出现的频率来表示这段序列的特征。然而这种方法会造成大量的信息丢失，不太适用于小数据集。因此，针对实际问题需要探索更有效的序列表示方式。

生物数据中还存在大量的结构数据，这些结构数据代表着 DNA、RNA 和蛋白质等生物大分子的空间信息。特定情况下，生物大分子在细胞和亚细胞结构内的空间分布信息也可以作为一类结构数据。在应用人工智能方法时，可以将结构数据当成三维图形图像数据进行编码学习，但这种方法难以完整刻画生物大分子的结构特征，如原子相对结构关系的准确信息。一些研究也尝试使用基于图论的方法来描述生物大分子结构，如用图模型来表示 RNA 二级结构。然而很多分子的结构极为复杂，这会导致图模型的过度复杂，并且图模型节点之间的关系和分子结构之间也难以构成良好的对应关系。我们需要寻找更好的结构数据表示方式以促进人工智能和机器学习方法在结构生物学中的大量应用。

除此之外，生物数据及医疗健康数据中还有很多其他类型的数据，如表型、电子病历等。这些数据的表示可以参考某些机器学习研究领域的方法，如自然语言处理领域的方法可以适当迁移应用到电子病历数据的分析上。然而这些数据的异构性较高，经常会有不同的数据标准和形式，因此如何设计统一、高效、准确的数据表示方式是计算生物学的一个重要的科学问题。

二、利用有限的数据进行机器学习

大量高质量数据的获得主要依靠更有效、更可靠的数据生产方式，以及数据共享。然而在很多时候，数据缺乏依然是制约机器学习特别是深度学习方法实际应用的主要因素。有一些机器学习技术和方法可能可以帮助人们应对这些数据难题，但是，将这种技术应用于生物数据时需要小心谨慎。例如，对于一个蛋白酶的氨基酸序列，如果我们对数据进行镜像、反转、片段平移等操作，所得序列可能就不是原始的蛋白酶序列了。

此外，生命科学数据还具有数据分布不平衡的特点，负样本的数量远远超过正样本。例如，酶蛋白的数量远小于蛋白质的总数，转录起始位点、Poly（A）位点等只占DNA和RNA序列的一小部分等。使用不平衡数据训练机器学习模型可能导致不良结果的产生。例如，模型可能使用最大类别的标签来预测所有测试数据，将所有数据（由99个负样本和1个正样本组成）预测为负样本。这时如果使用精度对模型进行评估，模型的性能可能非常好（精度高达99%），但在实际应用中毫无意义。要解决这个问题，我们可以使用一些机器学习的技术。首先需要使用正确的标准来评估模型的性能及设计合理的损失函数。对于不平衡的数据，希望模型不仅在大类上有较好的性能，而且在较小的类上也表现良好。例如，可以对损失函数进行加权，当模型在较小的类上预测错误时则会对模型进行更大的惩罚。另外，可以在训练模型时对较小的类的数据进行上采样或对较大的类的数据进行下采样以平衡数据的分布。或者，由于生物系统通常具有分层标签空间，可以为每个层级建立模型以使数据平衡。

三、高维数据的建模和学习

高维数据的建模和学习是机器学习中的难点。针对不同的重点和方向，具体有高维小样本、高维稀疏、高维不平衡等多个研究课题。为了消除或减轻“维数灾难”，同时提升分类器的泛化能力，对数据进行降维成为一种重要的途径。常见的降维技术有主成分分析（principal component analysis，PCA）、*t*分布-随机近邻嵌入（*t*-distributed stochastic neighbor embedding，*t*-SNE）及自编码器等。主成分分析是降维算法中最基础和经典的一种，其基本原理是通过正交变换将一组可能存在相关性的变量转换为一组线性不相关的变量（称为主成分），其中每个主成分所含信息互不重复且数量远少于原始的变量，以此达到降维的目的。主成分分析的核心是将大量特征转化为少数几个能够反映原始变量大部分信息的综合特征，即主成分。*t*-SNE 算法对每个数据点近邻的分布进行建模，也就是使用仿射变换将数据点映射到概率分布上，然后利用条件概率来衡量数据点之间的相似性，并通过使数据集在高维和低维两个空间的条件概率尽可能相似，将数据从高维空间映射到低维空间。通过 *t*-SNE 降维，不仅可以保持数据的特征和差异性，而且可以很好地保持数据的局部结构，这是 *t*-SNE 的主要优点。自编码器基于一个自监督的人工神经网络，由编码器、解码器及连接它们的一个或多个隐藏层三部分组成。自编码器通过编码器将输入信息编码到比输入的维度少得多的隐藏层中，然后再通过解码器将隐藏层中的信息解码输出，通过训练使得该网络的输出尽可能与输入相似。自编码器需要尽可能多地将输入信息编码到隐藏层中，因此自编码器实际上是一个具有降维能力的神经网络，通过减小特征空间从而提取数据的本质特征。

与数据降维密切相关的机器学习问题是特征提取与特征选择。特征提取主要是将高维数据映射到特定的低维空间，而特征选择可以看作是从初始特征空间搜索出一个最优特征子集的过程。特征提取和降维密不可分，有时对两者并不严格区分。两者都是基于映射变换，在尽量不丢失信息的前提下，提取原数据的部分特征，创建一个新的低维特征空间；而特征选择并不改变原特征空间，只是选择一些分辨力好的特征，组成一个低维特征空间，该空间可以保留原特征空间的大部分性质，是原特征空间的一个子集。

数据降维是机器学习和大数据分析的一个核心科学问题。降维算法的本质是通过使用一定的统计模型和神经网络进行建模，寻找数据内部的本质结构特征。在具体实现上可以将其分为简单模型（如主成分分析和 *t*-SNE）和复杂模型（自编码器）。此外，高维空间中的原始数据往往包含大量的冗余信息和噪声，这些因素在生物信息学的实际应用中容易造成算法的误差，降低模型的准确性。通过降维操作，可以过滤这些冗余信息和噪声，提高信噪比，从而提高算法的精度。

四、因果调控关系的推导

随着测序技术的发展，可以期待在不久的将来，将会获得更多的生物和健康大数据，包括人群中基因组上几百万个特定位置变异的信息。如何将这些个性化的基因组变异信息，通过由多组学数据训练得到的调控网络来解释其与临床数据得到的表型信息之间的因果关系，将是未来生物信息学特别是精准医学研究的核心问题和重点研究内容。

大量的基因组学和功能基因组学研究找到了若干复杂性状及疾病相关的遗传变异，包括单核苷酸多态性（single-nucleotide polymorphism，SNP）和结构变异等。数量性状位点（quantitative trait locus，QTL）定位和全基因组关联分析等方法已经应用于分析复杂性状和复杂疾病的遗传结构。然而，关联关系易得，因果关系难建。其中的核心挑战是基因调控的复杂性。在特定的条件下，每个细胞中特定基因表达的启动、停止、增强或抑制是由其基因组上多个特定调控元件及其相互作用共同调控完成的；而由细胞特异的基因调控所构成的生物组织塑造了不同的表型，更是增加了复杂性的维度。通过注释各种调控元件，构建基因调控网络从而提供基因型和表型之间的因果机理来解释这一目标涉及大量的生物信息学挑战。如何用人工智能的方法，从多组学多层次数据出发，建立因果关系，是应对这一挑战的核心问题。

本章参考文献

香港中文大学新闻中心 . 2017. 中大工程学院开发人工智能深度学习应用于医学影像检测 大大提升诊断肺癌及乳腺癌效率 [EB/OL]. https://www.cpr.cuhk.edu.hk/sc/press/cuhk-faculty-of-engineering-develops-artificial-intelligent-systemsimproving-efficiency-in-diagnosing-lung-cancer-and-breast-cancer-through-automated-medical-image-analysis/[2023-09-04].

袁维 . 2023. 技术升级赋能行业应用，AI+ 医药健康发展有望提速 [EB/OL]. https://pdf.dfcfw.

com/pdf/H301_AP202305081586348540_1.pdf[2023-10-27].

中山大学中山眼科中心 . 2019. 眼科人工智能门诊及社区筛查 [EB/OL]. http://health.people.com.cn/n1/2019/0419/c426516-31039765.html[2023-08-22].

Alipanahi B, Delong A, Weirauch M T, et al. 2015. Predicting the sequence specificities of DNA- and RNA-binding proteins by deep learning[J]. Nature Biotechnology, 33: 831-838.

Amodio M, van Dijk D, Srinivasan K, et al. 2019. Exploring single-cell data with deep multitasking neural networks[J]. Nature Methods, 16: 1139-1145.

Cao J Y, O'Day D R, Pliner H A, et al. 2020b. A Human Cell Atlas of fetal gene expression[J]. Science, 370: eaba7721.

Cao Z-J, Gao G. 2022. Multi-omics single-cell data integration and regulatory inference with graph-linked embedding[J]. Nature Biotechnology, 40: 1458-1466.

Cao Z-J, Wei L, Lu S, et al. 2020a. Searching large-scale scRNA-seq databases via unbiased cell embedding with Cell BLAST[J]. Nature Communications, 11: 3458.

Chowdhury R, Bouatta N, Biswas S, et al. 2022. Single-sequence protein structure prediction using a language model and deep learning[J]. Nature Biotechnology, 40: 1617-1623.

Chuai G H, Ma H H, Yan J F, et al. 2018. DeepCRISPR: optimized CRISPR guide RNA design by deep learning[J]. Genome Biology, 19: 80.

Duan B, Zhu C Y, Chuai G H, et al. 2020. Learning for single-cell assignment[J]. Science Advances, 6: eabd0855.

Eraslan G, Simon L M, Mircea M, et al. 2019. Single-cell RNA-seq denoising using a deep count autoencoder[J]. Nature Communications, 10: 390.

Food and Drug Administration. 2023. Artificial Intelligence and Machine Learning (AI/ML)-Enabled Medical Devices[EB/OL]. https://www.fda.gov/medical-devices/software-medical-device-samd/artificial-intelligence-and-machine-learning-aiml-enabled-medical-devices[2023-10-27].

Jones N. 2020. PostEra Points Its Synthesis Algorithm at Coronavirus[EB/OL]. https://www.chemistryworld.com/news/postera-points-its-synthesis-algorithm-at-coronavirus/4011517.article[2023-10-27].

Jumper J, Evans R, Pritzel A, et al. 2021. Highly accurate protein structure prediction with AlphaFold[J]. Nature, 596: 583-589.

Kan Z Y, Jaiswal B S, Stinson J, et al. 2010. Diverse somatic mutation patterns and pathway alterations in human cancers[J]. Nature, 466: 869-873.

Karimi M, Wu D, Wang Z Y, et al. 2019. DeepAffinity: interpretable deep learning of compound-protein affinity through unified recurrent and convolutional neural networks[J]. Bioinformatics, 35: 3329-3338.

Khera A V, Chaffin M, Wade K H, et al. 2019. Polygenic prediction of weight and obesity trajectories from birth to adulthood[J]. Cell, 177: 587-596.

Kuhlman B, Bradley P. 2019. Advances in protein structure prediction and design[J]. Nature Reviews Molecular Cell Biology, 20: 681-697.

Kundu S, Ashinsky B G, Bouhrara M, et al. 2020. Enabling early detection of osteoarthritis from presymptomatic cartilage texture maps via transport-based learning[J]. Proceedings of the National Academy of Sciences of the National Academy of Sciences, 117:24709-24719.

Li J L, Pan C P, Zhang S, et al. 2018b. Decoding the genomics of abdominal aortic aneurysm[J]. Cell, 174: 1361-1372.

Li R, Wijma H J, Song L, et al. 2018a. Computational redesign of enzymes for regio- and enantioselective hydroamination[J]. Nature Chemical Biology, 14: 664-670.

Liang H Y, Tsui B Y, Ni H, et al. 2019. Evaluation and accurate diagnoses of pediatric diseases using artificial intelligence[J]. Nature Medicine, 25: 433-438.

Long E, Lin H T, Liu Z Z, et al. 2017. An artificial intelligence platform for the multihospital collaborative management of congenital cataracts[J]. Nature Biomedical Engineering, 1: 1-8.

Lopez R, Regier J, Cole M B, et al. 2018. Deep generative modeling for single-cell transcriptomics[J]. Nature Methods, 15: 1053-1058.

Lotfollahi M, Alexander Wolf F, Theis F J. 2019. ScGen predicts single-cell perturbation responses[J]. Nature Methods, 16: 715-721.

Luo Y N, Zhao X B, Zhou J T, et al. 2017. A network integration approach for drug-target interaction prediction and computational drug repositioning from heterogeneous information[J]. Nature Communications, 8: 573.

Mao M W, Hu Y, Yang Y, et al. 2018. Modeling and predicting the activities of trans-acting splicing factors with machine learning[J]. Cell Systems, 7: 510-520.

Ning W S, Lei S J, Yang J J, et al. 2020. Open resource of clinical data from patients with pneumonia for the prediction of COVID-19 outcomes via deep learning[J]. Nature Biomedical Engineering, 4: 1197-1207.

NITRD. 2023. Artificial Intelligence R&D Investments Fiscal Year 2018-FIscal Year 2023[EB/OL]. https://www.nitrd.gov/apps/itdashboard/ai-rd-investments/[2023-10-27].

Prieto G, Fullaondo A, Rodriguez J A. 2014. Prediction of nuclear export signals using weighted regular expressions (Wregex)[J]. Bioinformatics, 30: 1220-1227.

Radivojević T, Costello Z, Workman K, et al. 2020. A machine learning automated recommendation tool for synthetic biology[J]. Nature Communications, 11: 4879.

Senior A W, Evans R, Jumper J, et al. 2020. Improved protein structure prediction using potentials from deep learning[J]. Nature, 577: 706-710.

Shen D G, Wu G R, Suk H-I. 2017. Deep learning in medical image analysis [J]. Annual Review of Biomedical Engineering, 19: 221-248.

Shen Z, Bao W Z, Huang D S. 2018. Recurrent neural network for predicting transcription factor binding sites[J]. Scientific Reports, 8: 15270.

Sønderby S K, Winther O. 2015. Protein secondary structure prediction with long short term memory networks[J]. ArXiv, DOI: 10.48550/arXiv.1412.7828.

Sun D X, Gao W, Hu H X, et al. 2022. Why 90% of clinical drug development fails and how to improve it?[J]. Acta Pharmaceutica Sinica B, 12: 3049-3062.

Sun L, Li P, Ju X H, et al. 2021a. *In vivo* structural characterization of the SARS-CoV-2 RNA genome identifies host proteins vulnerable to repurposed drugs[J]. Cell, 184: 1865-1883.

Sun L, Xu K, Huang W Z, et al. 2021b. Predicting dynamic cellular protein-RNA interactions by deep learning using *in vivo* RNA structures[J]. Cell Research, 31: 495-516.

Sun Y, Sheng Z, Ma C, et al. 2015. Combining genomic and network characteristics for extended capability in predicting synergistic drugs for cancer[J]. Nature Communications, 6: 8481.

Timmers P R, Mounier N, Lall K, et al. 2019. Genomics of 1 million parent lifespans implicates novel pathways and common diseases and distinguishes survival chances[J]. eLife, 8: e39856.

Vamathevan J, Clark D, Czodrowski P, et al. 2019. Applications of machine learning in drug discovery and development[J]. Nature Reviews Drug Discovery, 18: 463-477.

Wang J S, Agarwal D, Huang M, et al. 2019. Data denoising with transfer learning in single-cell transcriptomics[J]. Nature Methods, 16: 875-878.

Wang S, Li W, Liu S W, et al. 2016. RaptorX-Property: a web server for protein structure property prediction[J]. Nucleic Acids Research, 44: W430-W435.

Wu K E, Yost K E, Chang H Y, et al. 2021. BABEL enables cross-modality translation between multiomic profiles at single-cell resolution[J]. Proceedings of the National Academy of Sciences of the United States of America, 118: e2023070118.

Xiong L, Xu K, Tian K, et al. 2019. SCALE method for single-cell ATAC-seq analysis via latent feature extraction[J]. Nature Communications, 10: 4576.

Yamashita R, Nishio M, Do R K, et al. 2018. Convolutional neural networks: an overview and application in radiology[J]. Insights into Imaging, 9: 611-629.

Yuan G-H, Wang Y, Wang G-Z, et al. 2023. RNAlight: a machine learning model to identify nucleotide features determining RNA subcellular localization[J]. Briefings in Bioinformatics, 24: bbac509.

Zeng X X, Zhu S Y, Lu W Q, et al. 2020. Target identification among known drugs by deep learning from heterogeneous networks[J]. Chemical Science, 11: 1775-1797.

Zhang H, Qiu X P, Zou Y R, et al. 2017. A dye-assisted paper-based point-of-care assay for fast and reliable blood grouping[J]. Science Translational Medicine, 9: eaaf9209.

Zhang Q F, Petrey D, Deng L, et al. 2012. Structure-based prediction of protein-protein interactions on a genome-wide scale[J]. Nature, 490: 556-560.

第五章

生物调控网络与生物建模

第一节　发展历史与驱动因素

理解复杂生命现象的本质和调控规律不仅需要解析其组成的基本单元（基因、蛋白质、生化代谢产物、细胞组成等），还需要从生物系统基本单元的相互作用及其动态行为入手，开展系统和整合性研究。系统生物学强调，在系统层次解析多类生物分子跨越多个组织结构层级的动态功能和相互作用（调控网络），以探求和诠释复杂生命现象的本质。

随着生物技术的迅速发展，生命科学研究已经逐渐进入定量化、高通量、大数据时代（Leonelli，2019）。在当前生命科学研究中，"数据驱动 / 启发型"（data-driven/data-informed）研究范式，即通过生物医学大数据进行多层次、多维度、全景式的处理、整理和归纳，实现系统地理解生命活动的调控规律，并精准预测其在不同条件下的状态与功能，正逐渐成为一种新型的生命科学研究范式，并发挥着举足轻重的作用（Greene and Troyanskaya，2012；Hartmann et al.，2020；Cox and Mann，2011；Sommer and Gerlich，2013）。大数据的获得，直接或间接地描述了生物系统中不同分子（如基因、蛋白质、小分子、代谢物等）间的各种关系，即通常数学表达形式下的网络。这些数据提供了细胞或复杂生命系统的快照式解析，可用于推断、重建或整合不同层次的生物调控网络。在此基础上，通过对调控网络整体性和动态性的深入解析、建模和模拟，不仅可以帮助人们理解复杂的生命现象，也益于实现从系统的广度对生物系统的机制和规律进行诠释。这种以系统论的思维方式和研究策略研究复杂生命科学问题的方法在较短时间得以迅速发展，并成为生命科学研究的前沿。

一、生物调控网络解析有助于全面阐释复杂的生命现象

生命活动的调控高度复杂，从微观到宏观跨越多个组织结构层次，包括分子、细胞器、亚细胞、细胞、组织、器官、个体、种群和生态水平。各类生物分子的功能的发挥需经过以上层级依次呈递，最终调控生命活动。大量生物分子间存在着复杂动态的相互作用，形成精密的调控网络而发挥功能（Karlebach and Shamir，2008；Mitra et al.，2013）。仅仅针对特定的生物分子（如某一基因或某种蛋白质修饰）的研究模式，往往难以系统地获知生物学过程的全貌。如何多层次、多维度地解析生命活动的调控网络，已经成为生命科学和医学各个领域的重要研究内容和发展前沿。如何对分子、细胞、组织、器官等不同层次的调控网络进行有机整合与系统解析，也成为相关研究的重点和难点。

高灵敏度、高分辨率和高通量实验方法的发展与应用，使得解析多类生物分子之间的调控关系成为可能。由于研究过程中涉及海量生物数据的降噪、标准化、信息提取等分析处理过程。毫无疑问，生物信息学在生物调控网络研究中起到主导和驱动作用（Camacho et al.，2018；Bracken et al.，2016）。首先，需要建立数据处理方法和统计模型对高通量实验获得的原始数据进行加工处理，实现精确的生物学信息的提取与调控网络绘制。其次，需要开发高效算法对由数量巨大的因子及其相互关系所构成的调控网络的特性和功能进行分析模拟。最后，需要建立智能化分析和可视化工具，整合多层次、多模态和异质性的调控网络，实现对复杂生物学过程的准确描述和概括。根据研究与对象的不同，生物调控网络主要包括分子相互作用

网络（molecular interaction network）、基因调控网络、遗传相互作用网络（genetic interaction network）、代谢网络（metabolic network）、细胞器及细胞间相互作用网络（organelle and intercellular network）、信号网络（signaling network）、发育调控网络（developmental regulatory network）、疾病网络（disease network）等。

二、生物建模与模拟有助于预测和干预生命活动

生物调控网络的构建描述了生命活动调控过程中的重要组分、节点及其调控组分之间的关系。在此基础上，一项重要任务是综合应用生物学、数学、物理学、计算机科学等学科的综合知识体系，构建生命活动的数学或物理模型（生物建模），模拟生命活动的发生和发展，并对多种情况下的细胞和机体的状态和功能进行预测（生物模拟和预测），称为生物建模与模拟（Lopatkin and Collins，2020；Wilkinson，2009；Gunawardena，2014）。

生物建模与模拟是生物信息学的重要内容（Gunawardena，2014；Walpole et al.，2013）。生物系统高度复杂，即便是简单的红细胞也存在数千种代谢和生化反应及其复杂的调控网络，而人类大脑的复杂度更是不言而喻。解析复杂的生物系统，常需全面、系统地采集实验数据，而对于很多难以估计的极端条件（如缺氧、失重等），很多实验往往难以进行。生物建模与模拟可以将生物系统的复杂行为转化为数量模型并进行计算模拟和仿真，这在一定程度上可部分替代复杂、长期、昂贵乃至无法实现的实验，提高研究效率并为操控生命活动提供依据。例如，生物建模与模拟可用于识别人体参数的异常，进行复杂疾病的诊断与预警。根据研究层次和研究对象的不同，生物建模与模拟研究主要包括生物分子结构、功能与相互作用建模、转录调控建模（transcriptional modeling）、细胞建模（cellular modeling）、生物力学建模（biomechanical modeling）、细胞竞争建模（competition modeling）、发育生物学过程建模、疾病传播/传染建模、病原−宿主相互作用建模和种群与生态建模（multi-species and ecological modeling）等方面（Liu et al.，2020；Sharpe，2017；Lim et al.，2006；Vincent et al.，2013；Heesterbeek et al.，2015；McClintock et al.，2020）。

三、生物调控网络与生物建模推动生命科学基础及转化研究

近年来，生物调控网络与生物建模研究在一系列科学研究项目（如DNA元件百科全书计划、国际人类蛋白质组学计划、推进创新神经技术脑研究计划等）的实施和推进下取得了长足的发展，并涌现出多项原创性成果。在基础研究领域，生物调控网络与生物建模的发展有助于实现复杂生物学过程的系统分析和认识。一方面，建立了多种生物调控网络与生物建模算法，为多种重要调控网络的有效解析（如蛋白质-蛋白质相互作用）和重要生物学过程的模型建立（如大脑功能）奠定了方法学基础。另一方面，聚焦重要生命活动，正在逐步实现从系统层次理解其复杂网络调控过程，如干细胞调控网络绘制、细胞遗传相互作用调控网络绘制、疾病发生和重要优良性状形成的调控网络的绘制、肿瘤细胞增殖与迁移模型的构建、人类早期胚胎发育和大脑发育3D模型的构建、光合系统的建模与仿真等。在转化应用方面，生物调控网络与生物建模也发挥着越来越重要的作用，主要表现在基于调控网络的药物研发，基于遗传调控网络的抗癌新药筛选，基于分子模拟（molecular simulation）的药物活性预测、筛选与设计，精准的疾病预防、诊断与治疗，动植物新品种的分子设计和改良，以及生物安全保障等与国计民生息息相关的各个方面。

第二节　国内研究基础与国际竞争力

一、国内研究基础

生物调控网络的构建、解析与模拟是综合性交叉研究领域。经过多年的发展，我国在该领域已经取得较好的成果，并表现出良好的发展势头。这些进展为本领域的进一步发展奠定了重要的理论、方法和人才基础。

我国科学家在分子调控网络构建和解析方面取得了一系列成果，成功构

建了基因调控、微小 RNA（microRNA/miRNA）调控、共表达及单细胞基因调控网络等，并鉴定模块化网络及其标志物。例如，基于高斯图模型，整合了蛋白质-蛋白质相互作用、表观遗传改变和基因表达数据，构建了翻译后水平的基因调控网络；基于新型局部贝叶斯算法，利用网络分解策略和假阳性边去除方法，实现了从基因表达数据中推断基因调控网络关系；利用基因时序表达信息，考虑基因表达时间特性和高阶延迟，构建可双向基因调控网络；基于神经网络学习，提取 microRNA-疾病-表型三层网络特征，预测了 microRNA 和疾病关联的调控网络；建立了可处理高维度数据的新型统计方法，利用 RNA-seq 数据高效构建了基因共表达网络；开发适用于单细胞数据的计算方法，构建细胞特异性的基因调控网络；提出新的基于时间序列表达数据的动态基因调控网络推理算法等。

在网络模块和标志物识别方面，我国研究人员利用边缘网络算法，从动态网络生物标志物中成功鉴定了可用于疾病早期诊断的标志物（Yu，2014）；开发了多组学整合方法，通过解析由遗传干扰引发的基因网络失调，鉴定了网络中的关键基因和模块（Ping et al.，2015）；利用大规模基因表达和药物响应数据开展了联合模块化分析，解析了基因和药物交互模块（Chen and Zhang，2016）；通过构建基因模块关联网络，揭示了模块中新的标志基因及其功能（Li et al.，2019a）。

我国科研人员在分子模拟方面，尤其是在蛋白质间相互作用、核酸分子间相互作用、蛋白质及其大复合体的结构预测等方面，也取得了多项进展。例如，开发了分层对接式算法，用于蛋白质-多肽分子相互作用的预测（Zhou et al.，2018）。通过优化模型算法，提高了核酸分子间相互作用预测的准确性（Yan et al.，2018）；开发了蛋白质复合物结构预测和蛋白质-化合物相互作用即亲和力预测算法等（Li et al.，2020）。

在细胞建模和模拟方面，我国科学家利用活体成像和自动化细胞追踪方法，系统构建了模式动物原肠胚发生阶段的全部细胞核的 3D 定位模型，发现不同细胞的空间定位的表型变异程度与细胞多个发育特性关联，受严格的时空调控，为理解发育在细胞水平的一致性和可塑性提供参考（Li et al.，2019b）。研究人员利用细胞膜荧光标记，构建了线虫早期胚胎所有细胞的 3D 空间模型，结合计算分析，实现了对细胞的体积、表面积、接触、形状不规则度、信号转导网络的系统性测量，为细胞生物学、发育生物学和生物力学等领域提供了重要的数据和方法（Cao et al.，2020）。另外，我国科学家还利用生物力学建模方法，构建了叶片扁平化形态建成过程中的3D力学模型，发现叶片扁平化形态的建立与维持取决于皮层微管介导的纤维素沉积的应力方向及机械力的反馈调控机制，为理解发育形态建成的力学调控提供重要见解（Zhao et al.，2020）。

在发育调控网络解析方面，我国科学家解析了多个发育过程的基因转录和调控网络。例如，采用空间转录组学方法，系统构建了小鼠早期胚胎多个时期的时空动态转录图谱，揭示了谱系建立的关键信号和调控网络，推动了早期发育和干细胞相关研究（Peng et al.，2019）。利用活体成像方法，构建了发育长时间段的转录因子单细胞蛋白动态表达图谱，为系统理解发育命运图式建立的分子调控过程奠定了基础（Ma et al.，2021）。利用单细胞组学方法，绘制了人海马体在胚胎发育过程中的基因表达调控网络，揭示了细胞类型组成及其关键分子和调控网络（Zhong et al.，2020）。通过整合转录组和染色质开放性数据，构建了表皮角质细胞分化起始和成熟的不同阶段的调控网络，揭示了谱系定型过程中染色质状态转换的调节机制，为再生医学研究提供了参考（Li et al.，2019c）。此外，还构建了细胞类型特异的基因调控网络，发现细胞类型特异的转录因子可以通过调控启动子选择，使得广谱表达的基因产生细胞类型特异的转录本，参与建立和维持细胞类型特异特征的新功能（Feng et al.，2016）。

在复杂性状调控网络解析方面，我国科学家利用多个番茄基因组、转录组和代谢组数据构建了代谢调控网络（Zhu et al.，2018），揭示人工育种改变了番茄的代谢物质，其中5个主效基因座在驯化中受到选择，使得番茄的食用风味更佳。该研究为理解番茄风味和营养的遗传基础提供重要见解，并为分子设计育种和基于代谢物的辅助育种提供新思路。对近千个大豆品种进行了遗传多样性和全基因组关联分析，并对近百种农艺性状进行了表型观测和分析，构建了重要农艺性状的遗传调控网络，并基于网络分析鉴定出一系列多表型相关和多位点相互作用的位点，为选育集成多种理想性状的大豆品种提供了高效策略（Fang et al.，2017；Lu et al.，2020）。在动物复杂性状形成的调控网络研究方面，我国科学家建立了多层次、高维度数据的方法与模型，并以此揭示了动物颅容量、阿尔茨海默病和动物高原适应等复杂性状形成的调控网络和进化机制（Yu et al.，2016；Qiu et al.，2018；Xu et al.，2018，Xin et al.，2020）。在生态系统建模方面，我国科学家通过国际合作，揭示了在不同植物冠层竞争强度条件下的植物种群结构、个体间相互作用关系和变化规律，完善了植物竞争理论（Deng et al.，2012）；该模型为农作物种植、管理和治理等生产应用实践提供了理论指导。陆地生态系统模型在诊断和预测气候变化时存在很多的不确定性（如碳平衡的不确定性），从而影响了模拟精度。为了解决这一问题，我国科学家提出了新的组分分析框架，可以对多个国际主流模型的模拟效果进行评估，并且能够提供建模的改进方案（Hu et al.，2018）。2020 年，我国科研人员利用贝叶斯的方法，评估和校准了一个半经验生态系统通量模型，并预测了不同森林类型和气候条件下的光利用效率、蒸发量和土壤的水分（Tian et al.，2020）。

二、国内政策和经费支持情况

我国在相关领域虽然起步较晚，但是发展迅猛、势头强劲。这与国家在政策和科学计划上给予的大力支持是密不可分的。例如，《国家中长期生物技术人才发展规划（2010—2020 年）》将代谢组和系统生物学列为重要的发展内容；《“十三五”生物技术创新专项规划》中的颠覆性技术部分，明确指出合成生物学为重点发展方向：“突破人工生命元器件、基因线路和生物计算、人工生命体、人工多细胞体系设计构建调控原理，发展大片段 DNA 和人工基因组设计合成技术，设计构建重大疾病诊疗、光能和电能利用、固氮或固碳、或具有重要理论意义的人工合成生命系统，构建 DNA 合成与组装、生物计算与设计、元件模块底盘库共享平台，以及可生产化学品、材料、天然产物、药物、生物能源的人工细胞工厂，抢占合成生物学战略制高点，引领以绿色生物制造、现代生物治疗等为代表的新型生物经济发展。”其中涉及大量生物调控网络与生物建模及模拟研究内容。在其前沿交叉技术部分，该文件明确指出大力发展脑科学和类脑人工智能：“发展脑连接图谱绘制、神经网络活动实时记录和调控、神经元类型及其特异性神经环路结构及功能解析等技术，以研究脑结构与功能、工作原理等方面。”在生物农业研究领域，该文件则将新一代农业生物育种技术列为重点发展方向："重点开展主要农作物生长与发育、产量、生物逆境与非生物逆境应答及品质等相关重要代谢产物合成与分解途径的调控机理与调控网络。"我国《"十三五"国家科技创新规划》列出的"科技创新2030—重大项目"的6个重大科技项目也包括脑科学与类脑研究，计划以脑认知原理为主体，以类脑计算与脑机智能、脑重大疾病诊治为两翼，搭建关键技术平台，抢占脑科学前沿研究制高点。《国家自然科学基金委员会"十三五"学科发展战略报告·生命科学》的植物学优先资助领域及重点交叉研究中，明确将发育和信号转导过程及生物调控网络的数学建模与验证列为重大交叉研究领域的八大重要研究方向之一。

国家自然科学基金委员会的重大研究计划中有多项涉及生物调控网络与生物建模研究内容。例如，涉及生物调控网络的计划包括"糖脂代谢的时空网络调控"、"细胞器互作网络及其功能研究"、"基于化学小分子探针的信号转导过程研究"、"主要农作物产量性状的遗传网络解析"、"基因信息传递过程中非编码RNA的调控作用机制"、"非可控性炎症恶性转化的调控网络及其分子机制"和"微进化过程的多基因作用机制"等；而涉及生物建模的计划包括"血管稳态与重构的调控机制"、"生物大分子动态修饰与化学干预"、"情感和记忆的神经环路基础"、"高性能科学计算的基础算法与可计算建模"、"中国大气复合污染的成因、健康影响与应对机制"、"视听觉信息的认知计算"和"细胞编程与重编程的表观遗传机制"等。科学技术部的多个重点研发项目也将调控网络解析和生物建模列为重要研究内容，如"蛋白质机器与生命过程调控"、"干细胞及转化研究"、"变革性技术关键科学问题"、"合成生物学"、"精准医学研究"、"生殖健康及重大出生缺陷防控研究"、"云计算和大数据"、"中医药现代化研究"和"发育编程及其代谢调节"等。

三、国际竞争力分析

虽然我国在生物调控网络与生物建模领域取得了长足的进步和快速的发展，并初步具备了国际竞争力，但是在诸多方面仍然亟待加强。第一，原创性的调控网络的构建、分析和模拟算法比较少。虽然我国科学家已经发表数量可观的新算法论文，但是很多研究是基于已有方法的微创新和改进，这对整个领域的影响相对有限。因此，建立原创性算法和能被广泛使用的分析工具，将有助于提升我国科学家在本领域的国际竞争力和话语权。第二，目前国内对分子调控网络的研究已经具有一定的国际竞争力，但对其他层次的调控网络的分析与建模还有待深入和推进。就目前的研究进展而言，大多数工作聚焦于分子调控网络，而生物调控网络研究涉及亚细胞、细胞、组织、器官、个体甚至生态等多个层面。为了回答一些重大的科学问题，从多个层面开展系统的调控网络解析和模拟必不可少。针对更为复杂的生命科学重点和难点科学问题，实现多个层面的调控网络分析、整合和建模，产生一些原创性代表性的研究成果，将有助于全方位提升国际竞争力。第三，人才培养和多学科交叉与合作需要进一步强化。生物调控网络与生物建模相关研究涉及许多学科的专业知识。如何加强专业人才的培养，为本研究领域输送更为专业的人才队伍，是迫切需要思考的命题，也是提升国际竞争力的必由之路。如何有效实现跨学科合作，实现研究模式的改变也将是适应新形势的重要环节。根据以往国际经验，开展跨学科的大型科研项目，可促进人才队伍的培养和学科间交叉协作团队的孵化，形成良性循环。当前，我国还缺乏聚焦生物调控网络的分析和建模的规模性研究计划（如人类基因组计划和 DNA 元件百科全书计划）。相关项目的开展和实施有望提升我国科学家在该领域的国际竞争力。

第三节 发展态势与重大科技需求

一、发展态势

伴随着新兴技术的迅速发展，生命科学研究已经进入大数据时代。“数据驱动 / 启发型”研究范式，通过对大规模数据进行系统深入的分析从而获得对生命活动调控的规律认知，发挥着日益重要的作用，并与“假说驱动型”研究范式互为补充，共同推动生命科学的发展（Greene and Troyanskaya，2012；Hartmann et al.，2020；Cox and Mann，2011；Sommer and Gerlich，2013）。

在分子、细胞、组织、器官、个体甚至群体和生态水平，大量结构与功能的大数据日益积累，丰富了人们对复杂生命活动的系统理解。但是，如何有效地阐释这些大数据面临着巨大挑战。如何对高维度、多因素和多元化的生物大数据进行有效的处理、加工和分析，从而更系统深入地认识生命活动的调节机制和规律，已经成为当前生命科学领域的重大课题。大量的生物分子在多个层次存在紧密的关联，形成了复杂、多层次的网络，因此解析生命活动的调控网络成为生命科学研究的重要内容。真正理解生命现象的一个重要标志是实现对复杂生命过程的系统性定量描述，并预测在不同条件下生命活动的发生发展过程。因此，对重大生命活动进行有效的建模、模拟和仿真成为生命科学领域的前沿领域。考虑到生物调控网络与生物建模在生命科学研究中不可或缺的作用，多个国家均做出了战略部署并给予了相应的政策支持。

（一）生物调控网络研究进展与发展态势

生命活动涵盖多个组织结构层次，生物分子功能的发挥并非孤立，它们在不同的调控层级存在复杂且动态的相互作用从而形成调控网络。大量证据显示，仅聚焦特定的生物分子的研究范式，很难实现对复杂生命活动的系统认知，并满足生物医学转化应用的高要求。如何通过解析生物学过程的调控网络而系统地理解生命活动，成为各个研究领域的重要内容和发展方向；怎样在多个不同的调控层次解析并整合调控网络也成为研究的重点与难点。在此背景下，网络生物学（network biology）的概念应运而生（Barabási and Oltvai，2004），即通过建立网络模型将复杂生物系统中不同调控层次的分子相互作用抽象地表达为调控网络，借助数学、物理、工程和计算机技术，对复杂网络的拓扑结构和特征进行分析，揭示生物系统的基本原理和本质，认识生命活动的调控规律。网络生物学已经不再将生物过程的调控归结为少数几个因素，而是将其视为各组分间复杂相互作用的产物。

得益于各种高通量方法的建立，解析生物分子间动态复杂的调控关系成为可能，多种数据处理和分析算法的纷纷建立实现了更有效地从数据推断调控网络。生物调控网络的解析主要包括基于实验数据重构真实网络、基于已知相互作用分子以评估和优化网络构建参数、进行动力学分析、预测网络中未知节点、研究调控网络的数理特性、寻找与生物学过程关系密切的节点和模块等，从而为有针对性地基于网络操控的生物学过程提供指导等。与此同时，对生物调控网络的复杂网络理论的解析也得到快速发展，如小世界性质（small-world property）、右偏度分布（right-skewed degree distribution）特性、网络传递性（network transitivity property）、网络基序（network motif）、社区结构（community structure）、网络中心性（network centrality）等，深化了对生物网络拓扑结构的理解，促进了对生物网络的拓扑、组织、功能和进化的认知。

目前，常见的生物调控网络类型主要包括但并不局限于以下几类。

1. 分子相互作用网络

构建分子相互作用网络是在全基因组范围内清晰、准确地描述复杂的生物学过程和分子功能的重要手段，其整合了基因和基因产物之间发生的生物化学相互作用、物理相互作用、遗传相互作用和功能相关性信息。分子相互作用网络包括多种类型，如DNA-蛋白质相互作用、RNA-蛋白质相互作用、蛋白质-蛋白质相互作用、染色质相互作用、microRNA-基因相互作用等。随着生物化学和分子生物学及二代测序技术的发展和生物信息学分析算法的开发，重要生物分子间的相互作用网络被大量绘制，推动了复杂生命活动的解析。但是，我们仍然面临一系列挑战。例如，单一的高通量实验只能测定一类相互作用，难以反映细胞的相互作用全景；已有分子网络往往基于某一静态条件，遗漏了分子相互作用的时间动态性。除相应实验方法的改进之外，建立新的生物信息学算法，对不同类型的调控网络进行整合，并开展网络的动态性和模块化分析必不可少。

2. 基因调控网络

基因表达是塑造生物表型特性的关键因素之一，主要由顺式作用元件及其所处的染色质环境和反式作用因子共同决定，基因调控的可塑性及其调控影响了生物体表型的多样性，是适应性进化的重要驱动。基因调控网络反映了多类调控因子如何调控基因表达的过程，基因调控网络的节点由调控因子和基因构成，并指示调控因子与靶基因的关系。基因芯片技术和二代测序技术的迅猛发展有力地促成了高通量组学数据的积累，这为基于计算方法推断基因调控网络提供了良好的数据基础。随着单细胞测序技术的不断成熟，在单细胞分辨率下研究基因调控网络成为可能。例如，研究人员利用单细胞转录组测序数据，采用基于信息论的网络推断算法，高分辨率地解析了不同细胞基因调控网络的异质性。此外，单细胞表观组测序也是高分辨率解析基因调控关系的重要方法。例如，在单细胞中利用转座酶研究染色质可及性（chromatin accessibility）的高通量测序技术可以检测单细胞分辨率的染色质特性。随着单细胞技术的发展，单细胞多模态组学（single-cell multimodal omics）成为生命科学研究的新范式和趋势。然而，单细胞组学数据具有高度稀疏的特点，这为如何克服数据缺失而构建调控网络带来了新挑战。基于实验方法鉴定基因调控关系固然具有更高的可信度性，但是全基因组范围的实验流程耗时、烦琐且昂贵；如何利用有限的实验结果，充分利用生物信息和网络生物学研究方法，构建全面的基因调控网络成为重要挑战之一。

3. 遗传相互作用网络

遗传相互作用指的是两个基因同时突变的表型异于它们分别突变表型的简单叠加效果。解析遗传相互作用网络可以揭示基因之间是否存在相互作用、共同影响某种表型，是理解调控通路的结构和功能、生物系统调控规律及复杂疾病发生机制的重要途径。基因调控网络侧重于表征基因间的调控关系，而遗传相互作用网络侧重于基因互作所引发的协同表型效应（如致病或致死），两者互为补充。系统绘制遗传相互作用网络已经在单细胞生物中得以广泛开展，为理解细胞的遗传调控逻辑提供重要信息。高通量技术的发展为经典的遗传相互作用研究带来了新的动力。既往研究常通过同时干扰一对或少量基因，通过测定单一表型数据判断基因之间的遗传相互作用。基因组编辑、测序技术和表型组学（phenomics）技术的发展，大大推进了遗传相互作用研究的深度与广度。与此同时，研发用于挖掘生物大数据中存在遗传相互作用基因的新算法和新工具，也推动着遗传相互作用网络研究进程。从遗传相互作用网络中探索新的生物学普适规律，可为复杂性状研究提供新的思路和见解。此外，通过研究两个基因同时突变所引发的细胞或个体协同致死效应，也可以为设计药物组合、增强靶向治疗效果、设计个体化治疗方案等转化研究提供新策略。

4. 代谢调控网络与代谢流

代谢调控网络描述了众多酶和小分子代谢物之间的关系，它包括代谢的化学反应和调控途径，及其是如何决定细胞的生理生化特性的，是研究复杂细胞表型的重要手段。代谢流是分子通过代谢途径的速率，受代谢途径中酶的调节。代谢流在很大程度上指示着代谢调控状态，基于代谢调控网络分析推算代谢流的分布是研究代谢调控网络的重要内容，其中流平衡分析（flux balance analysis，FBA）是其中常用的方法之一，常用来研究在指定条件下使得细胞生长最快或某种代谢物产量最高或最低时的流分布。研究人员开发了多种方法以集成代谢调控网络、代谢流和调控网络分析。此外，2015 年开发的 FlexFlux 分析工具，可以整合分析全基因组规模的代谢网络。代谢调控网络解析在转化医学研究中具有广泛的应用，如可以用来检测患者的共病模式。某些疾病（如肥胖和糖尿病）常常同时出现在一个患者身上。许多疾病的发生是细胞无法分解或产生某种基本底物的结果，同时，某个反应中的酶或其他底物的缺陷又可能影响下游反应中的代谢流，这些代谢缺陷的级联导致了共病效应。因此，关联代谢调控网络和疾病调控网络可以用来确定两种疾病是否因代谢相关反应而相互联系。

5. 细胞器及细胞相互作用网络

除了分子间的相互作用，细胞内部结构之间也存在着广泛的交流与相互作用。随着长时程活细胞成像和超高分辨率成像技术的进步，细胞器之间的复杂相互作用被相继捕获。研究发现，作为细胞内最大的单一连续膜结构，内质网与多个细胞器发生动态相互作用，处于细胞器相互作用网络中心位置。常见的细胞器相互作用网络包括内质网-细胞质膜、内质网-线粒体、内质网-内体、内质网-溶酶体、内质网-脂滴及内质网-过氧化物酶体的相互作用网络。细胞器之间的膜接触位点在代谢物、脂质交换中起着重要的作用，对细胞器的形态、功能和动态变化具有重要意义。细胞器相互作用网络的异常通常会引发细胞功能的紊乱，甚至诱发细胞凋亡并导致多种疾病发生。对细胞器调控网络的功能和机制开展研究，有助于在细胞层面揭示生命活动的本质和疾病的发生发展过程。构建并解析细胞器之间的时空动态相互作用网络是当前细胞和发育生物学的前沿研究领域。开发新的成像技术和图像生物信息学分析算法，将为高精度地绘制细胞器之间动态调控网络提供帮助。对于多细胞生物，不同细胞间也存在着广泛的相互作用，如信号诱导、黏附、间隙连接等。细胞间的相互作用对生物体的功能发挥和稳态维持至关重要。细胞相互作用也是很多病理过程的重要环节，如肿瘤细胞的浸润与转移等。随着活体成像及高分辨率成像技术的快速发展，许多生命活动的发生、发展过程（如胚胎发育、器官发生等）能被高时空分辨率地记录，但如何有效地处理海量的图像数据成为制约该领域发展的瓶颈。发展高性能计算硬件设备和高效的生物信息学分析工具，对细胞形态和细胞间相互作用进行3D重建和预测，将为本领域的发展提供推动作用。

6. 信号转导网络

生物体所处的环境瞬息万变，细胞能够快速地接收、处理外部信号输入并做出合理的响应，对生物体的稳态维持意义重大。完善的细胞间相互识别、相互作用的信号交流对实现生物个体功能上的协调统一必不可少。不同的信号转导途径之间存在着复杂精密的相互调控，众多信号分子表达、互相调节、相互诱导形成了复杂的调控网络。正常细胞往往通过接收一系列的外源信号分子来维持细胞内环境稳定；癌细胞由于信号通路的改变，常常可以脱离外源性促生长或生长抑制信号的影响，以及可以自主合成相关信号分子，此外癌细胞通常对细胞内诸多生长抑制信号不敏感，而使其可以不受调控地增殖。因此，系统解析细胞信号转导网络对阐明诸多重要的细胞通信过程的内在机制和疾病治疗具有重要的指导作用。目前，大量信号通路的关键成员得以鉴定，其在多个生物学过程中的调控功能也被部分阐明，但如何有效地整合多个信号通路的关系和网络，从网络生物学的视角重新理解信号转导过程，成为该领域一个亟待解决的问题。利用计算数学模型系统地研究整个信号转导网络，往往可以发现一些新的特性，提出一些新的假设。例如，通过解析信号转导网络，研究人员已经对包括钙离子、核因子κB（NF-κB）和丝裂原激活蛋白激酶（MAPK）信号通路在内的几个经典信号转导通路产生了全新的认知，而这些发现往往难以通过仅聚焦于单一信号转导通路的研究而获得。

7. 发育调控网络

发育过程涉及大量形态、结构和功能高度多样的细胞及其随时间的快速动态变化。作为一个高度动态的持续的过程，发育包含了多个维度的信息，如时间信息、空间信息及分化过程中多方面的分子动态变化。阐明基因及其产物形成的调控网络如何在发育的多个组织结构层级和多个重要阶段有序地调控发育过程是目前发育生物学研究的核心内容之一。单细胞测序技术和活体成像技术的快速发展为解决该问题提供了重要契机。针对不同的高通量实验数据，生物信息学研究人员开发了多个生物信息学算法和软件，为解析发育表型和调控网络奠定方法学基础。利用多种组学（单细胞组学）技术，研究人员绘制了多类模式动物多个发育过程的分子、细胞图谱，解析了细胞类群组成和分子调控图谱，揭示了多个重要的发育调控模式与规律。上述研究成功鉴定了在正常细胞分化和疾病发生中发挥关键调控作用的因子，为人类遗传疾病和癌症诊断治疗及延缓衰老等提供参考。发育调控网络是一类综合性的复杂调控网络，不仅涉及细胞内分子调控网络，还涉及细胞之间、组织器官之间的分子-分子和分子-细胞之间相互作用，为研究带来了极大的挑战。发育调控网络的复杂性还表现在极强的细胞特异性和高度的时空动态性。如何高通量地获取发育调控相关数据（如基因表达、细胞形态、亚细胞定位、分化状态、细胞类型等），如何有效地整合多个层次的数据来构建全景式、多维度的调控网络是当前发育生物学和生物信息研究领域的重要问题。

8. 疾病调控网络

疾病调控网络包括两层含义：第一，构建并解析疾病相关过程的调控网络，其研究策略与发育调控网络类似，主要聚焦疾病产生和发展的网络调控机制解析；第二，疾病调控网络在很多时候特指解析不同疾病之间关联的研究，注重疾病之间的内在网络关系。构建疾病间网络的基本原理为：如果两类疾病具有相似的相关基因，这两类疾病可能存在内在关联，在疾病调控网络中相互连接。长期以来，人类疾病一直是根据经验表型特征来分类的，如症状表现、病理解剖及病理生理学特征等。随着研究的深入，从早期的致病基因的图位克隆到后来发展的全基因组关联分析促进了大量人类疾病相关基因的鉴定和发掘，疾病-基因的关联也在很大程度上得到阐明。目前，已有多个公共的疾病-基因关联数据和基因缺陷数据的资源库，为全面解析疾病之间的内在关联提供了丰富的数据资源。通过整合多方面数据，研究人员发表了多篇疾病-疾病相互作用网络的论文，深入探讨基本网络的性质，并从医学的角度解析人类疾病调控网络的特性与意义。构建人类疾病调控网络是挖掘疾病与疾病、疾病与基因间联系的有力手段，为揭示疾病间的因果关系和疾病相关基因的特性提供了新视角。解析疾病调控网络，不仅有助于阐释不同的疾病表型特征是如何在分子水平上发生联系的，也有助于理解为什么某种疾病群会同时出现，为疾病的分类及亚型分析、共同发病率等研究提供新的见解。此外，将疾病-疾病网络与疾病-药物网络有机整合也有助于新药物的研发。例如，通过分析相互关联的疾病，有可能发现已经批准的药物治疗其他疾病的可能性。此外，还可为临床实践提供指导。随着疾病相关信息日益丰富，开发新的文本信息挖掘算法，可以完善对疾病调控网络的构建和解析，将有利于更加精准、全面地理解疾病之间的关系。

（二）生物建模领域研究进展与发展态势

生物调控网络的构建实现了系统地认知生命活动调控过程中的重要组分、节点及其调控因素。在此基础上，一个重要的任务是基于调控网络，综合生物学、数学、物理学、计算机科学等学科知识实现构建生命活动的定量模型，模拟生命活动的发生与发展，并预测多种条件下细胞和机体的状态与功能。将生物实验的机理抽象为相应的物理与数学模型，是目前系统生物学与生物信息学的主要任务之一。围绕上述内容，研究人员建立了多个生物建模与模拟的生物信息学算法和工具，极大地推动了对生命活体调控规律的认知。

目前生物建模与模拟的研究主要包括但不局限于以下 8 个方面。

1. 生物分子结构、功能与相互作用建模

实现对生物分子功能的解析和干预的一个途径是对其结构、功能与相互作用开展建模和模拟，主要包括分子模拟和分子对接。分子模拟是利用计算方法在原子水平对分子的结构与行为进行模拟，对于理解生物分子的结构和功能关系及预测药物靶点具有重要参考价值，广泛应用于生物医学。分子动力学模拟（molecular dynamics simulation）可以对蛋白质构象变化、配体结合等重要的生物学过程进行建模，也可用于在原子水平研究分子的结构和功能，如突变、磷酸化（phosphorylation）和去磷酸化等对生物大分子的影响。分子对接是指对蛋白质大分子-配体小分子、蛋白质-蛋白质或蛋白质-核酸的相互作用进行建模，得到相互作用的最佳结合模式。无论是分子模拟还是

分子对接，都需要详细的蛋白质三维结构信息，然而目前还有很多蛋白质的结构尚未被解析，预测蛋白质的结构也成为重要的研究内容。利用已知的蛋白质结构作为模板的同源建模是目前预测蛋白质三维结构的最成熟可靠的研究手段之一，随着人工智能的发展，机器学习成为预测蛋白质结构的新利器。2020 年，谷歌旗下公司 DeepMind 开发的深度学习算法 AlphaFold2 可以精准地预测蛋白质三维结构，其预测精确度与实验晶体结构相当，为高效地预测蛋白质结构和深入地理解蛋白质折叠机制奠定了坚实的基础。

2. 转录调控建模

转录调控是基因表达的关键步骤，也是研究基因表达调控的基础。随着单细胞测序和空间转录组技术的发展，目前已经能够实现在较高精度下测量基因的转录水平的变化，为高精度的转录调控过程的数学建模奠定了数据基础。同时，不断丰富的数学模型及不断更新的转录调控模型也为转录调控建模提供动力。数学、物理学、计算机科学等与生命科学的融合，涌现了多个构建转录调控的理论模型和相应算法，包括微分方程（differential equation）、布尔网络（Boolean networks）、贝叶斯网络及神经网络等。上述模型在不同的应用场景中各有优势。例如，在布尔网络模型中，网络中的每个基因有开、关两个状态；布尔网络简单易懂，但是其解析精度有限，难以完成复杂生物过程的建模过程。基于贝叶斯网络的模型大大拓展了所构建网络的丰富度，但是同时网络模型的构建难度也相应加大。此外，越来越多的研究通过构建神经网络开展了转录调控建模，神经网络方法凭借其稳固性和可拓展性强等优点，在转录调控网络建模方面也有着优良的表现。此外，支持向量机、深度学习、强化学习等方法不断引入，使得模型构建的精度及模型的准确性都得到了相应的提升。可以预计，合理地利用这些方法构建转录调控网络，预测转录调控规律并结合实验进行验证，将极大地促进对转录调控过程的理解。

3. 细胞建模

细胞建模应用现代物理学、数学及计算机科学原理，并结合生物学知识，旨在构建一个虚拟的细胞体系，助力生物学动态过程的研究和模拟，探索生物学现象。细胞建模过程中首先需要将生物学假设转化为数学规则，并采用规则指定细胞行为和细胞间相互作用，之后再进行模拟实验以确定这些假设下的模拟预测结果，并将预测结果与得到的新的真实数据进行比较，最终确认、拒绝或迭代地改进最初假设。作为细胞建模的重要代表，虚拟细胞的概念诞生于20世纪90年代末，它建立了一种新的研究范式。1997年，日本科学家首次开发了用于虚拟细胞建模的软件E-Cell，并成功构建了包含127个基因的虚拟细胞，可以完成包括转录、翻译、能量代谢和跨膜运输在内的一些复杂细胞过程。此后，美国科学家建立了以真核细胞为研究基础的虚拟细胞（Virtual Cell）模型，并且借助2D和3D影像加入细胞结构学和形态学上的模拟。随后，一系列更复杂、针对性更强的细胞模型被纷纷建立。随着人工智能技术在生物学领域的广泛应用，2018年，艾伦细胞科学研究所科学家基于深度学习神经网络技术开发出了整合细胞（Integrated Cell）模型，实现了从显微图像中识别细胞的超微结构，并构建更为精细复杂的细胞模型。细胞建模在疾病相关研究及诊断治疗过程中具有极大的应用前景和传统实验手段难以替代的优势。根据特定细胞类型构建的虚拟细胞模型为新药研发和药物筛选提供了廉价的实验对象，大大减少了对实验动物的使用，降低了成本。在疾病诊断方面，虚拟细胞的加入可以帮助探索疾病发病的过程和机理，辅助疾病诊断与治疗。目前，细胞建模研发仍面临着诸多挑战。首先，我们对细胞的结构和功能的了解还远远不够，现有数学模型难以全面描述细胞的调控机制。其次，计算机的运算速度仍然存在很大的限制，模拟百万甚至上亿个原子所成的蛋白质在微秒级的运动耗费至少几周时间，对细胞的功能及多个细胞所构成的生物系统进行模拟所面临的挑战可见一斑。我国虚拟细胞的研究尚处于初级阶段，但近年来随着我国在超级计算机研制、组学和生物技术等领域取得的长足进步，可以预期，我国在不久的将来将建立起自己的虚拟细胞研发平台，实现在虚拟细胞研究领域紧跟甚至引领时代发展潮流的目标。

4. 生物力学建模

生物力学是研究在受力条件下有机体组织细胞产生形变、运动并探索其在正常或病理状态下反应机理的科学。细胞可以通过机械力来探测其所处环境，执行对应的生物学功能；因此，解析诸多生命过程中的力学性质十分重要。生物力学建模的研究范畴包括不同发育阶段的细胞力学性质变化、正常和病理状态下细胞力学变化、细胞在不同生理环境中的变化和处理前后的力学特性变化等。研究人员发展了多项实验技术（如原子力显微镜、光镊等）来测量细胞的力学特性，进一步利用计算建模和模拟方法，如连续介质模型［如皮层壳-液体核模型（cortical shell-liquid core model）和两相模型等］和微结构模型（如开孔泡沫模型）来测量细胞的力学响应。研究证实，许多人类疾病的发病机理是由细胞的结构和力学性质的偏差，以及反常的力学信号转导所导致的。此外，细胞力学特性的变化可能与疾病的产生和发展有关。例如，胶质瘤的侵袭性和患者的预后与细胞外基质的刚度有关，因此细胞外基质的力学结构特性可以作为治疗干预的靶点，以破坏生物力学驱动的神经胶质瘤侵袭。小鼠纤维原细胞及人的乳腺上皮细胞的力学特性随着癌症病情的恶化而改变，癌变后人上皮细胞的弹性模量要比正常细胞低一个数量级。细胞力学建模也为人类如何更好地适应极端环境，如宇航员适应微重力等提供重要参考。在生物力学研究领域，众多新的研究方向正在不断涌现，如干细胞生物力学建模等。可以预计，生物力学建模将成为生物医学工程领域一个主流的学科。

5. 细胞竞争建模

细胞竞争是指在相同环境中生存的一部分细胞被具有更高适应性水平的细胞包围而淘汰，是一种更替细胞的“适者生存”机制。在该过程中，适应性较低的细胞主动或被动地从组织中清除，竞争胜利细胞通过增殖填补失败细胞消除后产生的空缺以完成种群取代。在最简单的竞争模型中，细胞为有限的生存因素而竞争，如营养物质或生长因子。最著名的例子是，神经细胞通过竞争有限的神经生长因子，导致近一半的细胞被淘汰（Deppmann，2008）。除有限外界条件导致的被动竞争外，细胞间还存在着主动竞争，即细胞能够通过细胞间的交流直接比较健康水平，竞争失败的细胞会发生凋亡。对细胞竞争进行系统认知有望为组织器官功能退化、衰老及肿瘤的治疗和干细胞替代疗法提供理论指导。例如，研究人员发现，通过细胞竞争机制，一群“精英”细胞从异质群体中脱颖而出重编程为干细胞，该研究为再生医学研究提供了重要参考。细胞自动机（cellular automata）被广泛地应用于细胞建模中，该方法可以通过输入简单的细胞行为规则来实现对一群细胞生命过程的模拟，尤其适合用于细胞竞争研究。该方法首先赋予一小群细胞特定的状态和特性，随后指定这些细胞按照简单的规则进行生长、分裂和相互竞争。虽然科学家已经阐明一些特定的细胞行为并初步揭示背后的作用机制，但距离真正建立精确的竞争模型并对其进行系统模拟，仍有一段距离。不难想象，如果能够有效地构建肿瘤细胞竞争优势模型并对其进行精准的干预，将为开发高效的肿瘤治疗和干预方案提供重要参考。

6. 发育过程建模

发育过程包含大量行为和功能高度动态变化的细胞，实现对重要发育过程的建模和模拟是建模领域的重要研究内容和难点。异常的发育往往导致出生缺陷和发育疾病的产生，因此发育过程建模在转化医学中具有重大的应用前景。发育过程主要包括细胞的增殖、分化及组织器官的形态建成。围绕上述过程，研究人员在大量实验数据的基础上运用计算模拟的方法构建了多个发育过程的结构、功能和调控模型。在3D结构建模方面，研究人员结合海量的图像数据和3D重建方法，对发育中人脑的三维模型和早期胚胎发育过程进行了结构模型构建，为系统理解生物体的复杂结构奠定基础，并为基于3D打印的器官再造提供参照。在功能与调控建模方面，研究人员构建了多个细胞增殖、分化和形态建成的模型，在一定程度上实现了系统地再现重要发育过程的发生、发展与调控。在细胞增殖方面，研究细胞增殖和周期的精确调控网络对生物体的器官大小和稳态维持至关重要。研究人员根据癌细胞的病变机理对模型做了优化，分析模型的系统稳定性及影响其稳定性的参数条件。通过参数估计和模拟仿真，明确了可诱导癌细胞停止分裂而正常期细胞继续分裂的可能参数，为肿瘤生长的控制提供了一定参考。在细胞分化方面，细胞命运抉择受胞内分子调控网络与微环境的共同影响。因此，运用动态建模的思想，从系统的层面分析复杂的生物分子网络如何运作，为理解细胞命运抉择和分化提供新思路。研究人员聚焦特定的细胞命运调控过程，基于动态建模理论，构建多个非线性动力学模型，并应用其解析和模拟了细胞命运抉择过程。在形态建成方面，研究人员基于系统的表型测定、动力学模型选择和参数估计，构建了多个形态建成过程的模型，如细胞极性形成和定向迁移、形态发生素（morphogen）梯度形成、器官形状形成的动态模型等，为理解生物体如何形成特定的有功能结构提供重要帮助。此外，研究人员还以多种农作物为模型，构建了水稻（*Oryza sativa* L.）、玉米和小麦等作物形态建成和虚拟生长模型，为作物的增产和能量有效利用提供理论依据。

7. 疾病传播/传染建模与病原－宿主相互作用建模

传染病是严重影响公共卫生安全的传播性疾病。近几十年来，大量传染病暴发，如艾滋病、严重急性呼吸综合征（SARS）、埃博拉出血热、寨卡病毒疫情及2019年底暴发的新冠病毒感染。传染病的传播受到包括病原体本身的变异性、外界传播途径的多样性、病原－宿主相互作用方式的多元性等多种复杂的内外因素共同影响，使得传染病的传播具有一定的不可预测性。面对复杂的传播疾病，数学建模为理解传染病传播模式及为全球卫生决策的制定和评估提供了重要的参考工具。完善的传染病模型有助于预测和衡量传染病传播所涉及的多因素，帮助弥补从大量人口和困难环境中取样所导致的数据不完整性。此外，建立有效模型可帮助权衡不当的干预措施，对必要的措施进行改进或者规避错误，评估不同措施的有效性；或预测不同干预方法下未来疾病的增长模式等。数学建模的建立对阐明传染病的发生和传播途径至关重要。例如，基于艾滋病的数学模型，我们了解到病毒在感染过程中何时发生传播，为阻断传播的措施制定提供参考。针对全球暴发的新冠病毒感染，数学建模成功预测了新冠感染在全球范围内暴发的风险，为及时采取干预措施提供了指导。但是目前模型和数据的及时共享仍然是限制疫情及时响应和政策制定的关键因素。将资源共享和模型构建纳入到预防传染病政策的制定过程中，将极大地推进国际社会对各大传染性疾病的控制、消除和根除工作。

8. 种群与生态建模

种群生态学的一个基本目标是研究种群动态，即种群规模随时间的变化，了解种群数量如何受空间环境影响。研究种群动态的一个重要目标是建立种群动态模型并确定种群结构与种群数量间的动态关系，分析种群数量减少的原因，指导制定有效干预方案，达到保护特殊种群的目的。近年来，综合种群模型得到了较为广泛的应用，其核心是通过构建群体结构模型和计算已有数据集的似然性，将种群大小和群体结构变化速率联系起来。随着观测技术的发展，除了上述数量及结构模型，研究人员逐渐加强了对种群空间动态的研究。其中，异质种群模型影响最为广泛，其核心思想是物种分布在多个生境斑块中，且能够在不同的斑块间进行迁移。研究人员开发出了一系列对生境具体化和现实化的模型，广泛用于生态学研究中。比种群更为宏观的概念是生态系统，涵盖种群及环境。生态建模运用系统分析的原理，建立生态系统中多个种群间、种群与环境间相互作用的模型，并模拟生态系统的行为和特征，达到揭示种群演化规律的目的。近年来，生态模型研究主要关注于构建种群动态模型，并同时考虑种群结构、种群迁移、各物种对环境的竞争等因素。种群与生态建模对物种保护、农业生产、环境治理和生物安全等具有重要的指导意义，如有效改善濒危物种的生存环境，利用植物吸附和富集微量重金属来实现环境自我修复、物质循环再生和资源多层次循环利用等。

二、重大科技需求

（一）实现对复杂生命过程的系统解析与认知

复杂的生物系统和生命活动的调控包括多个组织结构层级，生物分子的功能经过多个层级逐级发挥，最终表现为执行特定生物学过程。大量生物分子的功能并非独立，而是形成了复杂、动态的相互作用网络。传统的研究范式大多聚焦于特定的分子，并开展深入的机制研究，这对快速理解某一特定生物学过程的调控起到了积极且重要的作用。但仅仅聚焦特定的生物分子和特定的时期或细胞，难以获得对生物学过程的系统认知。将系统生物学和调控网络研究思想和策略应用到复杂生物学过程的分析中已经成为当前生命科学领域大量研究人员的共识，包括两大层次：第一，应用高分辨率、高通量实验方法，结合生物信息学数据处理方法来精细地绘制调控网络；第二，应用网络生物学研究思路，从网络性质出发，实现系统地理解并预测复杂生物学过程的发生、发展和动态变化。可以预计，从调控网络的角度入手来重新审视和解析一些复杂的生物学过程，有望为多个生命科学研究领域带来研究范式的转变、概念上的突破和认识论上的飞跃。很多复杂的生物学过程尤其适合从调控网络的角度开展研究，包括但不局限于以下方面：早期胚胎发育、干细胞及其微环境、细胞命运决定与定向分化、细胞命运重编程、组织器官形态建成、组织器官损伤修复与再生、神经系统发育与环路形成、大脑功能、免疫系统功能、组织器官衰老、心血管疾病、神经退行性疾病、癌症发生与转移等。

在从网络的角度理解复杂的生物学过程的基础上，未来研究重点是综合生物学、数学、物理学、信息学、计算机科学等学科知识，实现构建生命活动的数学模型，模拟生命活动的发生与推演，并预测多种条件下细胞和机体的状态与行为。成功的建模将实现对复杂生物学过程从描述到操控的转变，是真正理解生命调控机制和逻辑的重要标志。通过生物建模和模拟将实现以下目标。第一，通过对生物学过程相关知识的综合和探索，形成全面的或新的概念框架；第二，实现对生物系统未知条件下的行为和功能进行精确的预测。因此，针对一些复杂的生理和病理学过程开展生物建模和模拟，建立相应的语言描述模型、概念或图解模型、物理模型、数学形式模型、统计和人工智能模型，将会为生命科学研究走向定量化、智能化带来巨大的推动作用。

（二）实现精准的疾病预防、诊断与治疗

长久以来，人类不断与各种疾病做斗争，积累了各种疾病的致病机理及治疗方法。特别是自基因组测序技术发明以来，人们对疾病诊断的敏感性和治疗手段的精确性达到了前所未有的新高度。除了生命科学本身的快速发展，计算机科学、数学、统计学等学科的交叉融合，使得准确评估并预测疾病的发生、发展、传播及其与人类生态环境的关系成为可能，因此，运用生物网络和生物建模的最新成果，实现对重大疾病进行更精确、更个性化的诊断和治疗方案确定，将对精准医疗带来重要推动作用。

在疾病的预防和诊断方面，仅仅针对单个基因的治疗方案往往难以全面认知疾病的发生发展过程。多基因、多层次的基因网络解析为更有效的疾病预防和诊断提供新策略。通过对疾病发生调控网络的深入剖析，确定与疾病发生高度关联的网络模块，进行疾病的早期诊断，可以有效阻止疾病在早期阶段的持续发展，同时，也大大提高了疾病分类和分型的准确性，有利于更为精确地制定治疗方案。在疾病治疗方面，在某种意义上，人体可被视为一个具有多重精确功能的复杂调控网络，具有多重稳态特性。如果受到某些难以自调节的干扰（如重要基因的突变或病原体侵入），人体将进入另一种“非

正常”的稳定状态，导致疾病发生。由于调控网络具有高度的稳定性和适应性，因此，从一种稳定状态（病态）到另一种稳定状态（常态）的转变绝非易事，该特性对疾病的认识和治疗具有重要的指导作用。深入解析诱发疾病产生的调控网络，并对其动力学特性进行深入分析，识别关键节点（基因）和模块（多个基因形成的稳定关系），建立疾病发生过程的模型并进行模拟，有望为确定最简便、最优化的疾病治疗方案提供重要指导。

（三）推进高效、理性与智能化的新药研发模式

分子模拟技术与人工智能的结合，正在并将持续、有力地影响药物分子设计、药物虚拟筛选和先导化合物优化，推动新药研发向更为高效、理想和智能的模式发展。

在药物分子设计方面，作为计算机辅助药物设计的核心技术，分子对接是通过模拟小分子化合物与生物大分子的结合方式和结合能力，来预测具有潜在药效的小分子。建立新型的分子对接算法，实现更准确、快速地解析药物分子与靶点间的分子间相互作用，对合理药物设计和副作用评估具有重要意义。由于分子模拟手段的改进和人工智能技术的逐步成熟，药物研发进入理性药物设计阶段，即根据生物学知识和已有研究结果，基于潜在药物分子（如酶、受体、小分子化合物等）的作用机理，参考其他类似药物分子的结构，设计合理的药物分子，从而发现可作用于特定靶点的新药。基于成功的分子建模和模拟，人工智能作为目前最重要的变革技术之一将扮演重要角色，并有可能颠覆药物设计和研发的范式。人工智能技术利用海量数据和机器学习方法，通过对现有的药物结构功能相关的大数据进行深度学习，设计针对特定靶点的药物分子并预测潜在生物活性。此外，人工智能方法还可以提出新的可以被验证的假设，并根据药效对化合物进行多轮智能筛选，确定适合于临床研究的候选药物。不难想象，这些方法将大大加快新药的研发进程，并用于预测新药的疗效和评估安全性风险。

在药物虚拟筛选方面，药物筛选涉及从大量可能成为新药的候选分子中筛选获得对特定靶标具有高活性的分子，并进行生理活性物质检测和试验，以发现其药用和临床使用价值，为新药的开发提供初步参考。实体药物筛选过程成本高、效率低且假阳性高，造成了新药研发的高成本。基于分子建模

和人工智能的虚拟药物筛选有望改善这一现状，展示了良好的应用前景。该过程将实验过程虚拟化，其通过计算分析开展预先筛选，大大减少了实际筛选出的药物分子数目，从而提高先导化合物发现的效率。虚拟筛选可以从大量的化合物库中迅速地预测出具有潜在活性的药物小分子，是创新药物研究的新方法。因此，分子对接与机器学习的结合有望显著提高新药研发效率。

在先导化合物优化方面，在药物研发过程中，通过分子模拟、虚拟筛选或基于高通量的实验可以获得"潜在化合物"，将其进一步优化得到先导化合物。为了保持药物的药效，同时减少其可能存在的任何缺陷，需要对先导化合物进行进一步优化，包括结构稳定性、作用特异性及毒副作用等。分子模拟和人工智能方法的不断优化，将对先导化合物优化过程的准确性、可靠性和效率带来巨大的提升。

（四）加速农业动植物新品种改造与设计

基因组学、功能基因组学、调控网络解析和模拟、合成生物学、转基因及基因组编辑技术的迅速发展极大地推动了动植物新品种培育和改造过程，推动了育种行业进入品种分子设计的新时代。高产、抗病、抗逆、理想株型、优质、营养成分高等许多优良性状都是由主效基因和众多微效基因及下游功能基因组成的调控网络决定的。优良性状形成的调控网络是高效品种分子设计的基础，解析其调控网络一方面有利于优质性状的快速获得和繁育，另一方面也有利于多个优良性状的聚合过程。诸多性状存在复杂的内在关联和相互制约，极大地限制了优良品种的培育。例如，"高产和优质难兼得"是长期困扰水稻育种的一个重要难题。导致上述问题的主要原因在于对相关性状形成的调控网络和机制的研究相对滞后。基于此，深入解析多个优良性状形成的网络生物学基础，鉴定重要的调控基因和网络模块，基于建模和模拟方法筛选基因聚合方式，并利用最新的基因组编辑技术，有望更为高效地获得具有某个或多个优良性状的新品种，推动分子育种的发展。目前，作物优良性状的调控网络解析已经广泛开展并取得了重要进展；相比之下，农业动物调控网络的解析和关键性调控模块的挖掘和应用还处于起步阶段，具有广泛的发展空间。

（五）为保障生物安全提供理论支持与指导

生物安全是指人类健康、生物生存和生态系统不受到生物威胁和生物技术的侵害。生物安全是一个全球性的问题，我国对生物安全高度重视，并将其纳入国家安全体系。生物建模的一个重要优势是不仅可有效量化正常环境条件下生物个体、群体乃至生态体系的状态与功能，更重要的是可以预测在不利环境下的生物个体与群体的功能与适应性，并为生物安全的保障提供理论支持。近年来，全球遭受了疫情的严重影响，凸显了生物安全问题的重要性和严峻性。基于对病毒传播进行数学建模的方法，可以预测疾病的出现、预警疫情的暴发，以及预测疫情的拐点，从而为疫情防控措施提供积极的建议。

生态系统复杂且动态，对其进行建模有助于人类认识并维持生态环境的稳定性。种群生态动力学模型是研究生态系统的最成熟的模型之一，可以揭示种群的生长和繁育规律，预测种群将来的发展状态，为种群的平衡发展提供重要的理论依据和技术支持。外来物种的入侵不仅可能会危害当地生物的生存，破坏生态环境的多样性，甚至会威胁人类的健康。通过生物建模的方法，并设置合理的参数，可以找到外来物种扩散和传播的规律，为治理提供有效的理论依据。生物技术的开发与应用也会给人类或生态环境造成潜在的威胁，因此我们还需要建立相应的评估与预警模型，认识、防范并应对潜在的风险。

第四节　未来5～15年的关键科学与技术问题

一、存储运算能力提升及新算法和工具开发

生命活动的调控过程极其复杂，涉及数万个基因、数十万种蛋白质分子及其多种修饰方式在万亿数量级的细胞中的功能。因此，实现对生物调控网络的规模化解析、建模和模拟需要有与之匹配的高效存储和运算能力。生物学大数据占据大量的存储空间，如何有效地存储、检索、可视化和共享大数据已经成为制约生物网络解析和建模的瓶颈。虽然目前已有多种算法和工具可用于生物网络分析和建模，但是适用于不同类型的生物数据分析的新算法

和工具有待加强。目前，分子水平（如基因表达、蛋白质表达、代谢物等）的数据呈现快速增长的态势，相应的工具已经建立，但是在其他调控层级（如细胞和组织器官水平）的网络构建方法和建模方法亟待加强。此外，当前的算法和工具大多基于当前的数据形式，而在生物数据呈现爆发性增长的情况下，如何开发更为高效智能的算法是一个需要关注的问题。

二、从现象描述到功能拟合和规律揭示

当前调控网络的解析工作大多停留在描述阶段，如构建某一条件下的基因共表达网络、蛋白质-蛋白质相互作用网络、代谢网络、遗传相互作用网络、细胞相互作用网络等，虽然这些网络的构建可有效地穷尽生物分子之间的复杂关系和相互作用模式，也是理解复杂生物学过程重要的第一步，但是，如何从这些网络数据中更为有效地获得生物学调控相关的信息和知识，以更好地拟合生物学功能，凝练生物调控的共性规律是下一阶段需要大力开展的研究内容。一方面，通过严谨的实验设计可以部分解决这个问题，如比较正常和异常个体的调控网络的区别，有助于发现重要的功能相关调控关系。另一方面，生物功能相关的表型数据的采集、分析和建模亟待加强。表型数据往往更能反映生物体的功能状态。目前，研究中存在着极大的不平衡，即分子动态变化的高通量数据采集和分析的能力远远强于细胞、组织和个体水平表型数据采集和分析能力。不同层级的调控对认知生物学过程均十分重要，因此在网络分析和建模过程中增加并综合利用多个层次的生物学数据和信息以更好地拟合生物功能并发现调控规律，是当前亟须发展的重要方向。

三、多学科交叉与合作

生物调控网络解析和生物建模涉及多个学科的专业知识，因此，加强多学科交叉与合作将对该领域的发展发挥重要的促进作用。在很多情况下，目前相关工作大多分而治之，在各自领域独立开展。例如，生物学家为了各自的研究目的获得一些高通量的实验数据，而其他领域的生物信息学研究人员通过数据检索和文献查询获得异质性高、完整性差的生物数据来开展网络解

析和建模的探索。短期内，这种模式会对领域的发展起到一定的促进作用，但往往难以达到预期的效果。生物学家对特定的生物学过程有深刻的理解，但是缺乏网络解析和生物建模所需的统计学、数学、物理学和计算机科学相关背景；而具有上述背景的研究人员往往对生物学问题的理解深度较专业人士尚有距离。这在一定程度上导致了很多生物调控网络与生物建模的研究不深入，以生物学家为主导的相关研究大多停留在网络描述阶段，“调控网络”这个词语虽然被广泛使用，但实质上仅仅是多种调控关系的简单罗列，并未形成生物学概念上的突破。以应用数学和生物信息学为主导的研究往往停留在对生物调控网络的理论分析和建模方法学层面，少有能结合具体的生物学过程开展深入的分析。目前，较少有研究通过系统的实验和数据分析设计，针对重要的科学问题，由多个领域科学家紧密合作完成从数据采集到后续一系列分析，真正达成对生命活动的全新的理解。导致这一现状的一个主要原因是不同领域的科研人员往往视角和侧重点不同，用不同的语言描述同一问题，存在沟通方面的困难，而精通多个学科的人才稀有，这成为阻碍这一领域快速发展的壁垒。一个可能的解决方案是，参考其他国际合作计划的运行模式（如人类基因组计划、DNA 元件百科全书计划、癌症基因组计划等），聚焦重要的具有代表性的模式生物学过程，设定一些有关生物网络解析和建模的研究计划，通过计划的开展：一方面，可以孵育一批合作团队，为将来在该领域的进一步深入合作奠定基础；另一方面，也需要培养一批具有该领域专门知识的人才队伍。

第五节　发展目标与优先发展方向

一、多层次调控网络的构建、解析与整合

生命活动的调控具有多个组织结构层次，包括分子、细胞、组织、器官、个体、群体和生态等，每个层次的调控网络有其各自的特性和功能。构建、

模拟并系统整合各个层次的调控网络以实现系统地理解生命现象调控规律是下阶段研究的重点和挑战。目前，关于调控网络的整合大多聚焦在分子调控网络方面，如整合基因表达和蛋白质-蛋白质相互作用网络等，智能化地整合分子与细胞调控网络、细胞与组织器官调控网络是下阶段有待进一步发展的方向。

二、细胞及更高层次调控网络的构建与解析

如前所述，目前关于调控网络的研究大多聚焦于分子层面，一方面是由于基于核酸和蛋白质的高通量方法在近年来得到了迅速的发展并积累了大量的数据，另一方面是由于分子调控网络的主体是基因及其产物，长期的研究积累形成了比较成熟的研究范式。在分子水平之上，细胞及更高层次的调控网络对于理解生命现象同等重要，分子网络最终影响细胞的行为和功能，并通过细胞及其他层次的调控网络影响组织器官和个体的功能。目前，构建细胞及更高层次的调控网络尚无成熟的研究范式，是亟须发展的重要方向。随着成像和单细胞技术的发展，有关细胞及更高层次调控网络的信息将会越来越丰富，如何获取并利用细胞相关的表型和功能数据，发展通用的细胞注释比较系统，构建细胞和更高层次的调控网络成为生物调控网络研究领域下一阶段的关键科学问题。

三、特异性调控网络的解析

虽然调控网络能概述生物学过程的全貌，但是生物学现象呈现极大的异质性和噪声，因此一个综合性的调控网络不足以表征生物学过程在细胞间、个体间、群体间的变异。为了系统地理解生物学过程，在一般性调控网络构建与解析的基础之上，进一步开展特异性调控网络的解析十分必要。构建并解析细胞特异性调控网络、组织特异性调控网络、个体特异性调控网络、性别特异性调控网络、人种特异性调控网络、品种特异性调控网络等是下一阶段发展的关键科学问题和方向。

四、基于细胞的建模新方法的建立与应用

目前关于生物建模和模拟的工作在两个层次上开展得比较多并取得了多项成果，一个是在分子层次，另一个是在群体和生态层次，而在生物调控的中间层次，即细胞、组织及器官层面的建模工作相对较少。细胞是组成生命体的基本单元，同时也在多个层级中处于中间地位，尤其适合于建模和模拟，并以此为基础以中间向外的方式辐射其他的调控层级。实现成功的细胞建模和模拟将为复杂的多细胞参与的生物学过程的研究奠定重要的基础。因此，推动基于细胞建模的新方法开发，并应用于多个生物学过程的建模和模拟分析是生物建模研究领域的一大关键科学问题。

本章参考文献

Barabási A-L, Oltvai Z N. 2004. Network biology: understanding the cell's functional organization[J]. Nature Reviews Genetics, 5: 101-113.

Bracken C P, Scott H S, Goodall G J. 2016. A network-biology perspective of microRNA function and dysfunction in cancer[J]. Nature Reviews Genetics, 17: 719-732.

Camacho D M, Collins K M, Powers R K, et al. 2018. Next-generation machine learning for biological networks[J]. Cell, 173: 1581-1592.

Cao J, Guan G, Ho V W S, et al. 2020. Establishment of a morphological atlas of the *Caenorhabditis elegans* embryo using deep-learning-based 4D segmentation[J]. Nature Communications, 11: 6254.

Chen J Y, Zhang S H. 2016. Integrative analysis for identifying joint modular patterns of gene-expression and drug-response data[J]. Bioinformatics, 32: 1724-1732.

Cox J, Mann M. 2011. Quantitative, high-resolution proteomics for data-driven systems biology[J]. Annual Review of Biochemistry, 80: 273-299.

Deng J, Zuo W, Wang Z, et al. 2012. Insights into plant size-density relationships from models and agricultural crops[J]. Proceedings of the National Academy of Sciences of the United States of America, 109:8600-8605.

Deppmann C D, Mihalas S, Sharma N, et al. 2018. A model for neuronal competition during development[J]. Science, 320: 369-373.

Fang C, Ma Y M, Wu S W, et al. 2017. Genome-wide association studies dissect the genetic networks underlying agronomical traits in soybean[J]. Genome Biology, 18: 161.

Feng G H, Tong M, Xia B L, et al. 2016. Ubiquitously expressed genes participate in cell-specific functions via alternative promoter usage[J]. EMBO Reports, 17: 1304-1313.

Greene C S, Troyanskaya O G. 2012. Chapter 2: data-driven view of disease biology[J]. PLoS Computational Biology, 8: e1002816.

Gunawardena J. 2014. Models in biology: 'accurate descriptions of our pathetic thinking' [J]. BMC Biology, 12: 29.

Hartmann J, Wong M, Gallo E, et al. 2020. An image-based data-driven analysis of cellular architecture in a developing tissue[J]. eLife, 9: e55913.

Heesterbeek H, Anderson R M, Andreasen V, et al. 2015. Modeling infectious disease dynamics in the complex landscape of global health[J]. Science, 347: aaa4339.

Hu Z M, Shi H, Cheng K L, et al. 2018. Joint structural and physiological control on the interannual variation in productivity in a temperate grassland: a data-model comparison[J]. Global Change Biology, 24: 2965-2979.

Karlebach G, Shamir R. 2008. Modelling and analysis of gene regulatory networks[J]. Nature Reviews Molecular Cell Biology, 9: 770-780.

Leonelli S. 2019. The challenges of big data biology[J]. eLife, 8: e47381.

Li H, Rukina D, David F P A, et al. 2019a. Identifying gene function and module connections by the integration of multispecies expression compendia[J]. Genome Research, 29: 2034-2045.

Li L J, Wang Y, Torkelson J L, et al. 2019c. TFAP2C- and p63-dependent networks sequentially rearrange chromatin landscapes to drive human epidermal lineage commitment[J]. Cell Stem Cell, 24: 271-284. e8.

Li S Y, Wan F P, Shu H T, et al. 2020. MONN: a multi-objective neural network for predicting compound-protein interactions and affinities[J]. Cell Systems, 10: 308-322. e11.

Li X Y, Zhao Z G, Xu W N, et al. 2019b. Systems properties and spatiotemporal regulation of cell position variability during embryogenesis[J]. Cell Reports, 26: 313-321. e7.

Lim C T, Zhou E H, Quek S T. 2006. Mechanical models for living cells–a review[J]. Journal of Biomechanics, 39: 195-216.

Liu C, Ma Y F, Zhao J, et al. 2020. Computational network biology: data, models, and applications[J]. Physics Reports, 846: 1-66.

Lopatkin A J, Collins J J. 2020. Predictive biology: modelling, understanding and harnessing microbial complexity[J]. Nature Reviews Microbiology, 18: 507-520.

Lu S J, Dong L D, Fang C, et al. 2020. Stepwise selection on homeologous *PRR* genes controlling flowering and maturity during soybean domestication[J]. Nature Genetics, 52: 428-436.

Ma X H, Zhao Z G, Xiao L, et al. 2021. A 4D single-cell protein atlas of transcription factors delineates spatiotemporal patterning during embryogenesis[J]. Nature Methods, 18: 893-902.

McClintock B T, Langrock R, Gimenez O, et al. 2020. Uncovering ecological state dynamics with hidden Markov models[J]. Ecology Letters, 23: 1878-1903.

Mitra K, Carvunis A-R, Ramesh S K, et al. 2013. Integrative approaches for finding modular structure in biological networks[J]. Nature Reviews Genetics, 14: 719-732.

Peng G D, Suo S B, Chen J, et al. 2016. Spatial transcriptome for the molecular annotation of lineage fates and cell identity in mid-gastrula mouse embryo[J]. Developmental Cell, 36: 681-697.

Peng G D, Suo S B, Cui G Z, et al. 2019. Molecular architecture of lineage allocation and tissue organization in early mouse embryo[J]. Nature, 572: 528-532.

Ping Y Y, Deng Y L, Wang L, et al. 2015. Identifying core gene modules in glioblastoma based on multilayer factor-mediated dysfunctional regulatory networks through integrating multi-dimensional genomic data[J]. Nucleic Acids Research, 43: 1997-2007.

Qiu B T, Larsen R S, Chang N-C, et al. 2018. Towards reconstructing the ancestral brain gene-network regulating caste differentiation in ants[J]. Nature Ecology and Evolution, 2: 1782-1791.

Sharpe J. 2017. Computer modeling in developmental biology: growing today, essential tomorrow[J]. Development, 144: 4214-4225.

Sommer C, Gerlich D W. 2013. Machine learning in cell biology–teaching computers to recognize phenotypes[J]. Journal of Cell Science, 126: 5529-5539.

Tian X L, Minunno F, Cao T J, et al. 2020. Extending the range of applicability of the semi-empirical ecosystem flux model PRELES for varying forest types and climate[J]. Global Change Biology, 26: 2923-2943.

Vincent J-P, Fletcher A G, Baena-lopez L A. 2013. Mechanisms and mechanics of cell competition in epithelia[J]. Nature Reviews Molecular Cell Biology, 14: 581-591.

Walpole J, Papin J A, Peirce S M. 2013. Multiscale computational models of complex biological systems[J]. Annual Review Biomedical Engineering, 15: 137-154.

Wilkinson D J. 2009. Stochastic modelling for quantitative description of heterogeneous biological systems[J]. Nature Reviews Genetics, 10: 122-133.

Xin J X, Zhang H, He Y X, et al. 2020. Chromatin accessibility landscape and regulatory network of high-altitude hypoxia adaptation[J]. Nature Communications, 11: 4928.

Xu M, Zhang D-F, Luo R C, et al. 2018. A systematic integrated analysis of brain expression profiles reveals *YAP1* and other prioritized hub genes as important upstream regulators in Alzheimer's disease[J]. Alzheimer's and Dementia: the Journal of the Alzheimer's Association, 14: 215-229.

Yan Y M, Tao H Y, Huang S-Y. 2018. HSYMDOCK: a docking web server for predicting the structure of protein homo-oligomers with Cn or Dn symmetry[J]. Nucleic Acids Research, 46: W423-W431.

Yu L, Wang G-D, Ruan J, et al. 2016. Genomic analysis of snub-nosed monkeys (*Rhinopithecus*) identifies genes and processes related to high-altitude adaptation[J]. Nature Genetics, 48: 947-952.

Yu X T, Li G J, Chen L N. 2014. Prediction and early diagnosis of complex diseases by edge-network[J]. Bioinformatics, 30: 852-859.

Zhao F, Du F, Oliveri H, et al. 2020. Microtubule-mediated wall anisotropy contributes to leaf blade flattening[J]. Current Biology, 30: 3972-3985. e6.

Zhong S J, Ding W Y, Sun L, et al. 2020. Decoding the development of the human hippocampus[J]. Nature, 577: 531-536.

Zhou P, Jin B W, Li H, et al. 2018. HPEPDOCK: a web server for blind peptide-protein docking based on a hierarchical algorithm[J]. Nucleic Acids Research, 46: W443-W450.

Zhu G T, Wang S C, Huang Z J, et al. 2018. Rewiring of the fruit metabolome in tomato breeding[J]. Cell, 172: 249-261.

第六章

组学数据分析

第一节　发展历史与驱动因素

20 世纪末以来，以生物芯片和高通量测序为代表的各种高通量研究方法的开发和普及，使得系统地检测研究对象中某一类的所有分子成为可能，生命科学的研究范式也逐渐从针对单个研究对象（如单个基因 / 蛋白质）向针对一个体系内所有的研究对象转变。2001 年人类基因组测序草图的发表，标志着生物医学研究进入后基因组时代，其典型特征就是各种组学研究方法的出现与普及和海量组学数据的产生。

组学是指生命科学中对某类研究对象的集合所进行的系统性研究，如针对特定样本中的所有核酸、蛋白质、代谢物等，这些研究对象的集合被称为组。常用的组学包括表型组学、细胞组学、基因组学、转录组学、蛋白质组学、代谢组学、离子组学（ionomics）、金属组学（metallomics）等（图 6-1）。

这些组学方法是针对核酸、蛋白质、代谢物、表型等开展的研究，各种组学有各自的针对性，且有层次性和相对独立性。同时，由于生物体内各种物质（核酸、蛋白质、糖、脂质、离子、代谢物）之间是相互关联、相互作用的，各种组学作为系统生物学研究的组成部分，彼此也是相互关联的。近年来的组学研究也逐渐从获得与解析单一类型的组学数据向多组学整合的方向转变。

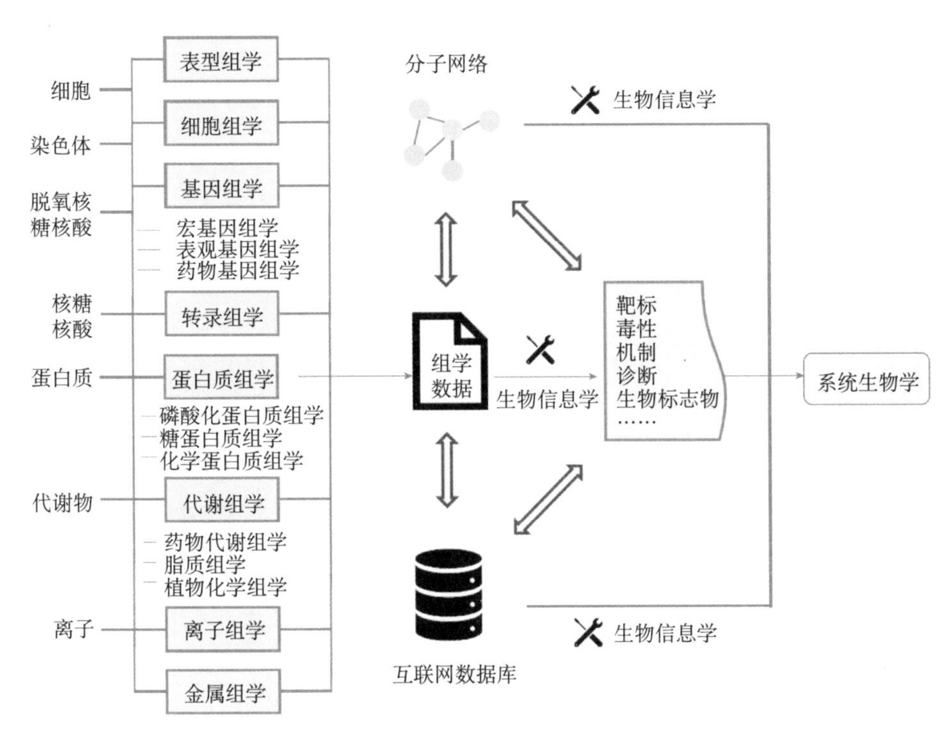

图 6-1　现有组学研究方法总结

过去二十余年来，从组学的角度解读生命现象的优势日益凸显，新的组学研究方法不断涌现并得以广泛普及，组学研究已经在现代生物学、精准医学、药物研发、农学等领域发挥着举足轻重的作用，如基于单细胞测序技术的各种科学发现的获得、DNA 甲基化修饰差异等新型肿瘤标志物的涌现、基于个体基因组差异的精准用药设计等。

组学方法和组学数据本身仅仅会提供研究对象在某一状态下的“全景照片”，而对“全景照片”所蕴含的意义及其中关键元件的解析则在很大程度上依赖于生物信息学。在组学研究中，生物信息学发挥的作用包括：数据收集整理和数据资源库的构建、数据分析方法与软件的开发、数据的整合与解析、关键调控元件挖掘与调控网络构建等。可以说，生物信息学和组学新技术是一种相辅相成、互相促进的关系。组学技术产生的海量数据既需要依赖于生物信息学进行解析，又为生物信息学的发展提供了巨大的原动力，针对组学数据的计算方法与软件的开发和应用已经成为当前国际上生物信息学领域最主要的研究方向之一。另一方面，生物信息学的蓬勃发展也为新的组学技术的开发提供了重要的支撑。

一、政策支持

组学研究已经成为当今生命科学研究中的重要手段，受到各国的广泛重视。自20世纪90年代以来，以美国为主的发达国家相继启动了一系列组学研究相关的国际大科学计划，并在科研项目部署和技术开发方面给予了很多政策支持。

1990年启动的人类基因组计划开启了生命科学领域组学研究的序幕，美国、英国、法国、德国、日本和中国科学家共同参与了这一预算达30亿美元的人类基因组计划。2001年人类基因组序列草图的发布被认为是人类基因组计划成功的里程碑。随后，以美国和英国为代表的发达国家启动了DNA元件百科全书计划、国际千人基因组计划、英国十万人基因组计划等大型组学研究计划（表6-1）。2017年，我国国家重点研发计划精准医学重点专项启动“中国十万人基因组计划”项目，计划绘制“中国人多组学健康地图”。这一系列国际组学计划的实施为理解生命调控规律带来了很多新的启示，也推动了精准医学的发展。

为了支持组学研究的持续发展，发达国家积极实施控制成本及劳动力的策略，全力支持新一代测序仪的研发。尤其是美国，以宣布人类基因组解析工作结束为契机，全面推进人类基因组注释研究，并启动了1000美元基因组计划，其目标为将人类基因组测序的费用降低至1000美元以内，目前已经实现。这一系列政策的实施使得美国在新一代测序仪的研发与推广方面处于绝对主导地位，由此带来了巨大的产业收益，也带动了相关基础研究和转化应用的快速发展。

表 6-1　组学相关的主要国际大科学计划总结

组学研究计划名称	主要内容与参与国家 / 地区	起止时间	网站
人类表观基因组计划（Human Epigenome Project，HEP）	由英国、德国、法国的科学家发起，其目标为鉴定、编目和解释人类所有主要组织中所有基因的 DNA 甲基化模式	1999 年启动	https://www.epigenome.org/index.php
国际人类基因组单体型图计划（International HapMap Project，HapMap）	开发人类基因组的单倍型图谱（HapMap），以描述人类遗传变异的常见模式	2002~2010 年	https://www.genome.gov//10001688/international-hapmap-project
DNA 元件百科全书计划	对基因组功能元件进行解读。由美国国立卫生研究院主要负责。美国、欧洲、新加坡、日本等国家和地区参加	2003 年启动，2017 年开展项目的第四阶段	http://www.encodeproject.org/
人类蛋白质图谱项目（HPA）	通过多种组学技术手段，将人类全部蛋白质在细胞、组织、器官中进行表达定位。该项目由瑞典牵头进行	2003 年启动	http://www.proteinatlas.org/
国际人类蛋白质组计划（HPP）	主要目标是解析人类基因组序列编码的全部蛋白质。中国、美国等 16 个国家参与	2003 年启动	https://hupo.org/human-proteome-project
公共人口基因组计划（The Public Population Project in Genomics and Society，P3G）	将几十万人的基因组解析数据及生活习惯等公共卫生数据编入数据库。与各国正在进行的项目展开合作，共同进行数据分析	2004 年启动	http://www.p3gconsortium.org/
癌症基因组图谱计划（TCGA 计划）	解析数十种癌症的 2 万余个癌症样本的基因组信息。主要由美国的多个组织参与	2006~2014 年	https://www.cancer.gov/about-nci/organization/ccg/research/structural-genomics/tcga
表观遗传组学路线图计划	旨在建立人类表观基因组公共资源数据库，用于分子层面的疾病研究及基础生物学的发展。主要负责单位是美国国立卫生研究院	2008 年启动	https://egg2.wustl.edu/roadmap/web_portal/index.html
癌症基因组联盟	绘制主要癌症的基因组变异目录。美国、欧洲、澳大利亚、印度、中国、日本等国家和地区参加	成立于 2007 年	https://icgc.org/
国际千人基因组计划	通过对不同种族的 2500 余名匿名者的基因组进行测序来解析人类的遗传多样性。以英国、美国、中国为中心	2008~2015 年	http://www.internationalgenome.org/
人类微生物组计划（HMP 计划）	解读人体内多达 1000 种微生物的基因组，美国国立卫生研究所主要负责	2008 年启动，2013 年完成 HMP 计划第一阶段（HMP1）	https://www.hmpdacc.org/
基因组 10k 计划	解读 1 万种脊椎动物的基因组。美国、欧洲、澳大利亚、中国、新加坡等国家和地区参加	2009 年启动	https://genome10k.ucsc.edu/

续表

组学研究计划名称	主要内容与参与国家 / 地区	起止时间	网站
英国十万人基因组计划（UK 10k）	对英国国家医疗服务体系（NHS）的 10 万名患者进行测序，重点放在罕见病和癌症患者	2012 年启动	https://www.genomicsengland.co.uk/about-genomics-england/the-100000-genomes-project/
基因型-组织表达计划 [Genotype-Tissue Expression（GTEx） program]	旨在建立一个用于研究人类不同个体间基因变异与组织表达关系的数据库，由美国主要负责	2010 年启动	https://gtexportal.org/home
跨组学精准医疗计划 [The Trans-Omics for Precision Medicine（TOPMed） program]	针对个人基因组与生活环境展开精准医疗。主要负责单位是美国国立卫生研究院	2014 年启动	https://nhlbiwgs.org/
中国人类蛋白质组计划	以中国重大疾病的防治需求为牵引，发展蛋白质组研究相关设备及关键技术，绘制人类蛋白质组生理和病理精细图谱、构建人类蛋白质组“百科全书”，全景式揭示生命奥秘，为提高重大疾病防诊治水平提供有效手段，为中国生物医药产业发展提供原动力	2014 年启动	—
“我们所有人”研究计划	由美国国立卫生研究院启动，旨在收集 100 万或者更多美国人的健康和保健数据	2018 年启动	https://allofus.nih.gov/
法国基因组 2025（France Génomique 2025）	在法国建立 12 个基因组测序中心及 2 个专门从事基因组知识和数据分析的中心	2016 年启动	https://france-genomique.org/
人类细胞图谱计划	创建人类全部细胞的细胞图谱，作为理解人类健康和诊断、监测和治疗疾病的基础。由美国、英国牵头，多个国家共同参与	2017 年启动	https://www.humancellatlas.org/
中国十万人基因组计划	我国在人类基因组研究领域实施的首个重大国家计划，也是我国实施“十三五”规划的众多举措之一	2017 年启动	—
基因组学健康未来使命	由澳大利亚政府推动的国家级基因组计划	2018 年启动	https://www.health.gov.au/our-work/mrff-genomics-health-futures-mission

在此基础上，基因组之外的其他组学也受到高度重视，如在代谢组学领域，美国食品药品监督管理局启动了应用代谢组学开展植物药安全性研究和药物毒性评价，荷兰专门成立了针对中药的代谢组学研究中心，美国国立卫生研究院在国家生物技术发展的路线图计划中制定了代谢组学的发展规划，并受到相关科研机构和开发机构的重视。在蛋白质组学领域，2003 年启动的国际人类蛋白质组计划是继人类基因组计划之后的又一项大规模的国际性科技项目。首批行动计划包括由中国科学家牵头的“人类肝脏蛋白质组计划”和美国科学家牵头的“人类血浆蛋白质组计划”。“人类肝脏蛋白质组计划”的总部设在中国首都北京，这是中国生命科学领域科学家第一次领导重大国际科技协作计划。

各种组学技术的发展为生命科学研究带来了一场变革，使得生命科学的研究模式由以单一基因 / 蛋白质为研究对象的传统方法向系统解析细胞 / 器官 / 个体总体特征与变化的组学数据驱动型研究范式转变。大规模的组学研究方法已经被广泛运用到生命科学研究的诸多领域，今后生命科学领域的研究模式将更加趋于横向化的多种组学联合检测方法的应用。组学数据的收集、整理与分析是组学研究的重要组成部分。生命科学研究已经进入以生物组学数据研究为基础，以人口健康为主要落脚点，加速向临床医学转化并不断取得重大突破的高速发展时代。组学研究也是我国生命科学研究的重要发展方向。2016 年 12 月 19 日，《国务院关于印发“十三五”国家战略性新兴产业发展规划的通知》指出，“十三五”期间要大力发展基因组学及其相关技术在医疗、农业领域的应用。未来 5～10 年，生命组学及其关联技术有望迅猛发展，从而推进精准医学、生物合成、工业化育种等新技术的加快演进，生物新经济有望引领人类生产生活迈入新天地。

组学数据资源不仅对生命科学研究具有重要的推动作用，也具有重要的战略价值。长期以来，国际上 3 个最主要的生物信息中心，即美国国家生物技术信息中心、欧洲生物信息研究所和日本 DNA 数据库，收录了大部分生命科学研究产出的组学大数据。这 3 个中心专注于存储、管理和共享科研人员产出的基因组及其衍生的组学数据信息，并形成了国际核酸序列数据库合作联盟。

近年来，我国生命科学数据的收集整理和相关数据库建设工作也取得了长足进展。2019 年 6 月，由科学技术部批准、中国科学院北京基因组研究所科学家牵头建立的“国家基因组科学数据中心”正式成立，成为我国首个国家级生命科学基础数据中心。该中心已经建立组学原始数据归档库等国际认可的数据库，并得到领域内国际科学家和科研期刊的普遍认可。关于组学数据资源的内容已经在本书第二章中详细介绍，这里不再赘述。

组学层面的生命科学基础研究和临床医学相关数据的积累也推动了疾病预警和诊疗的精准化。2015 年 1 月 20 日，美国总统奥巴马在国情咨文演讲中提出了精准医学计划。1 月 30 日，白宫发布文件正式启动精准医学计划。奥巴马提议在 2016 财年向该计划投入 2.15 亿美元，以便更好地了解疾病形成机制。2016 年，我国“精准医学研究”被列为国家优先启动的重点科研专项之一。该专项致力于以我国常见高发、危害重大的疾病及若干流行率相对较高的罕见病为切入点，构建百万级自然人群国家大型健康队列和重大疾病专病队列，建立多层次精准医学知识库体系和生物医学大数据共享平台，突破新一代生命组学大数据分析和临床应用技术，建立大规模疾病预警、诊断、治疗与疗效评价的生物标志物、靶标、制剂的实验和分析技术体系。精准医学的核心就是组学大数据与医学的结合，相关研究在近年来也取得了长足进展。

二、发展现状

如前所述，生命科学领域主要的组学包括基因组学（包括表观遗传组学与宏基因组学）、转录组学、蛋白质组学、代谢组学、表型组学、整合组学等。下面对上述组学的研究范围和发展现状进行简要分析。

（一）基因组学

基因组学是伴随着 1990 年启动的人类基因组计划而发展起来的一门相对新兴的学科。随着测序技术的不断革新及基因组数据分析技术的发展，基因组学已经被广泛应用在人口健康、生物安全、现代农业等各个领域。基因组学研究推动了转录组学、蛋白质组学、代谢组学、大数据和生物信息计算等领域的兴起，对生命科学和医学研究的发展起到了变革性的推动作用。

DNA 测序技术是基因组学发展的基础和动力。迄今，DNA 测序技术已经经历三次革新。第一代 DNA 测序技术主要指桑格法（Sanger method），又称双脱氧法（dideoxy termination method）、链终止法（chain termination method），即利用双脱氧核苷三磷酸（ddNTP）终止核酸聚合反应的原理来判断 DNA 链不同位置上的碱基种类。第一代 DNA 测序技术的测序读长可达近 1000 碱基，具备接近 99.999% 的高准确性，被广泛应用于人类基因组测序和早期获得的大部分模式生物的基因组测序。但第一代 DNA 测序技术测试速度慢、成本高、通量低，从而限制了其大规模广泛应用。因此，开发通量高、成本低的测序技术也成了科研人员努力的方向。2005 年罗氏（Roche）公司发布的 454 测序系统标志着测序技术跨入高通量并行测序的二代测序技术时代。第二代 DNA 测序技术又称为高通量测序技术（high-throughput sequencing，HTS），可同时对几百、几千个样本中的几十万至几百万条 DNA 分子进行快速测序分析，具有低成本、99% 以上的准确度等优点，已经成为目前最常用的测序技术。第三代测序技术即单分子实时 DNA 测序技术，主要利用单分子荧光或纳米孔技术，不需要经过聚合酶链反应（PCR）扩增，实现对每一条 DNA 分子的单独测序。第三代测序技术的读长可以达到 10kb 以上，但测序精度相对较低。第三代测序技术在基因组从头测序、甲基化研究、突变鉴定等方面具有一定的优势。

测序技术的革新推动了基因组学研究的蓬勃发展。过去三十多年来，伴随着人类基因组计划的实施和后基因组时代的到来，研究人员不仅解析了各种模式生物的精细基因图谱，也获得了与人类生活或地区环境密切相关的大量物种的基因组序列。截至 2022 年 10 月，美国国家生物技术信息中心网站的基因组数据库（https://www.ncbi.nlm.nih.gov/genome/browse#!/overview/）收录了 26 036 种真核生物的基因组序列、459 176 种原核生物的基因组序列和 53 492 种病毒基因组的序列。第二代 DNA 测序技术的发展，大大降低了测序成本，推动了国内外多个群体规模的人类全基因组测序项目的开展。近年来兴起的单细胞测序技术通过整合单细胞分离技术、单细胞扩增技术和高通量测序技术，实现了在单个细胞水平上对基因组进行扩增与测序，使得研究人员可以深入研究细胞间存在的遗传信息与表达调控差异，将人们对生命调控规律的解析带向了新的层次。《科学》将单细胞测序技术列为2018年十大科学突破的榜首，称该技术将改变未来十年的研究。

（二）表观遗传组学

表观遗传组学是一门在基因组水平上研究表观遗传修饰信息的建立、去除及作用机制的学科。表观遗传修饰通常是指在不改变DNA碱基序列的情况下，DNA、RNA和组蛋白上的共价修饰及染色质的局部结构和高级结构的改变。表观遗传修饰作用于细胞内的DNA、RNA及组蛋白等，用来调节基因组功能，主要表现为DNA甲基化、RNA调控与修饰、组蛋白的翻译后修饰、染色质的结构与变化等。表观遗传修饰状态同细胞的转录调控密切相关，影响生物个体生长发育和疾病发生等几乎全部的生命活动，部分表观遗传信息甚至可以进行隔代遗传。不同于相对稳定的基因组序列，表观遗传修饰对于个体而言并不是静态不变的，而是较易受到外界刺激等环境因素的影响。虽然一个多细胞个体只有一个基因组，但是它具有多种表观基因组，反映为在生命的不同时期、健康或者受到外界刺激等情况下，个体的细胞类型及其特征的多样性。

最普遍的DNA水平的表观遗传修饰是DNA甲基化修饰，即向组成DNA的碱基上添加甲基修饰。目前发现的DNA甲基化修饰绝大多数发生在胞嘧啶（cytosine，C）上，此外，腺嘌呤（adenine，A）也可以发生甲基化修饰。DNA甲基化修饰主要发生在CpG位点，其功能为抑制基因转录。在哺乳动物的体细胞中，DNA甲基化并不是稳定不变的，甲基化的胞嘧啶可以在DNA去甲基化酶TET家族蛋白的作用下，被转变为5-羟甲基胞嘧啶（5hmC），并进一步转变为5-甲酰基胞嘧啶（5fC）、5-羧基胞嘧啶（5caC），并最终转变为不被甲基化的胞嘧啶。正确的DNA甲基化状态对于维持人体细胞的正常功能是至关重要的。DNA甲基化的变化与衰老和肿瘤等多种疾病的发生密切相关，5mC和5hmC修饰作为肿瘤诊断和治疗的潜在标志物和靶点，也受到越来越多的重视。

蛋白质水平最重要且最普遍的修饰，是发生在缠绕DNA的组蛋白上的各种修饰。主要的组蛋白修饰类型包括甲基化修饰、乙酰化（acetylation）修饰、磷酸化修饰、泛素化修饰（ubiqutination）等。缠绕DNA的H2A、H2B、H3、H4几种组蛋白均可在多个位置发生不同类型的修饰，并且甲基化修饰还可以分为一甲基化（monomethylation）、二甲基化（dimethylation）、三甲基化（trimethylation），因此可以产生多种不同的变化。不同类型的修饰可以产生不同的功能，同种类型的修饰如果具有不同的修饰程度（如一甲基化、二甲基化、三甲基化）或发生在组蛋白不同的位置，也会产生不同的功能，从而导致组蛋白修饰及组蛋白修饰研究的复杂性。

表观遗传组学研究的另外一个重要方向是染色质的高级结构。人类基因组约有 30 亿个碱基对，必须要高度压缩才能纳入微小的细胞中，并且必须要高度有序才能保证基因的正常表达和一系列生化反应的有序进行。因此，染色质高级结构对维持细胞的正常生长状态和基因表达调控至关重要。DNA 甲基化和组蛋白修饰均可影响染色质的局部开放性和功能，染色质高级结构的形成还可以使得增强子等调控元件与其下游基因相互作用，进而调控基因的表达与功能。

还有一类重要的表观遗传修饰调控发生在 RNA 水平，其中最为大家熟知的是以 microRNA 为代表的各种非编码 RNA 的调控。SiRNA、microRNA 这些短链非编码 RNA 可以通过直接或间接的方式，影响 DNA 甲基化和组蛋白修饰。长链非编码 RNA 在调控染色质结构方面也发挥着非常重要的作用。此外，RNA 分子上也可以发生甲基化、假尿嘧啶化等多种修饰，从而对 RNA 的结构、剪接、翻译、稳定性等产生重要的调控作用。针对 RNA 分子上的修饰与功能的研究已经成为近年来生命科学领域的新兴热点，并且发展成为表观转录组学（epitranscriptomics），与表观遗传组学一起，成为表观遗传学研究领域的重要分支。

为系统解析人体细胞的表观遗传修饰图谱及其对人类健康和疾病发生的影响，自 1999 年起，英国、德国、法国的科学家联合提出人类表观基因组计划（Human Epigenome Project，HEP）。该计划首次绘制了人类基因组 DNA 甲基化图谱，并推动了 2003 年 DNA 元件百科全书计划和 2008 年表观遗传组学路线图计划的实施。2015 年 2 月 19 日，《自然》及其旗下相关的六大期刊同时在线发表 24 篇科技论文，发布了涉及 100 多种人类细胞和组织的首张表观基因组综合图谱。这些论文是表观遗传组学路线图计划几百名参与者数年研究工作的成果，构建了迄今最全面的人类表观基因组景观图谱，为揭示人体各组织器官的正常功能机制和疾病相关研究提供了重要依据。

（三）宏基因组学

宏基因组学（metagenomics）又叫环境微生物基因组学、元基因组学，主要通过直接从环境样品中提取全部微生物的DNA，构建宏基因组文库，利用高通量测序的方法来研究环境样品所包含的全部微生物的遗传物质组成及其群落功能。宏基因组学通过组学的方法直接研究微生物的遗传物质与生理功能，避免了传统微生物学基于微生物培养开展研究，而绝大多数微生物又无法进行培养的限制，因此宏基因组学为充分认识和开发利用微生物，并从完整的群落水平上认识微生物的活动提供了可能。宏基因组学的应用有望大大扩展我们对微生物的了解，为最大限度地挖掘微生物资源带来了前所未有的机遇，已经成为国际生命科学研究和技术开发最重要的热点和前沿。

目前，宏基因组学在开发微生物资源多样性、筛选获得新型活性物质、发掘抗生素等目标功能蛋白质等方面均展示了巨大的潜力，并将在医药、能源、环境、生物工程、农业、大气、地学等领域中发挥更大的作用。在医学方面，应用宏基因组测序技术，研究人员已经发现，人类的皮肤、口腔、鼻子、消化道、肠道等处存在着大量的微生物，其数量接近人体细胞数量的10倍（Sender，2016）。有科学家把人体的微生物群落看作是一个新近发现而尚待探索的“器官”，因为它们参与调控我们赖以生存的各项生理过程。在生物能源方面，工业上非常重要的石油开采、氢气制造、乙醇发酵等，均依赖于微生物的帮助。通过宏基因组学研究，可以更加高效地发现有益工业微生物。在土壤宏基因组方面，研究表明一克土壤中包含10^9～10^{10}个微生物（Raynaud and Nunan，2014），这些微生物的生命活动对于在该土壤上种植的农作物具有重要的影响。通过宏基因组学的研究，可以分析土壤中的微生物群落的成分与代谢，从而提高农作物对养分的吸收和品质。在环境与生态宏基因组方面，比较有代表性的是海洋宏基因组学。研究表明，海洋微生物通过光合作用产生我们呼吸需要的50%的氧气，并从大气中清除了大致相同比例的二氧化碳（National Oceanic and Atmospheric Administration，2023）。因此，对海洋微生物的研究不仅可以加深对海洋微生物和生态环境的认识，也可以促进我们对大气层生态环境的理解。

肠道微生物组学是当前元基因组领域的研究重点。肠道菌群被誉为人类的"第二基因组"，与人体健康密切相关。例如，居住在大肠中的一些细菌能合成人类自身无法合成的 B 族维生素。B 族维生素中的 B1、B2、B7 是细胞能量代谢所需的辅因子，维生素 B6 在氨基酸合成中扮演重要角色，维生素 B9 参与核酸的合成等，这些生化反应对于肠道菌和人类来说都至关重要。还有一些肠道菌群的基因是全心全意为人类服务的。例如，肠道菌合成的维生素 K 可以帮助人类凝血，但维生素 K 对肠道菌自身却用处不大，这也可以看作是肠道菌和人类共同进化的一个证据。

越来越多的研究表明，肠道菌群不仅参与食物的消化，也会对营养物质的吸收、机体代谢、免疫反应、神经系统发育和相关疾病等产生重要影响。2016 年 4 月 29 日，美国《科学》以"起作用的微生物群落"（Microbiota at Work）为主题发布了一期专刊，从不同的方面介绍了人体微生物与健康的关系，并且分析了饮食、药物、抗生素、益生菌和粪菌移植对肠道微生物的不同影响。2019 年 2 月 11 日，《自然》重磅发布人类肠道菌基因组最新图谱，来自欧洲生物信息研究所和英国桑格研究所的科学家们发现了 1952 种人体肠道菌，其中大部分菌种尚不能在实验室中进行培养（Almeida et al.，2019）。这项研究表明，全世界不同人群肠道菌群组成存在较大差异，针对菌群的研究需要注意样本的多样性。此外，肠道菌群能够改善免疫检查点抑制剂治疗癌症所引起的不良反应，为癌症的治疗带来了新的曙光（Simpson et al.，2023）。随着研究的不断拓展与深入，越来越多的肠道菌群参与的人体调节功能不断被发现，已经并将继续对人类健康和疾病治疗产生重要的影响。

（四）转录组学

依据遗传学中心法则，生物体基因组携带的遗传信息需转录成 RNA 分子，才能被进一步翻译成蛋白质或在 RNA 水平行使调控功能。因此，RNA 分子在生物遗传信息传递和生命调控中发挥着重要的作用。在某一特定生理条件或某一发育阶段或功能状态下，生物体或者特定组织及细胞内所有遗传信息转录产物的集合，即所有 RNA 的总和，即转录组。转录组也是 DNA 转录活性和细胞功能状态的直接反映。

1995 年，美国斯坦福大学的帕特里克·布朗（Patrick Brown）实验室率先开发了利用互补 DNA（cDNA）芯片检测基因表达的技术，从而引发了生物芯片技术相关的一系列技术革命，也开启了利用高通量手段检测转录组变化的先河。随后，基于短序列高通量测序技术的基因表达系列分析（serial analysis of gene expression，SAGE）技术和大规模平行标签测序（massive parallel signature sequencing，MPSS）技术也为系统检测细胞内的所有转录本提供了新的手段。虽然最初的SAGE与MPSS技术能检测的序列长度分别只有9～10碱基对和17～20碱基对，但这种高通量边合成边测序的检测思路为现在普遍使用的第二代测序仪的发展奠定了基础。随着二代测序技术的广泛应用，利用深度测序技术进行RNA-seq改变了探索生命奥秘的研究方式和思维方式。如今，利用第二代测序仪或第三代测序仪等高通量测序技术捕获样本中几乎全部的RNA序列已经成为一种比较常规的研究手段。通过对转录组进行高通量测序分析可以对基因转录产物进行分类分析，确定功能基因的转录本结构，发现RNA剪接模式的组成与动态变化规律，量化各转录本在个体发育过程中和不同生理条件下的表达差异变化，发现单核苷酸水平或更大尺度的序列变化等，同时还能发现存在于生命体中的未知转录本和稀有转录本，从而在转录组层面解析样本差异、调控机制、致病原因等，并为后继的功能研究提供重要线索。

从分子水平看，转录组包括的转录本可以分为编码蛋白质的信使RNA（mRNA）和以RNA形式发挥功能的非编码RNA两大类。其中非编码RNA又可以进一步细分为转移RNA（transfer RNA、tRNA）、核糖体RNA（ribosomal RNA，rRNA）、microRNA、干扰小RNA（small interfering RNA，siRNA）、核小RNA（small nuclear RNA，snRNA）、核仁小RNA（small nucleolar RNA，snoRNA）、环状RNA（circular RNA，circRNA）、长链非编码RNA（long non-coding RNA，lncRNA）等。上述部分类型的非编码RNA还可以依据其产生位置等特征进一步分类。例如，来自两个编码基因位置间区的lncRNA又被称为基因间区长链非编码RNA（long intergenic non-coding RNA，lincRNA），与增强子相关的非编码RNA又被称为增强子RNA（enhancer RNA，eRNA）等。少数非编码RNA也可以翻译成短肽，因此并非完全丧失蛋白编码能力。如何判断一条RNA分子（尤其是序列较长的RNA分子）是否为非编码RNA还是一个存在争议的问题。上述多种非编码RNA的发现和功能研究均得益于转录组测序技术的发现与应用。这些新类型非编码 RNA 的发现引领了生命科学研究的新兴方向，也揭示了生命体细胞内功能调控的复杂性。

转录组数据分析一般可分为数据质量检测、数据整合与标准化处理、差异表达基因发掘、基因功能与调控通路 / 网络分析、数据展示与数据库建设几类主要问题。针对每类主要问题，国内外的生物信息学家均已经开展大量的算法与软件开发相关的研究工作。以针对转录组数据的聚类分析为例，常用的聚类方法可以分为有监督的学习和无监督的学习两大类，包括层次聚类、*k* 均值聚类、自组织图谱、主成分分析等方法。随着高通量测序方法在转录组学研究上的日益普及，各种分析方法和工具也应运而生。目前常用的处理高通量测序获得的转录组数据的软件包括 Bowtie、BWA、TopHat、Cufflinks 等。由美国宾夕法尼亚大学、约翰·霍普金斯大学和俄勒冈健康与科学大学联合开发的 Galaxy 在线平台（https://usegalaxy.org/），整合了用于高通量测序分析的多种软件，为研究人员带来了较大的便利。

与基因组相对稳定的信息不同，细胞内的转录组处于实时的动态变化中。这些变化包括新转录本的合成、已有转录本的降解、多外显子转录本的选择性剪接、RNA 编辑、多个转录本的融合、转录本的多腺苷酸化、甲基化等修饰，以及一些尚未被发现或未被广泛关注的变化。同时，细胞在不同的细胞周期阶段或不同的昼夜节律时段、不同的组织或个体发育阶段，以及不同的生理或病理状态下，均具有不同的转录组。如何解析如此复杂多变的转录组数据也是生物信息学研究的一个重点与难点。

（五）蛋白质组学

蛋白质组学最早是由马克·威尔金斯（Marc Wilkins）在 1995 年提出的，用于解析生物体细胞中表达的全部蛋白质的表达模式和功能机制，其研究范畴包括鉴定蛋白质的表达、定位、修饰、结构、功能和相互作用等。相比于基因组学和转录组学，蛋白质组学由于检测方法的限制，发展相对比较缓慢。近年来，蛋白质组学的检测技术有了长足发展，蛋白质谱技术的革新极大提升了蛋白质检测的效率和精度。《自然》于 2014 年 5 月发表人类蛋白质组草图。该研究利用高分辨率质谱技术，分析了 30 种不同组织（17 种成人组织、7 种胎儿组织和 6 种纯化的原代造血细胞），识别出 17 294 个蛋白质编码基因，这些蛋白质编码基因约占已知人类蛋白质组学84%的预期蛋白质编码基因。研究还通过表达分析证明了组织和细胞特异性蛋白质的存在，并通过对翻译的假基因、非编码RNA等的研究，说明了蛋白质组学分析的重要性。为了更好地共享人类蛋白质组草图研究的成果，美国阿克希莱什·潘迪（Akhilesh Pandey）实验室开发了人类蛋白质组图谱数据库（Human Proteome Map），德国慕尼黑大学联合思爱谱（Systems，Applications & Products in Data Processing，SAP）软件公司也开发了系统整合质谱数据的蛋白质组学数据库（Proteomics DB），提供了丰富的蛋白质组数据展示和提交功能。中国科学家与国际团队共同发起联合人类蛋白质组浏览器（Unified Human Proteome Browser，UHPB）计划，该计划被认为是蛋白质组学生物信息资源的最终出口。

常规蛋白质组质谱数据分析包括原始数据预处理、数据格式转换、搜索数据库构建、搜索引擎选择及参数设置、鉴定结果质控过滤、蛋白质装配等基本过程，再加上修饰鉴定、有标/无标定量及基因变异体鉴定等，分析步骤呈多样化，并且每一步可选择的软件、版本、参数等各不相同，形成复杂的数据分析体系，至今仍缺乏公认的标准分析流程。国际上已经发展出不少软件平台，并构建了整合的软件包。西雅图系统生物学研究所在蛋白质组质谱数据分析方法和流程研究领域具有国际领先地位，建立了国际上应用最为广泛的蛋白质组学数据处理平台反式蛋白质组学管线（Trans-Proteomic Pipeline，TPP），其他的著名数据分析流程包括质谱分析系统（Mass Spectrometry Analysis System，MASPECTRAS）、计算蛋白质组学分析系统（Computational Proteomics Analysis System，CPAS）、开源蛋白质组学管线（The OpenMS Proteomics Pipeline，TOPP）、基于Galaxy框架的Galaxy-P，以及临床蛋白质组肿瘤分析协作组(Clinical Proteomic Tumor Analysis Consortium, CPTAC）项目中应用于多中心实验结果分析的通用数据分析管线（Common Data Analysis Pipeline，CDAP）等。

蛋白质组学在临床检测中也得到了广泛的应用，蛋白质-蛋白质相互作用能促进诊断方法的改进，预测疾病发生，及早治疗病患。如蛋白质微阵列可用于监测癌症相关蛋白质，根据蛋白质分子间特异性结合的原理，构建微流体生物化学分析系统，以实现对生物分子的准确、快速、大信息量的检测。此外，表面等离子共振技术实时监测癌症相关蛋白质也是研究的热点之一。

通过表面等离子共振技术的动态变化获取生物分子相互作用的特异信号，该技术能在保持蛋白质天然状态的情况下实时提供靶蛋白的细胞器分布、结合动力学及浓度变化等功能信息，为蛋白质组学研究开辟全新的模式。

（六）代谢组学

代谢组学是继基因组学、转录组学和蛋白质组学之后的又一重要研究领域。代谢组学是 20 世纪 90 年代中期发展起来，通过定量检测生物体系（细胞、组织或生物体）的所有代谢产物，全面绘制代谢产物图谱，勾勒其在刺激或扰动前后的动态变化，最终完成生物体系代谢网络研究的一种技术。代谢组学的研究对象多为相对分子质量在 1000 以内的小分子物质，通过检测代谢物水平的整体和动态变化，提取相关的生物代谢标志物群体或标志物簇，在此基础上寻找受影响的代谢途径，确立代谢网络调控机制。基因组学描绘生物体内可能发生的事件，而代谢组学则是对这一系列事件的精确刻画，同时，基因、蛋白质水平的微小变化可以在代谢层面上得以放大。代谢组学已经被越来越多地应用于生命科学研究的多个方面。代谢组学作为一种强有力的自上而下的系统生物学方法，对阐明遗传学–环境–健康三者之间的关系至关重要。

由于代谢组学所检测的许多内源性小分子化合物直接参与了体内各种代谢 / 循环，其水平高低在一定程度上反映了机体生化代谢的机能和状态，通过代谢网络分析还能了解体内生化代谢异常，发现生化代谢与疾病关系，从相关的代谢异常入手，探索和揭示疾病病因、病理机制，也有助于发现新的药物作用靶点。目前，代谢组学在遗传性代谢缺陷、肿瘤、肝脏疾病、心血管疾病、精神疾病等疾病诊断的应用与研究方面已经取得飞速发展，为多种疾病的诊断和药效评价提供了依据。

代谢组学已经成为一个快速发展的、跨学科的研究领域，但仍处于初级阶段，在方法学和应用两方面均面临严峻的挑战，亟待更有效的生物信息学方法和实验技术及与其他学科的交叉合作。相比于其他的组学研究，代谢组学的许多特性决定了其应用和发展需要多种多样的生物信息学工具。首先，在代谢组学的研究中，代谢物的靶点和其靶向后的效应大多未知；其次，代谢组学比其他组学的研究具有更高的复杂性和多样性，如代谢组学关注的化学分子（如氨基酸、有机酸和脂类）往往具有不同的生物物理学和生物化学属性；最后，代谢组学数据中的变量具有强烈的相关性，生物学通路间的互相连通使得情况变得更加复杂。因此，现阶段的代谢组学数据的生物信息学分析策略主要基于三个重要方面：数据预加工和处理、代谢组注释和统计分析、代谢组的通路网络分析。常用的代谢组学数据预加工处理的软件为 XCMS，代谢组学数据的注释和统计分析工具包括 DeviumWeb、EigenMS、RepExplore、NormalyzerDE 和 BioStatFlow 等，代谢组通路分析相关的生物信息学工具包括 Track SM、MetPA 和 metaP-server 等。

代谢组学是研究生物体系统代谢改变的综合性学科，已经成为生物标记发现、诊断、药物开发等研究领域的重要手段。但生物体代谢组由内源性和外源性代谢物共同构成，由于外界环境和生物体内环境的共同影响，代谢组始终处于动态变化之中，对代谢组进行综合性的刻画极其困难。随着更加准确、灵敏的代谢组检测和数据分析方法的不断开发，代谢组学必将在解析生命调控规律和疾病检测与治疗等方面发挥更重要的作用。

（七）表型组学

表型组学是近年来发展起来的一门新科学，主要对在不同生长时期、不同环境下的生命个体的全部表型进行系统收集和解析。表型组学在基因型-表型关系解析、复杂疾病的遗传基础研究、作物改良等方面都受到重视。表型组学最早由加利福尼亚大学伯克利分校的史蒂文·加兰（Steven Garan）博士于 1996 年提出，随后在神经科学研究中被研究者使用。2006 年，美国印第安纳大学的亚历山大·尼古列斯库（Alexander B. Niculescu）博士及其同事提出了一种用于表型组学分析的实验定量方法——PhenoChipping，并将表型组学与基因组学结合起来，这对表型组学的发展具有里程碑意义。同时，一些公司和研究机构为了抢占先机和尽快走向商业化应用，投入大量资金和人力用于研究与开发表型组学平台，如比利时 Crop Design 公司的转基因和植物性状评价的高通量技术平台、英国的国家植物表型组学中心、欧洲植物表型组平台（PhenoFab）、澳大利亚植物表型组学设施（Australian Plant Phenomics Facility）、南澳大利亚大学的表型组学与生物信息学研究中心（Phenomics and Bioinformatics Research Centre）及澳大利亚昆士兰大学的斑马鱼表型组学中心等。

基因型－表型关系是表型组学的一个重要研究方向，通过解析含有不同基因型的个体在多种环境条件下的表型，而揭示基因型、环境因素和表型之间的联系。在此基础上，研究人员可以从宏观尺度解析多基因的协作关系及其对某些表型的影响，并进而开展动植物品种改良和新品种创制。近年来，针对人类的表型检测也逐渐展开，尤其是中国科学家推动的人类表型组计划，为理解人类生命调控规律和疾病发生发展机制提供了很多新的线索。

表型组学的研究一方面依赖于大量表型数据的收集，另一方面依赖于对表型数据的解析。由于表型组学的研究还刚刚起步，公共数据库中的表型数据还非常少，对不同物种不同条件下表型数据的收集是表型组学进一步发展的基础。相应分析方法的开发也是急需解决的问题，这需要生物信息学和系统生物学研究者的参与，深度学习等人工智能方法也将对表型组学的研究起到巨大的推动作用。

（八）整合组学

多种组学技术（如基因组、转录组、蛋白质组和代谢组）的开发与广泛应用显著推动了生命科学与医学研究的发展。然而大多数性状和疾病都是多基因、多因素共同作用的结果，单一组学技术的检测数据尚不足以反映其机制。因此，多种组学技术联合使用在基础研究和临床疾病诊断中变得越来越普遍。例如，应用全外显子测序、单细胞测序和 DNA 甲基化测序相结合的方法来研究癌症的发病机制等。然而，多组学数据的分析带来了一系列新的挑战，包括数据质量控制的标准化、不同模态数据间矛盾信息的处理、多模态与多因素调控网络的构建和关键节点识别等。

现阶段，整合组学的研究与应用总体来说还处于起步阶段。近期基于生成式人工智能技术的兴起，有望对整合组学数据解析方法的开发产生重大的推动作用。但基于人工智能的整合组学分析方法开发在当前还面临训练数据不足的挑战。虽然公共数据库已有大量的组学数据，但不同组学数据在采集对象、采集时间、采集质控等方面存在较大差异，会对人工智能模型的训练产生较大干扰。国际上的大型生物银行计划［如英国生物样本库（UK Biobank）、百万退伍军人计划（Million Veteran Project）和我们所有人（All of Us）计划］等采集的大规模人群队列多模态数据将为开展整合组学分析方法的研究提供很好的数据资源，也将推动整合组学检测方法在疾病诊疗方面的临床应用。

第二节　国内研究成果与国际竞争力

2009～2018年，全球组学研究领域，尤其是在基因测序领域，论文数量表现出稳定的增长（图6-2）。利用科学网（Web of Science）核心合集进行检索[①]可知，2009～2018年，全球在基因测序领域共发文62 358篇，年均增长率达到15.09%。下面将从国家、机构角度对其进行分析。

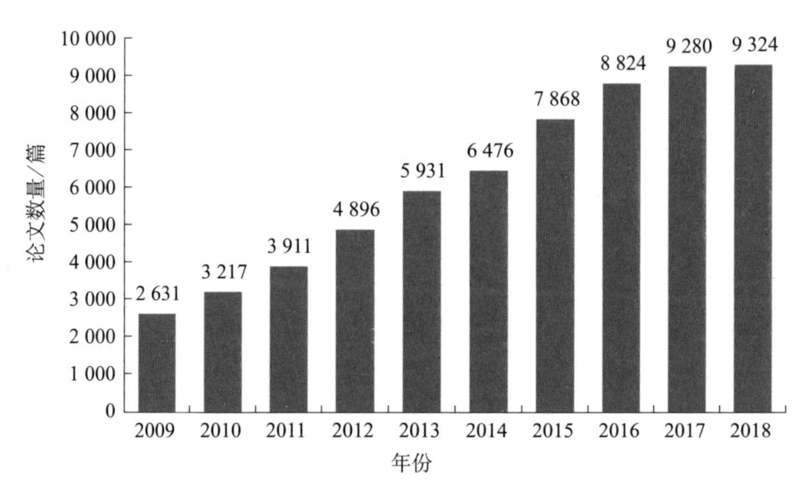

图6-2　2009～2018年基因测序领域论文数目年度分布

从国家分布来看，2009～2018年，基因测序领域论文数量排在前五位的国家分别为美国、中国、德国、英国和日本，其中美国以绝对优势领跑基因测序研究领域，美国在该领域的论文数量占比达到全球基因测序论文总数的30.5%（表6-2）。可见，美国通过数项组学领域国家计划的颁布和在该领域不断增加的研究经费，在全球组学领域处于绝对领先地位。

① 检索时间为2019年5月。

表 6-2　2009～2018 年基因测序领域论文数量 TOP10 国家

排名	国家	论文数量 / 篇	占比 /%
1	美国	18 993	30.5
2	中国	11 071	17.8
3	德国	4 941	7.9
4	英国	4 004	6.4
5	日本	3 966	6.4
6	韩国	3 631	5.8
7	法国	3 089	5.0
8	印度	2 913	4.7
9	意大利	2 825	4.5
10	加拿大	2 695	4.3

从机构分布来看，2009～2018 年，生命组学研究领域发表论文数目排在前五位的机构分别为加利福尼亚大学系统、中国科学院、哈佛大学、法国国家科学研究中心、得克萨斯大学系统（表 6-3）。值得注意的是，在生命组学研究领域排名前 10 位的全部为研究机构，并无企业。此外，中国科学院入选前 10 位机构并排名第二，表明我国在生命组学研究领域已经占据一席之地。

表 6-3　2009～2018 年生命组学研究领域论文数量 TOP10 机构

排名	机构	论文数量 / 篇	占比 /%
1	加利福尼亚大学系统	2020	3.2
2	中国科学院	1874	3.0
3	哈佛大学	1355	2.2
4	法国国家科学研究中心	1256	2.0
5	得克萨斯大学系统	1051	1.7
6	伦敦大学	967	1.6
7	法国国家健康与医学研究院	876	1.4
8	波士顿医疗系统	800	1.3
9	美国农业部	764	1.2
10	德国亥姆霍兹联合会	762	1.2

随着人类基因组计划的完成，基因科技得到了迅猛发展。高通量测序技术的广泛应用，极大地促进了基于各种组学方法的生命科学与医学基础研究和应用的发展。为了更好地了解遗传学与疾病之间的关联，各国与国际联合组织先后启动了多个大规模组学研究计划（表6-1），对人类基因组序列的个体间差异、表观遗传修饰在人类基因组上的分布特征、人类个体间组织器官的基因表达差异、癌症基因组、人类蛋白质图谱等进行了系统解析。这些海量数据的产生揭示了大量全新的调控元件与调控规律，为科学家开展后续研究提供了数据基础，并且为生物信息学的发展带来了新的机遇。

为解析各种组学方法产生的海量数据，生物信息学家开发出大量的数据库、算法与软件，如用于基因组序列组装的SPAdes、QUAST、SOAP等，用于转录组数据分析的BWA、Cufflinks、DESeq2等，用于ChIP-seq分析的MACS2、ChIP-seeker、SICER等。由美国宾州大学、约翰·霍普金斯大学、俄勒冈健康与科学大学的研究团队联合开发的Galaxy网站（https://usegalaxy.org/），对常用的组学数据分析软件进行了很好的总结。近年来，新兴的组学技术也不断涌现，如三维基因组技术（Deng et al.，2022；Rao et al.，2014）、单细胞测序技术（Zong et al.，2012）等，并快速受到重视和普及。各种组学研究技术与分析方法已经成为推动生命科学创新发现、开辟新的研究方向的重要原动力，并且被越来越多地应用在致病机理的发现和临床早期诊断中。

组学研究是我国生物信息研究领域基础最好、科研人员最多的研究方向，也是我国最有国际影响的研究方向。2002年，由中国科学院国家基因中心和中国科学院遗传与发育生物学研究所等单位的科学家联合完成水稻第4号染色体测序工作，成果发表在《自然》（Yu et al.，2002）上，标志着我国在基因组研究领域具备了和国际同行竞争的能力。2003年，由中国科学院北京基因组研究所领衔承担的人类基因组3号染色体短臂测序工作与人类基因组测序结果一起发表，中国成为参与人类基因组计划的唯一一个发展中国家。之后，以深圳华大生命科学研究院为代表的中国科研人员先后完成了国际人类单体型图计划（10%）（Abecasis et al.，2010）、大熊猫基因组框架图（Li et al.，2010）、家蚕基因组测序（Xia et al.，2009）、草鱼基因组测序（Wang et al.，2015）、小麦基因组测序（Ling et al.，2018）、炎黄一号个人基因组测序（Wang et al.，2008）等多项具有国际先进水平的科研工作，在《自然》和

《科学》等国际一流的期刊上发表了多篇论文，为中国和世界基因组科学的发展做出了突出贡献，奠定了中国基因组科学研究在国际上的领先地位。

在此基础上，中国相继开展了一系列大的基因组测序研究，并取得了丰硕的成果。2018年4月25日，国际顶级期刊《自然》长文报道由中国农业科学院作物科学研究所牵头，联合国际水稻研究所、上海交通大学、深圳华大生命科学研究院、中国农业科学研究院深圳农业基因组研究所、安徽农业大学、美国亚利桑那大学等16家单位共同完成的“3000份亚洲栽培稻基因组研究”，并首次在《自然》的研究论文中出现了汉字（Wang et al.，2018）。2017年10月29日，由复旦大学牵头的个人基因组计划中国项目（Personal Genome Project China）启动，使中国成为亚洲首个启动个人基因组计划的国家。

在其他组学领域，我国也成果颇丰。2018年1月，《细胞》在线发表了华中农业大学作物遗传改良全国重点实验室罗杰教授课题组与中国农业科学院深圳农业基因组研究所黄三文研究员课题组关于番茄育种过程中代谢组变化及其遗传基础的研究论文。该研究通过多组学方法对育种过程进行全景式的分析，其大数据资源也将促进番茄营养、健康品质改良研究（Zhu et al.，2018）。2019年2月28日，英国《自然》以“Proteomics Identifies New Therapeutic Targets of Early-stage Hepatocellular Carcinoma”为题，在线发表了中国人民解放军军事科学院贺福初院士联合其他单位的科学家在早期肝细胞癌蛋白质组研究领域取得的重大科研成果（Jiang et al.，2019）。文章测定了早期肝细胞癌的蛋白质组表达谱和磷酸化蛋白质组图谱，发现了肝细胞癌精准医疗的潜在新靶点。在转录组领域，以陈润生院士为代表的中国科学家在microRNA、长链非编码RNA、环形非编码RNA等非编码RNA的发现和功能解析方面也取得了诸多重要成果（Chen et al.，2019，2017；Muzny et al.，2006）。表观遗传修饰（Zhang et al.，2018）、肠道微生物（Qin et al.，2010；Zhao et al.，2022）、单细胞测序（Zhong et al.，2018）等组学领域的研究的优秀成果也不胜枚举，由于篇幅关系，这里不再赘述。

总之，经过十余年的积累，我国在组学研究领域已经拥有强大的研究队伍，建立了较好的研究基础，并取得了一系列优秀的研究成果。随着新的检测方法与分析技术的不断涌现，未来组学技术将催生更多重要的创新性科学发现。

基于各种组学技术产生的基因产业是科研、临床、工业和产业结合的必然，虽仍在起步阶段，但却处于高速发展期。近年来，国家的多项发展政策也反复提到基因产业，基因产业有望成为我国除高铁、5G之外，可以引领世界的不可多得的产业机遇之一。

基因检测产业链分上游、中游、下游三个环节。上游主要为测序设备、试剂耗材生产和信息软件、平台研发，掌握着基因检测的整个行业命脉。目前国际基因检测设备和设计主要被Illumina、赛默飞世尔科技（Thermo Fisher Scientific）、牛津纳米孔（Oxford Nanopore）等跨国公司所垄断。近期，国内华大集团的子公司深圳华大智造科技有限公司生产的MGISEQ系列测序仪也表现出一定的市场竞争力。中游为面向终端用户的基因检测服务商，其购买上游公司生产的测序仪器、配套试剂等，为用户提供基因检测服务，从中收取服务费。国内基因检测公司基本集中在中游，资本也向中游聚集。下游为基因检测服务使用者，包括医疗机构、科研机构、制药公司和个人用户等。下游需求决定了中游基因检测服务细分赛道的市场容量、发展前景及业务模式特点。

中国市场上有1000多台第二代测序仪，大多来自Illumina和Thermo Fisher Scientific［该公司于2013年收购第二代测序仪生产商生命科技公司（Life Technologies Corporation）］这两家跨国公司。两家公司2013年占有测序仪市场超过90%的份额，处完全垄断地位。

基因检测服务端是基因检测产业链中初创公司和资本最集中的环节。从市场容量来看，基因检测服务因直接面向医疗机构、个人、科研机构、制药公司等用户，其整体市场规模较大。目前以基因测序为代表的基因检测技术还在发展中，市场需求也会不断变化。以二代测序技术为主的基因检测通常会得到海量数据，这些数据需经进一步分析、处理，才有更大的应用价值。现有的数据分析平台，多为测序系统内置软件，或中游检测服务商基于公开数据库加以开发、改进的。但由于不同研究或检测目的的不同，要确保基因数据分析结果的准确性，开发出更高精度的分析软件、平台是必然选择。

目前，组学技术在产前诊断、肿瘤靶向治疗等临床领域已有广泛的应用。在产前诊断领域，以组学为基础，在孕妇的血清、羊水及其他代谢产物中筛选出妊娠相关生物标志物的研究在过去几年中取得了显著进展。这些进展的取得得益于以质谱技术为基础的多种生物技术平台的发展。鉴于这些技术具有高通量、较高敏感性、可用于复杂样本的检测、对生物体液样品的需要量较少等优势，这些技术已经对无创产前诊断技术的发展起到巨大的推动作用。在肿瘤靶向治疗领域，近年来，基因多态性与疾病和药物相关性的研究广泛开展，进展很快；针对某类疾病的药物基因组学，如抗癌药物基因组学等，正处于深入研究发展中；在检测技术方面正向高效、经济、小型化、综合化方向发展。现在已经开发出的专用方法，仅需少量的样品和费用就可为大量基因提供高通量、高灵敏度和特异性的差异检测，可较快地确定一个基因多种差异的相对位置，从而提供个体中每个等位基因的分布状况。蛋白质组学研究的迅速发展及其与药物基因组学研究的结合，使得从核酸和蛋白质水平互补地阐明遗传多态性与药物疗效、毒副作用之间的相互关系成为可能。这些前沿热门领域的广泛深入研究和进展，促进了临床药物基因组学的迅速发展。

第三节　发展态势与重大科技需求

一、基础研究领域对组学研究的重大需求

随着 RNA-seq、ChIP-seq、高通量染色质结构捕获技术（Hi-C）、利用转座酶的染色质可进入性高通量测序技术（ATAC-seq）等各种高通量检测方法的不断开发与快速普及，组学方法已经成为生命科学基础研究领域不可或缺并且经常起决定性推动作用的研究手段。在基因组层面，基因组测序和重测序已经被广泛用来破解物种的基因组信息、发现个体间的基因组序列差异、解析肠道菌群等宏基因组的微生物组成研究。基因组水平的 DNA 甲基化、组蛋白修饰等表观遗传修饰图谱的解析及其在不同物种、不同组织器官和不同发育时期或生理状态 / 外界刺激下的变化模式与规律也是研究人员关注的热点。在转录组层面，组学技术的应用使得系统检测转录组组成的多样性与动态变化成为可能。尤其是近期兴起的单细胞测序技术，将转录组多样性的解

析从物种差异、组织器官差异、生理条件差异推进到细胞水平差异，从而为更加精细地理解生命活动规律提供了依据。蛋白质组、代谢组、表型组等组学检测方法也随着检测技术的提升表现出越来越多的优势，并且得到愈发普遍的应用。

随着组学技术在生命科学研究中的广泛应用，研究人员对组学检测技术和数据分析方法与软件的需要也日益增长。新的组学检测方法和现有检测方法在适用于微量样本和更加精准的方向的改进是组学技术发展的方向。在组学数据分析方法和软件开发方面，随着新的组学检测方法的不断涌现和各种组学数据的爆发式增长，研究人员不仅需要利用针对新的组学技术的数据分析方法和软件，也需要这些方法和软件更加简便好用，并且给出的分析结果更加准确。由于生命活动是多层次的调控因素协同的结果，对多种类型的组学数据进行协同分析的软件和方法的需求也越来越多。收集组学数据的公共数据库对科研人员也非常重要，是实现多组学数据协同分析的基础，因此需要受到高度重视。

二、医疗健康领域对组学研究的重大需求

对于医疗健康领域，组学检测方法的开发与应用不仅极大地加速了对疾病机理的解析和致病因素的发掘，也促进了新的疾病预防与诊疗方法的出现，并推动了医疗健康领域的变革。在疾病诊断和治疗方面，DNA 突变、血液中循环 DNA 的甲基化和羟甲基化修饰被尝试应用在肿瘤早期检测中；基于 RNA 修饰的肿瘤等疾病早期诊断研究也开始崭露头角，显示出巨大的潜力；基于基因组变异 / 突变的肿瘤靶向治疗也已经在治疗乳腺癌、肺癌等恶性肿瘤中取得了预期效果。在健康评估和疾病预警方面，检测基因组变异 / 突变的疾病风险预测方法已经被以美国 23andMe 公司为代表的很多公司和医疗机构在一定范围内应用，并且在解读健康信息和疾病早期预防方面发挥了一定的作用；可穿戴设备已经被初步应用在健康提示和健康信息收集中，随着其功能的不断拓展，未来必将发挥更大的作用。各种组学研究的成果也发现了大量新的药物靶点，基于人工智能的蛋白质结构预测和药物–靶点对接预测已经显示出强大优势，有望在未来大幅缩短新药研发的周期。总之，组学技术的加

入已经推动疾病诊疗进入精准医学时代，基于个人组学数据进行疾病诊断与治疗将成为医学发展的未来。

进一步发挥组学技术在医疗健康领域的作用，加速实现精准医疗，需要从生物信息的角度解决以下问题：①提升对组学数据的整合分析能力，更加精准地解读 DNA、蛋白质、代谢产物等不同层次变异所导致的生理或病理功能；②拓展基于组学数据进行健康提示和疾病预警所能够覆盖的疾病范围，显著提升预测的准确性；③加强对不同层级生命活动调控网络中节点 / 通路关键的研究，量化解析不同突变 / 变异对机体功能异常和疾病发生的贡献；④加强自动化日常健康监控与疾病诊疗相关信息采集与分析的算法与软件开发；⑤加强药物适应证和药效的个体化差异研究，早日实现基于患者个人组学信息的精准用药。

三、农业生态领域对组学研究的重大需求

农作物是人类赖以生存的根本，养活日益增长的世界人口是现代植物生物技术面临的一个艰巨挑战，而组学技术与分析方法的普及和应用则已经成为应对这一挑战、推动农业育种方式变革的重要手段。基因组、转录组和蛋白质组测序使得科学家们可以快速地发现与特定表型性状相关的基因及其调控网络，进而通过辅助标记来快速选择含有目标基因和性状的作物品系（即分子标记辅助育种），从而大大缩短育种进程。类似的方法也可以应用在畜牧生产中，从而提升家畜的品质和产量。对土壤中微生物群落组成与特征进行检测的宏基因组学在解析土壤微生物与植物的相互作用模式及土壤微生物对植物生长发育、养分吸收和生态保护等方面均带来了突破性的变革，使得科研人员能够对这些之前几乎无法企及的问题加以研究和利用。总之，组学技术的开发与应用改变了传统的作物选育方式，在改良作物与家畜品质、研究环境因素对作物与生态的影响等方面均发挥着日益重要的作用。

随着组学技术的发展及其与农业和生态领域结合的不断深入，农业与生态领域对组学技术及相关数据分析方法与软件的需求也在不断扩大。从生物信息学的角度，急需解决的重大问题包括以下几方面。①适用于多倍体基因组的精准基因组组装和功能基因预测。很多农作物、经济作物和林木等农业

与生态相关物种的基因组为多倍体，为其基因组序列组装和功能基因的鉴定带来了很大难度。如何实现多倍体植物基因组的精准组装并预测多拷贝基因的功能关系是生物信息学面临的一大挑战。②农作物与家畜的性状大多是由多基因、多通路的复杂网络决定的，鉴定影响单一或多个性状的基因调控网络和网络中的关键节点对作物与家畜改良育种具有重要意义。近年来兴起的作物表型与基因型关系解析将成为解决这一问题的重要手段，也将从影像处理、数据整合挖掘等方面对生物信息学研究提出大量新的需求。③农作物生长受自然环境的影响较大，从表观遗传修饰的角度解析环境因素对农作物生长发育的影响在保障作物产量和减少灾害损失方面也具有重要意义。④农作物病虫害作用机制解析及扩散模型目前虽不是生物信息学研究的重点，但预期在未来将有较大需求。⑤基于计算机模型的作物生长发育模拟和环境因素响应模型的研究刚刚起步，也将成为未来的一个新兴热点。

四、生物安全领域对组学研究的重大需求

令人遗憾的是，重大传染性疾病并没有随着社会经济的发展和技术的进步而减少。仅进入21世纪以来，全球发生并且危害严重的流行或大流行传染病疫，就包括2002年的SARS、2003年的甲型H5N1流感、2009年的甲型H1N1流感、2010年的海地霍乱、2013年的甲型H7N9禽流感、2014年西非埃博拉出血热、2016年的寨卡病毒疫情和2019年底开始的新冠疫情。在这些流行性传染病的致病源检测和疫苗研制方面，基因组测序与分析技术发挥了非常重要的作用。此外，基于基因组序列的基因编辑、合成生物学等新兴生物技术虽然为生命科学基础研究和疾病治疗做出了变革性的贡献，但是也带来了很大的生物安全隐患。

防范生物安全相关问题对人类社会的威胁，组学检测及其相关数据分析技术可以发挥很重要的作用。生物安全领域对组学技术的重大需求包括：①对突发重大传染病等公共卫生事件的致病源进行快速鉴定；②新发传染病或其他具有重大危害疾病的致病机制解析和抗体药物与疫苗的设计；③病原体抗药机制解析与新药研发设计；④基因编辑靶位点的精准设计和脱靶效应的规避；⑤合成基因组的合理设计与安全风险评估等。

第四节　未来 5～15 年的关键科学与技术问题

随着组学检测方法日益广泛的应用和新的组学检测技术的不断涌现，各种类型的组学数据的产生速度已经打破摩尔定律，即组学大数据增长的速度远远超过计算机存储能力增加的速度。海量的数据为生命科学研究带来了很多突破性的发现，同时也从如何更好地整合与利用组学数据的角度，给生物信息学家带来了很多挑战。当前，国际生命科学领域在组学数据的整合与利用方面，面临的主要技术瓶颈与壁垒包括以下几点。

一、多元、异质、异源组学数据的收集、整合与展示

不同组学检测方法产生的高通量数据具有各自的特征，更好地对其收集与整合还存在一定的技术挑战。例如，如何将代谢组数据与蛋白质组数据相对应、如何确定不同表观遗传修饰是否发生在同一个 RNA 分子上等问题。此外，对于不同实验来源的、针对同一研究对象的同种组学数据或异种组学数据间如何进行定量化比较也是组学数据整合面临的一个重要问题。随着组学数据类型的增加，不同组学数据的集中展示也面临巨大的挑战，包括展示方法设计、数据调取时间，以及展示软件的用户友好性等问题。

二、组学数据分析结果的准确性

当前所有生物信息分析算法和软件均是基于一定存在于训练数据集中的共有特征而设计的，因此就不可避免地导致分析结果中存在一定的错误。更加全面地捕捉数据中蕴含的特征，从而提升数据分析的准确性，一直是生物信息研究努力的方向之一。随着单细胞测序和其他微量样本的组学数据的不断涌现，针对这些含有较多缺失数据的组学数据的精准分析方法的需求也日

趋迫切。尤其在定量比较分析方面，不论是针对大样本量检测来源的组学数据还是针对单细胞等微量样本测序来源的组学数据，准确地进行样本间、分子间的定量比较还面临较大挑战。

三、多层级调控的相互作用关系与主效因素发掘

生命体的调控是复杂而多元的，从组成基因组的DNA序列到行使功能的蛋白质和各种代谢产物，任何一种生命现象的产生都是多层级调控协同作用的结果。尽管随着新方法的开发，研究人员已经能够对基因组、转录组、表观修饰组、蛋白质组、代谢组、表型组等不同层次的组学数据进行捕获，但如何解析不同组学数据间的协同与调控关系仍面临巨大的困难。尤其是不同层次的调控因素间（如蛋白质与基因转录、DNA甲基化与组蛋白修饰）通常存在反馈调控关系，如何确定在不同生理条件下何种调控因素会发挥主效作用也是需要关注的一个重要问题。

四、复杂网络的精准构建与网络中关键节点解析

真核细胞中同时存在数十万种甚至更多的蛋白质、RNA分子、无机与有机小分子化合物等成分，这些分子通过相互作用组成了复杂的生命调控网络。组学研究面临的一个重大挑战就是如何发现不同分子间的作用关系，构建精准的分子调控网络，并确定网络中的关键节点。当前大部分研究涉及的生物网络大多是在蛋白质层面的，不仅涉及的分子种类单一，而且很多网络结构还不够完整或准确。随着不同类型组学数据的快速积累，生物学家急需获得整合不同类型（如蛋白质、RNA、蛋白质与RNA修饰等）调控分子的复杂生命调控网络，并且解析这种复杂生命调控网络在不同生理病理条件下的动态变化情况及其中的关键调控节点。

五、基于计算机的生命调控过程与个体发育模拟

各种组学大数据的涌现对基于计算机解析生命调控过程提出了更高的要

求，也使得利用计算机模拟生命调控与个体发育过程成为可能。基于计算机的生命调控模拟并不是一个新的概念，但在过去十几年，这一领域的发展一直非常缓慢。造成这一现象的原因一方面在于人们对生命现象的理解还不够深入，另一方面在于数据的缺乏而无法进行精准建模。组学大数据的快速积累在一定程度上解决了数据缺乏的问题，但在如何从海量组学数据中挖掘出关键调控信息，并且开发正确的算法与公式来构建生命调控和个体发育的计算模拟模型方面，还需要大量科研力量的投入。

第五节　发展目标与优先发展方向

一、多元、异构组学大数据的收集、整合与展示

随着组学技术的不断发展与普及，数据的收集、整理、整合与再利用的价值日益凸显，综合多组学数据的生命科学数据库不仅会为大量新的科学发现提供数据基础，也将成为未来生命科学领域国际竞争的重要资源。由于生命科学组学数据的种类多样，不同种类的组学数据各自有自己的特征，这对组学数据的整合与展示提出较多的技术挑战，包括数据的质控、标准化、不同组学数据间的关联、信息全面且用户友好的数据展示技术等。此外，数据的收集是数据整合与展示的前提。由于种种原因，目前我国大部分的生命组学数据都提交至国外的数据库，造成严重的数据流失。采取适当的政策引导和制度保障来建设我国自主的生命组学数据库势在必行。

二、适用于生命科学大数据的精准分析算法研发

所有生物信息分析方法都是基于一定数据特征开发的，均存在一定的适用范围和不准确性，甚至目前的大部分分析软件还无法对很多重要的生物学问题给出精准的数据分析结果。如基因组重复区域的组装问题、不同选择性

剪接转录本的定量问题、针对同一对象的多个调控因素间的相互关系和量化效益问题等。因此，提升组学数据分析方法的适用范围和准确性是生物信息学需要努力的一个重要方向。目前国际通用的大部分组学数据分析软件均为国外学者开发的，随着海量数据的产生和深度学习等机器学习方法的应用，中国学者需要加大对组学数据分析方法和软件的研发，并有望实现“弯道超车”。

三、目标导向的数据分析方法研究与相关软件开发

由于生命活动的复杂性和数据来源的特异性，研究人员往往希望根据其实验设计的科学目标，对其产生的组学数据进行有针对性的分析与挖掘。例如，针对免疫研究的实验，希望从免疫反应的角度主导数据分析；针对肠道菌群功能研究的实验，希望能够预测肠道细菌代谢物与宿主细胞内蛋白质的相互作用关系；等等。但目前绝大部分的生物信息分析软件为普适性的，无法挖掘出与特定实验目的相关的数字信息，一般研究人员也较难对其分析结果进行有效解读。因此，未来的组学数据分析软件需要增加更多个性化设置功能，以更加方便研究人员使用，进而最大限度地展现出组学数据的科学价值。

本章参考文献

Abecasis G R, Altshuler D, Auton A, et al. 2010. A map of human genome variation from population-scale sequencing[J]. Nature, 467: 1061-1073.

Almeida A, Mitchell A L, Boland M, et al. 2019. A new genomic blueprint of the human gut microbiota[J]. Nature, 568: 499-504.

Chen X W, Hao Y J, Cui Y, et al. 2017. LncVar: a database of genetic variation associated with long non-coding genes[J]. Bioinformatics, 33: 112-118.

Chen X W, Hao Y J, Cui Y, et al. 2019. LncVar: deciphering genetic variations associated with long noncoding genes[J]. Methods in Molecular Biology, 1870: 189-198.

Deng L, Gao B B, Zhao L, et al. 2022. Diurnal RNAPII-tethered chromatin interactions are associated with rhythmic gene expression in rice[J]. Genome Biology, 23: 7.

Jiang Y, Sun A H, Zhao Y, et al. 2019. Proteomics identifies new therapeutic targets of early-stage hepatocellular carcinoma[J]. Nature, 567: 257-261.

Li R Q, Fan W, Tian G, et al. 2010. The sequence and *de novo* assembly of the giant panda genome[J]. Nature, 463: 311-317.

Ling H Q, Ma B, Shi X L, et al. 2018. Genome sequence of the progenitor of wheat a subgenome *Triticum urartu*[J]. Nature, 557: 424-428.

Muzny D M, Scherer S E, Kaul R, et al. 2006. The DNA sequence, annotation and analysis of human chromosome 3[J]. Nature, 440: 1194-1198.

National Oceanic and Atmospheric Administration. 2023. How much oxygen comes from the ocean[EB/OL]. https://oceanservice.noaa.gov/facts/ocean-oxygen.html [2023-09-04].

Qin J J, Li R Q, Raes J, et al. 2010. A human gut microbial gene catalogue established by metagenomic sequencing[J]. Nature, 464: 59-65.

Rao S S, Huntley M H, Durand N C, et al. 2014. A 3D map of the human genome at kilobase resolution reveals principles of chromatin looping[J]. Cell, 159: 1665-1680.

Raynaud X, Nunan N. 2014. Spatial ecology of bacteria at the microscale in soil[J]. PLoS One, 9: e87217.

Sender R, Fuchs S, Milo R. 2016. Are we really vastly outnumbered? Revisiting the ratio of bacterial to host cells in humans[J].Cell, 164: 337-340.

Simpson R C, Shanahan E R, Scolyer R A, et al. 2023. Towards modulating the gut microbiota to enhance the efficacy of immune-checkpoint inhibitors[J]. Nature Reviews Clinical Oncology, 20: 697-715.

Wang J, Wang W, Li R Q, et al. 2008. The diploid genome sequence of an Asian individual[J]. Nature, 456: 60-65.

Wang W S, Mauleon R, Hu Z Q, et al. 2018. Genomic variation in 3,010 diverse accessions of Asian cultivated rice[J]. Nature, 557: 43-49.

Wang Y P, Lu Y, Zhang Y, et al. 2015. The draft genome of the grass carp (*Ctenopharyngodon idellus*) provides insights into its evolution and vegetarian adaptation[J]. Nature genetics, 47: 625-631.

Xia Q Y, Guo Y R, Zhang Z, et al. 2009. Complete resequencing of 40 genomes reveals domestication events and genes in silkworm (*Bombyx*) [J]. Science, 326: 433-436.

Yu J, Hu S N, Wang J, et al. 2002. A draft sequence of the rice genome (*Oryza sativa* L. ssp. *indica*) [J]. Science, 296: 79-92.

Zhang Z Y, Wang M, Xie D F, et al. 2018. METTL3-mediated *N*6 -methyladenosine mRNA modification enhances long-term memory consolidation[J]. Cell Research, 28: 1050-1061.

Zhao Y, Cheng M Y, Zou L, et al. 2022. Hidden link in gut-joint axis: gut microbes promote rheumatoid arthritis at early stage by enhancing ascorbate degradation[J]. Gut, 71(5): 1041-1043.

Zhong S J, Zhang S, Fan X Y, et al. 2018. A single-cell RNA-seq survey of the developmental landscape of the human prefrontal cortex[J]. Nature, 555: 524-528.

Zhu G T, Wang S C, Huang Z J, et al. 2018. Rewiring of the fruit metabolome in tomato breeding[J]. Cell, 172: 249-261.

Zong C H, Lu S J, Chapman A R, et al. 2012. Genome-wide detection of single-nucleotide and copy-number variations of a single human cell[J]. Science, 338: 1622-1626.

第七章

结构生物信息学

生物大分子结构研究是生命科学的前沿和热点，其科学发现对人口健康、农业生产、生态环境、国家安全等重大问题都有重要影响。结构生物信息学是生物信息学的一个分支，以生物大分子结构为主要研究对象，关注结构信息的获取、表示、存储、分析和应用。结构生物信息学帮助深入理解生物大分子的作用机制，将生命科学研究推进到了原子级别的深度。结构生物信息学的重要研究方向包括生物大分子结构预测、基于结构的功能预测、生物大分子相互作用预测，以及生物大分子结构设计和基于结构的功能设计等。

生物大分子的功能具有令人惊叹的多样性，而三维结构是决定生物大分子功能的基础。因此，我们需要通过研究生物大分子精确的空间结构及其动态变化来阐明相关的功能机制。获取生物大分子三维结构信息最精确的途径是结构解析，即通过各种实验方法来测定生物大分子的结构，主要包括 X 射线晶体学、核磁共振和冷冻电子显微术等。但目前通过实验解析的生物大分子结构还非常有限。以蛋白质为例，截至 2021 年 12 月，蛋白质数据库（Protein Data Bank，PDB）存储了约 18.5 万个蛋白质结构，而蛋白质知识库（UniprotKB）则收录了约 2.3 亿条蛋白质序列。通过实验方法获得的蛋白质结构还不到已知蛋白质序列的 0.1%，并且随着新物种基因组和蛋白质序列的解析，这一差距还将迅速扩大。

面对这种状况，开发出基于序列生成结构的计算方法，即结构预测，就显得尤为重要。生物大分子是由成百上千的单元组成的（如蛋白质分子由氨基酸组成），这些单元相互连接成一条长链，然后在生理条件下根据能量最低原则折叠成特定的三维结构。弄清生物大分子的折叠机理和能量函数对结构预测非常重要。生物大分子结构预测的研究在不断进步，但距离实验生物学家期望的准确率仍存在较大差距。2021 年 7 月，基于 Transformer 的端到端深度学习的引入为该领域带来了突破性的进展，在简单蛋白质上的表现已经接近实验方法（Jumper et al.，2021）。但是蛋白质复合物及 RNA 分子的结构预测目前仍具有很大的挑战。

结构生物信息学不仅可推测生物大分子的结构和功能，还被广泛应用于生物大分子的设计研究。在生物大分子设计中，须首先明确预期的结构和功能，然后寻找能折叠成该结构的生物大分子序列，并通过生物体系进行表达和功能验证。生物大分子设计有望引发一场未来科技革命，让我们用新的方式来操控世界。就像学会控制金属让人类走出了石器时代一样，生物大分子设计也可以使科研人员用前所未有的方式来操控生物大分子，从而制造出新的药物、疫苗，甚至是新的材料。

结构生物信息学作为一门交叉学科，面临着生物信息学和结构生物学飞速发展的大好机遇。目前数据库中收录了海量的生物大分子序列和结构的信息，结合人工智能计算方法，人们有望从这些信息中挖掘出序列、结构和功能的关系，揭示生命活动的奥秘，为人口健康和农业生产提供坚实保障。

第一节　发展历史与驱动因素

一、发展历史

结构生物信息学主要是对生物大分子三维结构信息进行获取、分析和应用等，以深入理解基因（包括变异）与生物大分子的结构-功能关系，阐明生命活动的分子机制。获得三维结构信息的手段主要包括实验研究、计算机预测或动力学模拟等。实验研究技术主要包括 X 射线晶体学、核磁共振和冷冻电子显微术等。近年来，冷冻电子显微术取得了关键性突破，极大地推动了以蛋白质“分子机器”为代表的生物大分子复杂体系的结构-功能和工作机制的研究。2017 年，诺贝尔化学奖授予对冷冻电镜研究做出开创性贡献的 3 位科学家雅克·杜波谢（Jacques Dubochet）、约阿希姆·弗兰克（Joachim Frank）和理查·亨德森（Richard Henderson），表明了基于冷冻电子显微术的结构解析对生命科学研究的重要作用。在后基因组时代，仅靠实验方法获得生物大分子的三维结构信息并不能很好地满足生物研究和医疗的需要，蛋白质的结构预测及相关的动力学研究也由此诞生。新兴的人工智能技术也为该方向的研究注入新鲜血液。

（一）生物大分子结构原理

生物大分子是由重复单元组成的线性多聚物：蛋白质由氨基酸组成，RNA 由核糖核苷酸组成，DNA 由脱氧核糖核苷酸组成。生物大分子的序列被认为是它的一级结构，序列组成的特异性决定了生物大分子的三维结构。

生物大分子的结构受到其组成单元（氨基酸等）间肽键或磷酸二酯键及氢键的几何约束，某些特定的局部构象形式经常会重复出现。这种基本不依赖于其他部分的局部结构被认为是生物大分子的二级结构。蛋白质中占主导地位的二级结构是 α 螺旋和 β 折叠，RNA 和 DNA 中的二级结构主要指的是碱基互补配对。二级结构主要是由主链原子之间的氢键来维持的，蛋白质的螺旋和折叠都能形成很多的氢键。

生物大分子的三级结构被定义为整个多聚链的三维结构。在三级结构的层面，侧链在形成最终的结构方面扮演着更为活跃的角色。氢键、盐桥、疏水相互作用、碱基堆积作用、二硫键都参与了生物大分子三级结构的形成。绝大多数生物大分子都有其独特的三级结构，但这些三级结构容易受到环境中的小分子、酸碱度、温度等影响而产生变化。

很多生物大分子并非仅通过一条多聚链来行使功能，而是以两个或者多个独立折叠的多聚链非共价结合在一起的方式存在。这些生物大分子被称为多亚基大分子，其亚基之间的组合方式被称为生物大分子的四级结构。相比于三级结构，生物大分子的四级结构更加松散。在一定条件下，亚基之间可以相互分离，而亚基本身的三级结构保持不变。

（二）生物大分子结构解析

结构解析是获取生物大分子结构的精确途径，即通过各种实验方法来测定生物大分子的结构，主要包括X射线晶体学、核磁共振和冷冻电子显微术等。

X射线晶体学是经典的结构解析方式。早在1895年，威廉·康拉德·伦琴就发现了X射线，随后X射线被用于无机化合物晶体的衍射实验。1913年，布拉格推导出了X射线衍射方程，使人们能根据衍射图案推断出组成晶体的化合物的结构，X射线晶体学就此诞生。1957年，科学家应用X射线晶体学解析了第一个生物大分子——抹香鲸肌红蛋白的结构。X射线晶体学的主要优势是能够达到很高的分辨率，甚至能精确地确定每一个原子的位置。但是X射线晶体学要求生物大分子能形成高质量的晶体，这严重限制了其在膜蛋白和大分子复合物中的应用。

核磁共振的原理是，核磁矩不为零的原子核在外磁场的作用下，会共振吸收某一特定频率的无线电波。根据被吸收的无线电波的频率，可以推断出原子形成了哪些化学键，从而解析出生物大分子的结构。核磁共振最大的特点是能直接在溶液中解析生理状态下的生物大分子结构，并且能获取结构动态变化的信息。然而，大分子量的生物大分子的核磁共振图谱非常复杂、难以解释，因此核磁共振只能解析分子量较小的生物大分子的结构。

近年来冷冻电子显微术迅速发展，在结构生物学领域逐渐发挥举足轻重的作用。冷冻电子显微术的主要流程是将生物大分子迅速冷冻得到玻璃态冰，然后用电子射线进行拍照，得到成百上千张不同朝向的生物大分子的照片，最后通过三维重构算法得到生物大分子的结构。2013年以来，电镜硬件的改进，尤其是相机的革新和三维重构软件的突破，大幅提高了冷冻电子显微术解析的生物大分子结构的分辨率，最新结果已经能够与X射线晶体学相媲美。冷冻电子显微术不需要得到晶体，而且样品使用量非常少，从而使得难以结晶的膜蛋白、大分子复合物及珍贵的生物样品的结构解析成为可能。在蛋白质结构数据库中，冷冻电子显微术解析的生物大分子结构所占比例越来越大。

（三）生物大分子分子动力学模拟

众所周知，生物大分子的微观结构动力学决定了其生物学功能，而传统分子生物学实验手段由于较低的时空分辨率，难以直接精确地研究不同生物大分子构象的动态变化。分子动力学模拟作为研究生物大分子功能和性质的新工具，已被广泛应用于蛋白质和核酸等物质的分子动态学行为研究。分子动力学模拟方法的基本策略是，以原子为基本元素，以牛顿第二定律为控制方程，在经验势场的作用下，采用计算机模拟由多个原子组成的分子体系随时间变化的动态演化过程。分子动力学模拟方法是耦合生物大分子力学-化学性质微观结构动力学基础的有效手段。

具体来说，分子动力学模拟可以在原子尺度上研究包括蛋白质分子、RNA 分子在内的生物大分子微观结构和动态变化特性，它不仅可以精确地描述包括蛋白质和核酸等生物大分子在不同环境因素作用下的构象变化，还可以协助研究人员理解各类生物大分子在生物学过程中发挥的功能。同时，分子动力学模拟的结果还可用于预测蛋白质或 RNA 结构与其功能之间的对应关系，从而指导实验设计和诠释实验结果。随着计算机模拟软硬件的持续发展及各种先进增强取样方法的完善，未来的分子动力学模拟应该朝着精细化的方向发展。例如，在分子动力学模拟中应该更充分地考虑环境因素作用下蛋白质及 RNA 等生物大分子的构象变化，以完成更加精准的建模。

（四）蛋白质结构预测

上述几种结构解析的实验方法各有优缺点，但共同的局限是要耗费大量的人力劳动。高通量测序技术和基因组注释软件使我们能获取海量的生物大分子基因序列，但是其中只有不到 0.1% 的生物大分子用实验方法得到了结构（Armstrong et al.，2019；Consortium，2023）。对于结构未知的生物大分子，如果能开发出计算的方法预测其结构，将会极大地促进我们对其生物学功能的理解。由于蛋白质是生命活动的主要承担者，而且 RNA 可供训练的结构数据非常少，本章主要讨论蛋白质的结构预测。

克里斯蒂安・安芬森（Christian Anfinsen）的研究表明，蛋白质的氨基酸序列决定了其三维结构。这为结构预测，即从蛋白质的氨基酸序列中预测出其三维结构，提供了理论基础。以往的研究表明，蛋白质在细胞中倾向采用最稳定的天然结构，即能量最低的结构（Anfinsen，1973）。

从头预测算法基于热力学和物理化学理论中的第一原理，采集氨基酸序列可能产生的所有结构，并且评估哪些是能量最低的结构。尽管在实际操作中，为了降低计算量，只采集一小部分重要结构，但从头预测算法仍然对算力有很高的要求，所以只能用来预测较小的蛋白质的三维结构。

为了突破这一限制，科学家们发展出了同源建模法和穿线法。同源建模法的基础是：蛋白质结构在进化中更稳定，其变化比相应的氨基酸序列慢得多，因此，进化距离较远的同源蛋白质序列仍然会折叠成相似的结构。同源建模法需要根据氨基酸序列的相似性来找到目标蛋白质的同源蛋白质，然后以同源蛋白质的已知结构作为模板，经过序列比对、主链生成、环区建模、侧链建模得到候选结构，最后根据能量最低的原则进行优化。穿线法也称折叠识别法，采用近似的能量函数将目标蛋白质匹配到一种已知的折叠类型。一旦确定了合适的折叠类型，就可以利用同源建模法来预测结构。

随着氨基酸序列信息的不断积累，克里斯·桑德（Chris Sander）等提出，共进化的信息可以用来进行结构预测。其理论依据是空间上邻近的两个氨基酸倾向共同进化，所以我们可以从多序列比对中计算出两个氨基酸的共进化程度，从而估计出它们之间的空间距离。在这些距离信息的约束下，蛋白质结构预测取得了重大进展，尤其是避免了对于同源蛋白质的依赖。

近年来，以深度学习为代表的人工智能方法在生命科学领域取得了一系列重大进展，研究人员也将其引入到了蛋白质结构预测中。2018 年谷歌公司的人工智能程序 AlphaFold 用神经网络预测氨基酸之间的距离矩阵和扭转角度，然后用梯度下降优化生成蛋白质结构，其表现远超同时期的其他方法。更加激动人心的是，2020 年谷歌公司的 AlphaFold2 实现了用神经网络端到端地进行结构预测，准确性大幅提升，解决了大部分简单蛋白质的结构预测问题。但是 AlphaFold2 对于孤儿蛋白质、抗体可变区域和蛋白质复合物的预测效果依然有待提升。

（五）基于结构的功能预测

1. 蛋白质功能位点预测

蛋白质作为生命系统的物质基础，其功能在很大程度上由结构决定。例如，对于一个起催化作用的蛋白质来说，序列上相距较远的几个氨基酸，可能在折叠之后在三维结构空间中距离相近，并构成一个精巧而独特的化学微环境，从而促使催化反应的发生。传统的生物学认为，蛋白质的序列决定了它的三维结构，也就决定了它的功能。因此，结构生物信息学的研究主要通过蛋白质序列来预测其功能，即通过和数据库中已知功能的蛋白质进行序列比对，依据蛋白质的已知功能，推测具有相似序列的蛋白质可能具有类似的功能。

由于蛋白质的三级结构通常比蛋白质的序列更加保守，并且也与蛋白质的功能更加相关，所以蛋白质结构的相似性也是蛋白质功能相似的关键指标。也就是说，蛋白质间的相似功能位点附近应该具有相似的局部结构。目前已有很多的计算方法基于蛋白质的结构来推测蛋白质功能，并且识别蛋白质的功能位点。其中，一类方法是通过结构比对的方式，将所预测蛋白质的结构与已知功能的蛋白质结构进行比较，最终通过局部结构相似来推测蛋白质的功能位点。另一类方法则是通过人工智能模型来学习不同类别蛋白质功能位点附近的序列和结构特征。例如，2021 年，纽约大学的博诺（Bonneau）课题组开发了人工智能模型 DeepFRI 来学习已知功能的蛋白质序列和结构信息，在此基础上预测未知蛋白质的功能类型及识别其中的功能位点（Gligorijević et al.，2021）。

2. 蛋白质－蛋白质 / 核酸 / 有机小分子相互作用预测

虽然一些蛋白质在生物体内主要以单体的形式行使功能，也有很大一部分蛋白质与其他配体分子结合形成生物复合物来参与细胞的生命活动。生物过程中许多关键的生理功能主要是由不同类型的蛋白质－蛋白质 / 核酸 / 有机小分子的相互作用所维系的，如细胞信号转导、基因表达调控等。人类疾病的产生都与其调控失调有关。因此，准确地识别蛋白质－蛋白质 / 核酸 / 有机小分子相互作用乃至其相互作用位点都至关重要。

以蛋白质－蛋白质相互作用的预测为例，通过蛋白质结构预测蛋白质－蛋白质相互作用的计算方法主要有以下几种。第一，通过分子对接的方式预测两个蛋白质是否可以相互作用。分子对接的方法可以预测出蛋白质之间细致的相互作用模式，但预测结果与真实结果之间仍然存在一定误差。由于分子对接计算量较大，因此无法高通量地预测大量蛋白质之间的相互作用。第二，对于需要预测相互作用的两个蛋白质，通过结构比对分别寻找与两个蛋白质间可能发生相互作用的结构，并通过实验加以验证。第三，通过人工智能模型学习由实验鉴定相互作用的蛋白质之间的序列、结构及物理化学特征，并以此预测新的蛋白质之间的相互作用关系。通过计算的方法预测蛋白质之间的相互作用，可以快速筛选可能的蛋白质-蛋白质相互作用模式，为进一步的实验验证和功能探究提供指导。

（六）基于结构的药物开发

小分子药物作为癌症、传染病等重大疾病的治疗方案之一，挽救了众多患者的生命。蛋白质作为生命活动的主要承担者，是绝大部分小分子药物的首选靶标。研究表明，小分子药物可以直接结合到靶蛋白的特定口袋结构中从而发挥其功能（Scott et al.，2016；Lu et al.，2020）。因此，如何对可以靶向致病蛋白的化学小分子进行准确鉴定是目前大多数小分子药物研发的关键。除此之外，蛋白质-蛋白质相互作用在细胞命运决定、信号转导等重要生命过程中起重要作用，也是疾病发生和发展的重要环节。因此，蛋白质-蛋白质相互作用界面也成为新药发现的重要靶标之一。然而，蛋白质-蛋白质相互作用界面具有作用面积大、相对平坦等特点，不利于药物分子，特别是小分子药物结合，从而使得基于蛋白质-蛋白质相互作用界面的药物设计面临严峻挑战。因此，发展蛋白质-蛋白质相互作用界面预测理论计算方法及其相应的药物设计方法，用于细胞信号通路研究和靶向蛋白质-蛋白质相互作用界面的合理药物设计，是一个意义重大的研究方向。

研究表明，目前已知的大部分蛋白质并没有适合的小分子药物结合位点，难以开发具有抑制性作用的小分子药物（Xie et al.，2023）。同时，在人类基因组中只有约 1.5% 的序列编码了蛋白质，其中与疾病相关的蛋白质只占据了编码蛋白质的 10%～15%（Warner et al.，2018；Brown，2020）。所以，人体内只有极低比例的蛋白质有可能成为药物靶点。除蛋白质以外，生物体内还存在包括 DNA 和 RNA 在内的其他生物大分子，也是小分子药物的潜在靶点。靶向 RNA 的化学小分子与传统的反义寡核苷酸（ASO）相比，在体内较为稳定并且不易降解，对细胞膜具有较高的通透性，同时对结构性区域具有较强的结合偏好。有些靶向 RNA 的小分子药物还可以对蛋白质的翻译效率和表达水平进行调控，从而解决了蛋白质“不可成药”的问题，这是一种极具潜力的新药研发方向。鉴于传统小分子药物的研发周期普遍较长，如果能将人工智能的方法应用于靶向 RNA 的小分子药物预测，有望为药物研发带来重大的变革，为人类社会中重大疾病和传染病的治疗提供新的思路和手段。

（七）蛋白质设计

蛋白质设计常常被认为是蛋白质结构折叠的逆向问题，其目标是设计蛋白质一级序列使其折叠形成满足需求的三维结构，从而获得比天然蛋白质更优越或者新的性质（如稳定性、底物结合能力等）与功能（如催化反应，与配体结合等）。与蛋白质结构预测类似，蛋白质设计也面临着候选氨基酸组合随序列长度延长而难度呈指数级增长的问题。因此，蛋白质设计所采用的工具方法也与蛋白质结构预测类似，需要能量函数对蛋白质内部结构进行打分筛选，同时需要高效的采样方法寻找能量低的蛋白质结构。

蛋白质设计可以大体分为基于模板的蛋白质设计和从头蛋白质设计。顾名思义，基于模板的蛋白质设计是以自然存在的蛋白质结构为模板进行设计的，使其具有新的功能或者更优越的性质；从头蛋白质设计则完全基于蛋白质折叠中的物理和化学的规律及目标需求，从头产生全新的蛋白质骨架及序列，其难度也更大。基于模板的蛋白质设计常被用于设计与配体或其他蛋白质结合的蛋白质、特定功能的酶等，从头蛋白质设计是对蛋白质结构理解的检测，也可能揭示出新的蛋白质折叠与结构的规律。此外，从头蛋白质设计不受限于现有的进化筛选得到的天然蛋白质的约束，可以设计异于常态的具有特别性质与功能的蛋白质。

蛋白质设计的步骤大体可以分为两步，首先根据需求设计蛋白质的整体与主链骨架结构，然后根据设计的蛋白质主链骨架结构，通过序列优化算法寻找能够稳定这一结构的氨基酸序列。选定蛋白质的基本折叠或拓扑结构后，需要初始化其主链骨架。对于给定的折叠，蛋白质主链骨架可以有许多种可能的构象，但只有一小部分蛋白质骨架构象可以折叠形成稳定的结构。类似于蛋白质结构预测中使用的策略，初始的蛋白质骨架可以由已知蛋白质结构中短肽片段组装得到，这些片段提供了稳定的二级结构模板，在一定程度上保证了局部结构的稳定性，这一策略被用于设计全 β 折叠蛋白。另一种方法是利用少量的参数构建数学模型来描述给定的蛋白质折叠可能的构象，然后通过这些参数来初始化蛋白质主链骨架。这一策略被用于成功设计卷曲螺旋（coiled-coil）蛋白。

当蛋白质的主链骨架确定后，需要序列优化算法寻找能够稳定这一结构的氨基酸序列。序列优化算法包括两个重要的组成部分。其中一个重要的组成部分是用于评估序列和结构的能量函数及搜索能量优势的序列与构象的算法。这里使用的能量函数与蛋白质结构预测中使用的类似，这些能量函数是对不同作用力的线性组合，包括了范德瓦耳斯力、原子堆积、空间排斥、静电相互作用、氢键、溶剂化及主链和侧链键的扭转能等，对不同作用力及其权重的估计由实验或者量子化学计算获得，目标是捕获天然蛋白质中的序列与结构的规律。研究表明，小分子热力学与生物大分子结构数据可以优化能量函数，进而帮助更好地进行蛋白质设计及蛋白质结构预测（Park et al.，2016）。对于序列优化的另一个重要部分——搜索能量优势的序列及侧链构象，研究者开发了一系列方法，包括对侧链旋转进行优化的终端清除（dead-end elimination）算法、对序列进行设计优化的均值场优化（meanfield optimization）算法等确定性的方法，以及遗传算法和模拟退火等随机性算法。著名的Rosetta的蛋白质设计模块使用了蒙特卡罗法及模拟退火寻找能量低的序列及旋转异构体。由于最优的氨基酸序列对蛋白质的三维结构非常敏感，依赖于准确的主链骨架结构，也有方法同时对侧链的旋转异构体及主链和侧链的扭转角进行优化。

目前，蛋白质设计仍然面临许多挑战。例如，能量函数还不能很好地平衡相互作用界面上的极性与非极性相互作用和溶剂效应，从而使得相互作用界面相关的设计成功率仍然很低，如酶的设计、单方面的相互作用界面设计等。环介导的相互作用仍然难以设计，如T细胞受体（TCR）与肽-MHC[①] 复合物的相互作用等。此外，对蛋白质的动态构象及移动进行设计与预测的方法仍极度匮乏。

尽管面临诸多挑战和困难，通过蛋白质设计来创造具有特定功能的新的蛋白质的能力仍然吸引着许多研究者，未来也将会逐步成熟。计算方法的提高、DNA测序及合成的进步，也使得蛋白质设计在医学、工业及科学研究中

---

① 主要组织相容性复合体（MHC）。

的广泛应用成为可能。例如，通过蛋白质设计对疟疾侵入蛋白质进行稳定性优化，使其能够作为疫苗的抗原；通过正交界面设计的具有双向特异性的抗体被应用于肿瘤免疫治疗。

（八）RNA 结构预测与设计

1. RNA 结构解析与预测

RNA 作为重要的生物大分子之一，是生物体内遗传信息传递的重要载体，广泛存在于生物细胞及部分病毒中。与蛋白质类似，RNA 分子也会在体内折叠并形成复杂的结构，这些复杂的结构是 RNA 分子行使不同功能的基础。因此，RNA 结构作为 RNA 功能研究的基础，长期受到关注。

1）基于生物物理方法的 RNA 结构鉴定

传统的 RNA 结构解析方法主要包括 X 射线晶体学、核磁共振及冷冻电子显微术等技术。但是，由于 RNA 分子结构特别易变、不稳定，仍有大量复杂的 RNA 结构无法通过这些方法被准确解析。此外，这些物理方法捕获的状态都是 RNA 分子在细胞外相对简单的溶液体系中呈现的结构，无法准确反映出细胞内的环境下的 RNA 结构状态。虽然这些实验方法可以得到原子分辨率的 RNA 三维结构，但是对于每一个 RNA 都需要反复摸索在体外获得其结构的溶液条件，极大限制了这些方法的大规模应用。

2）基于高通量方法的 RNA 结构探测

随着二代测序技术的蓬勃发展，人们通过单次实验便可完整地捕获全转录组的 RNA 结构信息。目前主要有两大类利用高通量手段解析 RNA 结构的方法。①特异性地修饰单链 RNA，主要方法包括硫酸二甲酯测序（DMS-seq）、体内点击选择性 2-羟基酰化分析实验（icSHAPE）、基于引物延伸和突变特征的选择性 2′-羟基酰化分析实验（SHAPE-MaP）等。②通过末端连接获取双链的 RNA 结构信息，主要方法包括基于补骨脂素的 RNA 相互作用和结构分析（PARIS）、基于补骨脂素交联、连接和选择的杂合物测序分析（SPLASH）等。此外，随着纳米孔测序技术的发展，近期也出现了包括纳米孔测序（PORE-cupine）在内的 RNA 结构解析新方法。但是，目前的这些方法仅可以实现 RNA 二级结构的高通量探测，仍然无法对 RNA 的三级结构进行大规模的解析。

3）基于生物信息学方法的RNA结构预测

除以上的实验方法外，研究人员在过去二十年中，还开发了一系列对RNA二级结构或三级结构进行预测的计算方法。根据这些工具的预测原理，可以将它们划分为基于知识的方法和基于学习的方法。在基于知识的方法中，基于最小自由能的方法是迄今使用最广泛的方法，其主要通过动态规划算法对热力学最稳定的RNA结构进行搜索，代表性的方法包括Mfold、RNAstructure、RNAfold等。但是，这类方法的主要局限性是随着RNA序列长度的增加，结构预测的耗时提升，准确率降低。另一类基于知识的模板匹配的方法，主要通过在已知RNA结构的模板库中进行匹配和采样，并根据能量最小的原则组装出完整的RNA结构，代表性的方法包括RNAComposer、FARFAR2、3dRNA等。虽然基于模板匹配的方法几乎是RNA三级结构预测中为数不多的选择，但这类方法仅用来预测与被实验解析出结构的RNA有类似序列的RNA分子的结构。考虑到结构比序列在更大程度上受到进化的保护，人们开发了基于共进化的RNA结构预测方法，代表性的方法包括Centroidfold、Dynalign Ⅱ等。基于共进化的方法避免了能量计算的不准确，并且能够预测功能上具有相关性的RNA结构。但是该方法受限于同源序列的数量，并且需要采用合适的多序列比对策略才能进行准确的结构预测。

随着RNA结构数据的增加和人工智能的快速发展，基于学习的方法在RNA结构预测方面取得了显著进展，特别是基于深度学习的RNA结构预测方法受到了越来越多的关注。目前较为主流的RNA结构预测模型包括：①卷积神经网络，该方法使用一个或多个卷积层对输入数据进行局部的卷积操作，对数据的局部特征具有较强的表示能力，主要方法包括CDPfold和Ufold。但是该方法不能记录核苷酸之间的相对位置，而核苷酸之间的顺序信息对结构的形成往往具有重要的含义。②递归神经网络，该方法中包含一类特殊的记忆单元，也称为长短期记忆（LSTM）网络，是一种将神经元节点连接起来形成具有记忆功能的神经网络，这使其具备了记录每个核苷酸之间相对位置信息的能力，主要方法包括DMfold和DpacoRNA。但是该方法不擅长处理核苷酸之间的长距离依赖关系，以及较长的核苷酸序列。③Transformer，其因近期在蛋白质三级结构预测领域的卓越表现受到了人们的广泛关注，该方法引入注意力机制来对核苷酸序列的局部特征和全局特征进行提取，并且能够捕获核苷酸序列中的长距离依赖关系，主要方法包括E2Efold和ATTfold。此外，人们也在尝试通过整合多种模型来弥补单个模型的局限性，以提高RNA结构预测的准确性。值得一提的是，受限于已知的RNA结构的数据类型，目前几乎所有的RNA结构预测方法都是围绕RNA的二级结构预测开展的。

2. RNA结构设计

在新冠疫情防控的背景下，mRNA分子显示出作为候选疫苗的潜力，并且人们已经成功研发出针对COVID-19的mRNA疫苗。然而RNA的水解问题会对mRNA疫苗的制造、储存、运输及药效等造成影响。研究表明，双链区域的存在可以减缓RNA的水解（Mikkola et al.，2001）。因此，一种减少RNA水解的设计方法是增加RNA分子中二级结构的双链配对区域。基于该理论，来自斯坦福大学的瑞朱·达斯（Rhiju Das）团队于2021年提出了估算一个RNA抗水解稳定性的简单计算模型，该方法将mRNA的平均未配对率与其总水解率联系起来，有助于提高人工设计的mRNA的稳定性，以便进一步优化mRNA疫苗 (Wayment-Steele et al.，2021)。因此，从RNA结构的角度对mRNA分子进行设计以提高其稳定性也是当前一个新兴的研究方向。

二、政策支持

生物大分子结构研究是生命科学研究的基础和核心领域，对人口健康、农业、环境生态、国家安全等重大问题具有重要影响，因此生物大分子结构及相关的生物信息学研究已经成为世界各国大力支持的前沿热点。

（一）发达国家加强生物大分子结构研究的战略部署和资助力度

从2000年开始，美国国立卫生研究院至少投资了12.61亿美元（杨艳萍等，2018），主要支持蛋白质结构计划（PSI）、癌症临床蛋白质组技术计划（CPTC）和临床蛋白质组计划等3项重大科学研究计划。美国还建立了蛋白质数据库，收集和共享生物大分子的三维结构数据。美国能源部（DOE）启动了“从基因组到生命”（GTL）的5年计划，将蛋白质及其复合体的功能及相互作用网络作为主要研究内容之一，还将计算机技术在蛋白质折叠中应用列为其优先发展计划之一。

英国设立了生活技术和生物分子科学委员会（BBSRC），支持基础和应用的生物分子科学研究，包括生物大分子结构、功能和相互作用。英国还参与了欧洲分子生物学实验室（EMBL）的建设和运营，欧洲分子生物学实验室是一个跨国的研究机构，有英国、德国、法国等共28个欧洲国家参与，致力于推动生命科学的发展，其中包括生物大分子结构的研究。德国作为欧洲分子生物学实验室的成员国之一，同时也设立了马克斯·普朗克生物化学研究所（MPIB），其中有一个专门的部门从事结构和信号转导研究，利用X射线晶体学、核磁共振、电子显微镜等方法研究生物大分子的结构和功能。

1998年，日本理化学研究所成立蛋白质研究小组，率先进行蛋白质研究。随后，日本斥资1.6亿美元启动了“蛋白质3000”计划，目标是在5年内解析3000种蛋白质的结构和机能。2004年，日本文部科学省投资100亿日元研究人类生命的形成过程，主要研究蛋白质合成机理，以应用于新药开发。

（二）我国重视和加强生物大分子结构研究

早在2006年，我国就已经在《国家中长期科学和技术发展规划纲要（2006—2020年）》中明确将蛋白质研究列为国家重大科学研究计划之一。2012年，科学技术部又将蛋白质研究纳入国家重大科学研究计划——“十二五”专项规划之一。2013年，我国发布了《国家重大科技基础设施建设中长期规划（2012—2030年）》，计划启动大型成像和精密高效分析研究设施建设。2016年，国家发展和改革委员会在发布的《国家重大科技基础设施建设“十三五”规划》中指出，优先建设高能同步辐射光源、硬X射线自由电子激光装置、多模态跨尺度生物医学成像等相关设施。同时，我国也加大了蛋白质研究资助力度，启动了一批与生物大分子结构研究相关的国家科技攻关重大专项、国家重点基础研究发展计划（973计划）和国家高技术研究发展计划（表7-1）。

表7-1 我国生物大分子结构研究的相关规划

规 划	内 容
《“十三五”生物技术创新专项规划》	基于现代生命科学发现的潜在药物作用靶标，结合新一代计算机与人工智能技术及结构生物学研究成果，开展药物分子计算机辅助设计技术研究，开发基于新结构、新靶点的创新药物，加强中药的经典名方、优势中药复方与活性成分的研究和开发

续表

规　划	内　容
《“十三五”国家科技创新规划》	加快推进基因组学新技术、合成生物技术、生物大数据、3D 生物打印技术、脑科学与人工智能、基因编辑技术、结构生物学等生命科学前沿关键技术突破，加强生物产业发展及生命科学研究核心关键装备研发，提升我国生物技术前沿领域原创水平，抢占国际生物技术竞争制高点
《蛋白质研究国家重大科学研究计划“十二五”专项规划》	应用 X 射线晶体学、高精度冷冻电子显微术、核磁共振等手段，研究参与基因表达调控、能量转换和信号转导等重要生命活动的蛋白质及其复合物的结构及作用机制，包括：（与重要生理功能相关的）蛋白质及其复合物在不同时空尺度下的蛋白质结构特征、动力学性质与功能等
《国家中长期生物技术人才发展规划（2010 ～ 2020 年）》	依托国家重点实验室和国家工程技术中心，瞄准世界生命科学和生物技术前沿的发展趋势，到 2020 年，力争在基因组和功能基因组、蛋白质组及结构生物学、代谢组及系统生物学、干细胞与组织工程、转基因动植物与克隆动物、神经生物学、疫苗和抗体、生物治疗、重大传染病的防控、生殖与发育和生物催化与生物转化等方向培养和造就 30 ～ 50 名国际一流创新人才和若干创新团队
《北京市加快医药健康协同创新行动计划（2018 ～ 2020 年）》	创建一个统一、开放、共享的健康大数据中心，建立生物样本库和数字化临床研究网络。与关键领域和团队合作，制定北京医药健康协同创新发展重点方向目录，特别关注干细胞与再生医学、脑科学与类脑、结构生物学等前沿方向。在一些前沿领域，建设新型研发机构，建造大型科学装置，为原始创新成果的培育提供支持，推动创新药物、高端医疗器械及医药健康、人工智能和大数据技术融合新兴业态等领域发展

第二节　国内研究基础与国际竞争力

随着我国经济高速发展和综合国力不断增强，国家对于科研领域的投入也不断加大。自2005年起，国家出台了加大在蛋白质科学研究的投入的政策，我国陆续将冷冻电子显微术作为国家蛋白质基础设施（北京）的发展重点。此后，国家蛋白质基础设施在北京、上海、杭州及深圳陆续开展了冷冻电镜平台的相关布局规划。这些先进冷冻电镜平台的建立，为解析蛋白质复合物的结构奠定了坚实基础。

我国在生物大分子结构研究方面取得了诸多突破性的进展。例如，清华大学施一公团队以冷冻电子显微术为主要技术，解析了 RNA 剪接过程所涉及的剪接体复合体的结构，阐释了剪接体识别并切除内含子，并将外显子拼接为成熟 mRNA 的工作机制（Zhang et al.，2017）；中国科学院生物物理研究所朱平和李国红团队利用冷冻电子显微术解析了体外组装的 30 纳米染色质纤维的结构，该成果不仅揭示了 30 纳米染色质的折叠模式，也为理解表观遗传调控提供了结构基础（Song et al.，2014）；清华大学施一公团队及合作者解析了人源 γ-分泌酶（γ-secretase），为了解 γ- 分泌酶活性调节机制和开发神经退行性疾病的治疗药物提供了结构基础（Lu et al.，2014）；清华大学颜宁团队及其合作者解析的钠通道、钙通道、脂质转运蛋白和葡萄糖转运蛋白的结构，为理解它们的作用机制和相关疾病致病机理提供了坚实的基础（Shen et al.，2018）；北京大学高宁团队及合作者以冷冻电镜为主要技术，解析了酵母的一系列不同状态下的核糖体 60S 亚基前体复合物的结构，确定了近 20 种装配因子在核糖体上的结合位置及其原子结构（Wu et al.，2016a）；清华大学杨茂君团队及其合作者解析了线粒体呼吸链超级复合物的结构，为治疗线粒体相关能量代谢疾病提供了重要的实验依据及结构基础（Gu et al.，2019）；清华大学隋森芳团队解析了藻类捕光复合体藻胆体的结构，为揭示藻胆体与光系统Ⅱ之间的能量传递机制奠定了结构生物学基础（Ma et al.，2020）；中国科学院生物物理研究所 / 清华大学饶子和团队解析了乙型脑炎病毒、甲型肝炎病毒 / 中和性抗体复合体，以及人类重要病原体 Aichi 病毒的结构，为抗病毒药物和疫苗的研发提供了新的靶标和方向（Qiu et al.，2018）；中国科学院微生物研究所高福团队、清华大学王新泉团队解析了新冠病毒表面蛋白及复合物结构，阐明了新冠病毒与受体细胞相互作用的分子机制（Lan et al.，2020）；清华大学王宏伟课题组解析了人源核酸内切核酸酶 Dicer 蛋白的全长高分辨率结构，并揭示了 Dicer 蛋白的工作机制（Liu et al.，2018）；复旦大学徐彦辉团队解析了一个全新的转录调控蛋白质磷酸酶复合物（integrator-PP2A complex，INTAC）的结构，揭示了 INTAC 作为一个双功能酶，同时具备 RNA 剪切和去磷酸化活性，并发挥转录抑制的功能（Zheng et al.，2020）；中国科学院生物物理研究所柳振峰团队及其合作者解析了植物光合反应超级复合物光系统Ⅱ-捕光复合物（PSII-LHCII）的结构（Wei et al.，2016）；等等。这些科学突破为全世界生物大分子结构研究做出了杰出的贡献。

我国在蛋白质和 RNA 的结构预测和设计方面也取得了一系列突出成果。例如，中国科学院上海药物研究所蒋华良研究组基于统计分析的自适应取样方法，可以较好地解决动力学模拟采样难的问题（Li et al., 2014）；北京大学来鲁华研究组在蛋白质对接、蛋白质结构和功能设计，以及基于结构和基于系统的药物设计方法与应用研究方面做出了杰出贡献（Xu et al., 2018；Huang et al., 2021；Ruan et al., 2020；Wang et al., 2021）；中国科学技术大学生命科学学院刘海燕研究组也在蛋白质设计领域取得重要进展，成功实现既定目标结构的蛋白全序列从头设计（Xiong et al., 2014, 2017；Huang et al., 2022）。此外，北京大学鄂维南研究组（Wang et al., 2018；Zhang et al., 2018）、中国科学院大连化学物理研究所李国辉研究组在分子动力学模拟方面（Chu et al., 2017；Wang et al., 2020），中国科学院计算技术研究所卜东波课题组（Zhu et al., 2017；Wang et al., 2019）、清华大学龚海鹏课题组（Ding and Gao, 2020；Mao et al., 2020）、华中科技大学肖奕课题组（Wang et al., 2015, 2017；Zhang et al., 2020a, 2022）、深圳湾实验室周耀旗研究组、清华大学鲁志课题组（Wu et al., 2015, 2016b）在 RNA 结构预测方面也取得了重要的研究进展。在蛋白质和 RNA 的结构预测方面，清华大学曾坚阳课题组（Wang et al., 2016；Li et al., 2017；Xiong et al., 2021）、张强锋课题组在利用深度神经网络进行蛋白质与 RNA（Sun et al., 2021a；Xu et al., 2023）、蛋白质与小分子相互作用，以及 RNA 结构分析方面（Li et al., 2018；Sun et al., 2019, 2021b）都做出了有影响力的工作。

第三节　发展态势与重大科技需求

一、发展态势

（一）重要成果

1. 蛋白质三维结构预测取得革命性突破

众所周知，蛋白质作为重要的生物大分子，是一切生命活动的承担者。因此，准确地解析蛋白质的三维结构是揭示蛋白质功能的关键。但是，目前通过实验方法确定一个蛋白质的结构往往需要耗费研究者数月甚至数年的时间，这极大地限制了该研究领域的发展。著名的人工智能研究机构 DeepMind 于 2020 年提出了一个可以准确预测蛋白质结构的计算方法，即 AlphaFold2（Jumper et al.，2021）。在两年一度的国际蛋白质结构预测关键评估竞赛中，AlphaFold2 取得了近乎完美的表现，在近 100 个蛋白质靶点中，对 2/3 的蛋白质靶点给出了与实验手段获得的蛋白质结构相差无几的预测结果，并且预测准确性远远超过了其他方法，说明人工智能模型已经能够很好地基于蛋白质序列预测蛋白质结构。该方法也入选《自然》《科学》公布的 2021 年十大进展。

具体来说，AlphaFold2 以深度神经网络 Transformer 架构为基础，一方面，使用注意力机制捕获氨基酸之间的局部特征和全局特征；另一方面，利用多序列比对寻找预测蛋白质的同源蛋白质，并将蛋白质的同源结构信息整合到深度神经网络当中，使模型推断出同源蛋白质在结构和功能上的相似关系，以实现蛋白质三维结构的精准预测。在后续工作中，研究者还使用 AlphaFold2 预测出了 35 万种蛋白质结构，包括人类基因组表达的约 2 万种蛋白质和其他 20 个物种（如大肠杆菌、酵母和果蝇）的蛋白质，比目前实验方法解析出的蛋白质结构数量高出两倍以上（Tunyasuvunakool et al.，2021）。毫无疑问，AlphaFold2 将显著加快包括药物分子设计、蛋白质–蛋白质相互作用预测等蛋白质结构相关的研究进程。

2. 从头蛋白质设计迎来重大突破

蛋白质结构预测与蛋白质设计作为蛋白质折叠问题的一体两面，都极大地依赖于我们对蛋白质折叠规律的理解和掌握，同时两者的发展也是相辅相成的。通过计算准确地预测给定氨基酸序列的蛋白质的三维结构，可以帮助我们揭示蛋白质功能的结构基础，理解蛋白质参与细胞生命过程的内在机理。相反地，蛋白质设计，则是基于给定的蛋白质结构设计氨基酸序列，使其能够折叠形成具有稳定的目标结构和特定功能的蛋白质。其中，从头蛋白质设计依据的初始序列与三维结构都是未知的，是世界性难题。随着计算机算法与 DNA 合成及测序的不断进步，研究者们可以大规模地进行测试，极大地推动了从头蛋白质设计领域的发展与应用。

华盛顿大学的戴维·贝克（David Baker）团队是蛋白质设计算法研究的领军团队，取得了一系列引领性的研究成果。1998 年，戴维·贝克团队开发了一种用于蛋白质结构预测的 Rosetta 算法平台。2006 年，他们基于 Rosetta，结合蒙特卡罗法与模拟退火，进一步开发了蛋白质设计算法 RosettaDesign，并集成于 Rosetta 平台。2017 年，戴维·贝克及其同事基于这个平台设计出数千种不同的蛋白质，并通过实验验证了这些蛋白质具有预期的三维结构，并且这些结构大多不同于自然界发现的蛋白质结构，表明研究者已经初步具备了蛋白质从头设计的能力。2019 年 1 月，他们在《自然》又发表一项重磅成果，利用计算机程序创造了一种全新抗癌蛋白质，该蛋白质在拥有白细胞介素 2（IL-2）抗癌作用的同时，还能避免发生毒副反应。这项工作开辟了基于蛋白质设计治疗癌症、自身免疫性疾病和其他疾病的新途径（Silva et al.，2019）。紧接着，2019 年 5 月，《科学》刊发了该团队设计出的一种对酸产生反应的蛋白质，可通过预测、调节的方式对环境做出反应。该蛋白质可在中性 pH 环境下自行组装成预设的结构，并在酸性环境下快速分解。实验结果表明，这些动态蛋白质可以按照预期方式运动，并利用它们的 pH 依赖性运动来破坏脂质膜（包括细胞内重要的亚细胞结构的脂质膜），有望为向细胞内递送药物提供新的策略（Boyken et al.，2019）。这种可以按照预定方式运动的合成蛋白质分子可以渗透到细胞核中，在药物传递方面大有可为，而对于这种分子的设计能力的掌握更将推动分子药物设计的新浪潮。

人工智能算法（如 AlphaFold2）的发展极大地促进了蛋白质结构预测领域的发展，同一时期，戴维·贝克与其合作者的团队结合深度神经网络及 trRosetta 开发了 RoseTTAFold（Yang et al.，2021）。在大量天然蛋白质结构数据上进行训练之后，极大提高了蛋白质结构预测的准确性，因此可以认为 trRosetta 捕获到了蛋白质从氨基酸序列到折叠形成三维结构的重要信息。基于 trRosetta，戴维·贝克团队对蛋白质设计的方法进行了开创性的探索研究。他们利用随机生成的氨基酸序列作为输入，利用 trRosetta 的蛋白质结构预测网络结合蒙特卡罗法对随机序列进行优化，最后得到一系列全新的与天然存在的蛋白质不同的序列及结构，并通过实验验证了一部分结构。不同于传统的基于蛋白质折叠物理规律的蛋白质设计模型，这一工作向我们展示了人工智能算法在蛋白质设计领域的强大能力，拓展了我们进行蛋白质设计的工具与思路（Anishchenko et al., 2021）。该研究只是人工智能在蛋白质设计领域应用的开端，随着蛋白质数据的积累与算法的进步，未来我们或将具备更加强大完备的蛋白质设计能力，并将这些新的人工设计蛋白质应用于医学健康、工业生产等领域。

3. RNA 三级结构预测的重要进展

与蛋白质类似，RNA 分子也会折叠成三维结构以执行一系列功能，如催化反应、基因表达、调节先天免疫和感知小分子等。因此 RNA 的三维结构有助于我们理解RNA发挥作用的机制、设计合成RNA和发现RNA靶向药物等。鉴于 RNA 的灵活性，其三维结构难以通过实验或计算来确定，导致人类目前对 RNA 三级结构的了解，远远落后于对蛋白质结构的了解。

美国斯坦福大学利用当前先进的神经网络技术，开发了一种全新的 RNA 三级结构预测模型 ARES，以实现 RNA 三维结构的精确预测。具体来说，ARES 基于几何深度学习的方法，从原子层面对 RNA 的原子坐标及原子类型进行特征提取，表明 ARES 无须对 RNA 残基的特征进行假设，即没有关于双螺旋、碱基对、核苷酸或氢键的先入为主的概念，这使得 ARES 适用于任何类型的分子系统。此外，与以往直接预测结构的方式不同，ARES 的框架并不是针对 RNA 的天然结构设计的，而是针对人工模型与天然结构的比较，并通过不断地调整参数，使得 ARES 可以依据 RNA 人工模型与天然结构上每个原子之间的相对位置及几何排列的不同，推算出人工模型与天然结构的差距。为了评估 ARES 模型的准确性，研究人员收集了 2010～2017 年发表的 RNA 结构。对于每个 RNA 结构，研究人员使用 FARFAR2 软件生成了至少 1500 个结构模型。然后，他们应用经过训练的 ARES 为每个模型生成一个分数。结果表明，该评分方法得到的 RNA 三级结构与天然结构均具有较高的相似度，并且性能均优于其他类似的包括 Rosetta、RASP，以及 3dRNAscore 在内的工具。值得注意的是，以前的打分函数一般根据物理原理来推导或者通过对 RNA 结构构象进行统计分析，而 ARES 模型的不同之处是通过深度学习来获得这样的打分函数，并通过 RNA 三级结构预测工具给定一个人工结构模型，预测这个模型与真实的结构相差有多远（Townshend et al., 2021）。虽然该方法的本质也是对 RNA 不同的折叠构象进行评分，但是它在 RNA 结构预测领域是具有里程碑意义的。

（二）成果转化

在药物的发现过程中，新药物需要具有与治疗靶标的特异结合能力是重中之重。传统的药物研发依赖于大规模的实验筛选，需要投入大量的时间及资金。随着生物分子结构测定方法的发展、人类基因组计划的完成和生物信息学的进步，大量具有治疗意义的靶标蛋白质三维结构被解析，尤其是随着冷冻电子显微术的发展，越来越多的复杂蛋白结构被解析，这为基于结构的药物设计奠定了基础，加快了药物发现的步伐。与传统的药物研发方法相比，基于结构的药物设计技术结合了结构生物学与计算化学等多学科的前沿成果，从确定的靶标蛋白结构出发，进行了大规模的虚拟化合物库筛选或小分子结构设计，能够更加快速、经济和高效地发现先导化合物。此外，基于结构的药物设计也提供反向筛选服务，从现有的药物或活性小分子结构出发，预测潜在的靶标或确定药物的新用途，被广泛应用于解释药物的分子机制、发现药物的替代适应证，以及检测药物不良反应等。基于结构的药物设计已经产生许多临床药物，如一系列人类免疫缺陷病毒（human immunodeficiency virus，HIV）蛋白酶抑制剂、胸苷酸合成酶抑制剂雷替曲塞等。

基于结构的药物设计涉及结构生物学、计算化学、生物信息学等多个学科，蛋白质结构测定技术、小分子药物筛选平台等多种实验技术平台，以及靶标分析、同源建模、分子对接、虚拟筛选和分子动力学模拟等计算方法及高性能计算平台。因此，基于结构的药物设计服务平台是一个多学科交叉和多种前沿技术结合的平台。

目前，药物研发仍然面临许多挑战，如虚拟筛选效能的提高、多效药物的结构设计、药物毒性的算法提升等。特别地，药物相关研究和临床数据的快速积累也对这些数据的处理和分析能力提出了挑战，开发与发展相关的人工智能算法是未来的方向。

二、重大科技需求

（一）超大分子复合物的动态结构解析

1. 超大分子复合物结构的解析

细胞作为基本的生命单元，其功能并不是由单个生物大分子独立完成的，而是由成千上万种生物大分子通过相互作用、动态组装形成的超大分子复合物来执行的。超大分子复合物往往是由蛋白质、DNA、RNA 相互作用而形成的，并在生命过程中能够相对独立地完成特定生物学功能。细胞利用这些复合物来保证遗传信息的正确表达，并维持正常的生理功能。超大分子复合物既是生命活动的执行者，也是解析生命奥秘的关键。研究生命活动中重要的超大分子复合物的结构、功能及调控是破解生命奥秘、绘制生命蓝图的重要途径之一。RNA 聚合酶、核糖体及 G 蛋白偶联受体等多项获得诺贝尔奖的工作，都是通过对特定生物大分子复合体的不懈研究，从而在本质上揭示其所执行的生命活动的基本规律的。因此，解析出超大分子复合物将推进人类在原子水平上对生命本质的认识与理解，加快重大疾病发生发展过程的机制研究，加速针对相关疾病的创新药物研发。

近年来，随着冷冻电子显微术的突破性发展，越来越多的超大分子复合物成功地被解析。图 7-1 展示了 1989～2021 年解析的蛋白质-核酸复合物的数量统计。

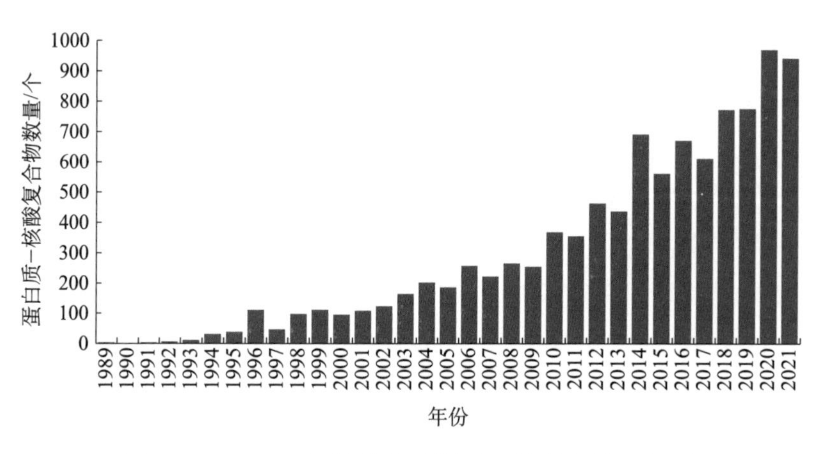

图 7-1　1989～2021 年解析的蛋白质-核酸复合物的数量

资料来源：PDB Statistics: Protein-Nucleic Acid Complexes Released Per Year. https://www.rcsb.org/stats/growth/growth-protein-na-complex［2023-09-07］.

目前超大分子复合物结构的解析面临的问题主要有两方面。第一，超大分子复合物的样品较难制备。超大分子复合物往往具有较高的分子动态特性，并且在行使不同功能的时候出现不同的构象变化，很难获得大量的富集的分子，甚至有的还具有优势取向，这些都会增加样本制备的难度。第二，超大分子复合物的结构较难解析。超大分子复合物的动态变化、优势取向等问题，给三维重构算法带来了巨大的挑战，三维重构算法需要准确地将不同的构象分到不同的类别中，否则混在一起会导致重构出的密度图分辨率低，从而较难搭建出高分辨率的原子模型。因此我国亟须发展综合利用冷冻电子显微术、蛋白质晶体学等多种生物物理技术的整合型技术手段，结合结构生物信息学、人工智能生物学、计算机视觉、自然语言处理等相关研究的技术和方法，针对超大分子复合物结构解析，开发出高效、准确的新技术和新方法。

2. 动态结构的解析

超大分子复合物是细胞行使功能的基础，超大分子复合物的结构在本质上是动态的，通常表现出连续的构象，其动态的结构与功能紧密相关。解析出超大分子复合物结构的运动和构象变化将有助于阐明生命活动中的机理，并有助于靶向蛋白特定功能变化的治疗药物分子的设计。单颗粒冷冻电子显微术可以一次性收集成千上万张二维电镜图像，这些图像中往往包含了目标分子的动态三维构象。因此，冷冻电子显微术在解析具有生物功能的动态结构方面具有广阔的应用前景。然而，目前还没有非常有效地从二维图像解析出连续动态结构的方法。我国亟须开发新型三维重构算法，将大量的存在于二维电镜图像中分子的连续动态构象解析出来，从而获得更高分辨率的结构。

目前二维电镜图像重构面临的关键挑战包括：首先，必须从二维图像中估计出大量的未知数变量，包括密度图的三维结构、构象变化空间的表示及每张图像在该构象上的位置和角度；其次，分子动态的构象通常是非线性的，需要具有鲁棒性的非线性三维重构算法来解决；再次，必须通过设计方法从不同的构象中聚合结构信息，从而解决传统三维重构算法无法重构出三维图的细节的问题；最后，必须以足够高的准确度估计出未知数，尤其是要应对图像信噪比低、计算难度大的问题，以便能够重构出高分辨率密度图，进而才能得到高分辨率的结构。

（二）生理和病理状态下结构分析

1. 原位结构的解析

冷冻电子断层扫描技术是一项重要的冷冻电子显微术，可以获得细胞和组织样品更接近生理状态的生物大分子原位结构信息及蛋白质机器原位相互作用信息。该技术被认为是分子生物学和细胞生物学联结的桥梁，被称为“可视化蛋白质组学”。然而该技术对样品的厚度有一定的要求，必须在300纳米以下，而高压冷冻后的样品厚度一般都在100微米以上，如何制备出适合冷冻电子断层扫描技术研究的高质量的生物组织样品切片是原位结构生物学领域面临的一个重要技术问题。另外，冷冻电子断层扫描技术的三维重构方法一直受限于有限角度采样的制约，从而导致得到的结构中有缺失锥效应，这样严重影响了结构的分辨率。因此，基于冷冻电子断层扫描技术原位结构的解析面临着样品难以制备和分辨率难以提升的两大难题。我国对冷冻电子断层扫描技术的研究起步较早，迫切需要针对这两大难题进行深入研究，从而使得我国占领原位结构解析的高地。

2. 生理和病理状态下的结构解析

生物大分子在生命活动中的每个环节都发挥着重要的作用，疾病的发生与生物大分子息息相关。在生理和病理状态下，对生物大分子在分子甚至在原子水平进行结构分析，是发现病理发生机制的重要方法。与生物大分子结构相关的疾病，可以通过分析生理和病理状态下该分子的序列突变、二级结构动态变化、三维结构构象变化及与小分子的结合引起的活性变化等得出病理机制，针对引起结构变化的因素。例如，结合位点或修饰位点设计小分子药物来抑制这一变化，可以达到治疗疾病的目的。

目前，分析生理和病理状态下结构变化的方法还没有明确的分类。相关的方法主要涉及统计学、病理生理学、生物信息学、结构生物学、计算化学等学科，属于多学科交叉融合的方法。近年来，随着人工智能方法在蛋白质结构预测、RNA结构预测、RNA结合蛋白质位点预测、药物分子结构生成等重大生物学问题上取得颠覆性的成果，越来越多的结构分析方法利用这些成果进行结构分析。一方面，可以通过突变关键位点，并基于人工智能方法进行结构预测，进而进行病理分析和实验验证；另一方面，通过收集大量的生理和病理状态下的结构数据，设计深度神经网络，进行训练学习，得到可以基于结构预测疾病的人工智能模型。在该模型的基础上，输入病理状态下的结构，并进行梯度反向传播，可以得到输入结构所有位点的梯度，再对梯度进行分析，得到潜在的关键结构位点，从而为病理分析提供线索。

（三）药物研发和药物设计

结构生物信息学在药物发现和药物设计中发挥着重要的作用，尤其是基于人工智能的方法在靶向蛋白结构预测、从头药物设计、化合物合成、理化性质预测及新药有效性预测等方面，可以显著提高研发效率、节约研发资金、降低临床试验的风险（图 7-2）。

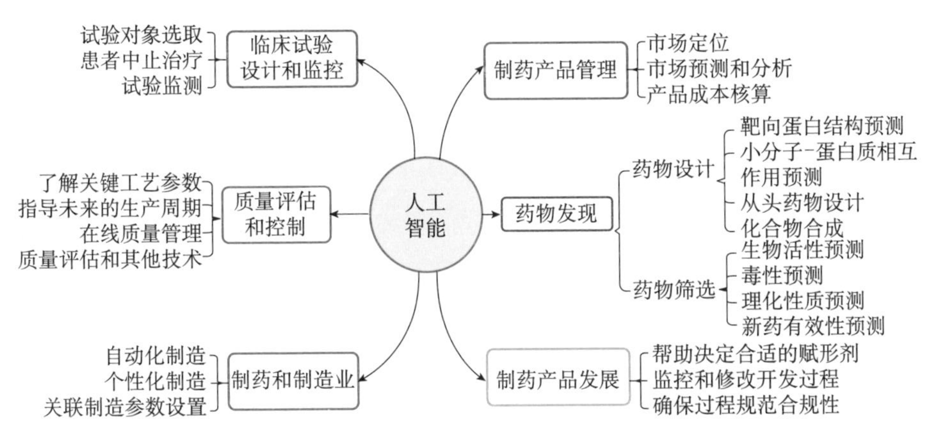

图 7-2 人工智能方法在药物研发中的各个环节中的应用

传统的药物研发主要分为四个步骤：①靶点的寻找和鉴定；②先导化合物的发现和优化；③临床前研究；④临床试验。基于结构生物信息学的方法在以上四个步骤中均起着关键的作用。在靶点的寻找和鉴定过程中，通过构建基于人工智能方法的平台，进行文献挖掘，并从文献中提取出关键信息从而预测潜在的靶点；通过收集小分子和大分子结合的数据，设计人工智能算法预测小分子与大分子结合的潜在位点等方法（诸如 DeepChem、DeltaVina、NNScore 等）。

在药物设计方面，通过利用监督式学习方法，从目前已经发布的论文、专利、药物小分子数据库中提取药物靶点和小分子药物的结构特征，并构造出药物设计的训练数据集，并设计深度学习算法，自主学习药物小分子与靶点之间相互作用机制，并且通过开发生成式模型来生成成千上万与特定靶点相关的小分子化合物，同时利用自动化的数据系统，将实验结果反馈到系统中，然后通过强化学习方法进一步学习药物设计的规律，从而构造出基础数据与小分子结合药物靶点的相互作用模型，从而达到药物设计的目的。

（四）新功能分子的设计

依据生物大分子的结构与功能关系，设计出新型蛋白质分子，不但可将其用于探究生物大分子的作用机制，还可以研究生物大分子之间及其与小分子之间（如DNA/RNA-蛋白质、配体-蛋白质、酶-激动剂或拮抗剂、抗原-抗体、受体-配体等）的相互作用。新功能分子的设计在生物技术和生物医药领域有着广阔的科研转化前景，将会广泛应用于生物医药和生物技术领域并产生深远影响。正如设计出针对2019新型冠状病毒各类毒株及其突变株的抗体，为应对新冠感染大流行提供新型解决方案。设计新型蛋白质用于进行准确、高效的基因编辑，从而提高基因治疗疾病的效率。

在蛋白质结构设计领域中，主要的设计方法有三种：①只考虑氨基酸序列而不考虑结构的折叠进行设计；②只考虑结构的折叠而不考虑氨基酸序列进行设计；③既不考虑氨基酸序列也不考虑结构的折叠进行设计，即从头设计。第三类设计方法将在设计出新的氨基酸序列的同时也设计出新型的结构折叠，而新型的结构折叠往往具有新型的功能，因此该类方法将成为新功能蛋白质结构设计的核心。目前，我国在新功能蛋白质分子设计领域已有多个专业团队在进行研究，但相关的专业人才较少，并且缺乏RNA分子设计相关的专业人才。因此，我国亟须提前布局，大力培养大量的结合结构生物信息学、生物物理学、生物化学、人工智能生物学等多领域交叉型人才，为设计出新型功能的蛋白质设计算法提供人才基础，并推动生物医学研究发展。

（五）RNA结构预测和分子设计

受限于已知的RNA结构的数据类型，目前几乎所有的RNA结构预测方法都是围绕RNA的二级结构预测开展的，还没有出现准确度高、技术十分成熟的解析RNA三级结构的方法。传统解析RNA结构的方法包括X射线晶体学、核磁共振和冷冻电子显微术。这些方法无法做到高通量，更不能解析出细胞内高度动态的RNA结构。随着二代测序技术的蓬勃发展，人们通过单次实验便可完整地捕获全转录组的RNA结构信息，从而发展出了大量的高通量RNA结构探测技术。

目前RNA结构预测的方式主要分为基于知识的方法和基于学习的方法。基于知识的方法主要分为最小自由能、模板匹配及共进化三种类型。其中，模板匹配的方法为 RNA 三级结构预测提供了一种途径，但受限于当前实验解析出的 RNA 结构的种类和数量，可用的 RNA 三级结构模板非常少。基于学习的方法主要通过设计卷积神经网络、递归神经网络、Transformer 等深度神经网络，并在收集的数据集上进行训练，最终得到预测 RNA 结构的模型。这类方法主要预测 RNA 二级结构，并且受到 RNA 的长度限制，目前还没有直接预测 RNA 三级结构的方法。因此，基于序列从头预测 RNA 三维结构、基于实验获得的二级结构预测 RNA 三维结构、基于同源模板的 RNA 三维结构建模、基于分子动力学模拟的 RNA 构象预测等计算方法均具有重要的研究价值。

与蛋白质分子设计类似，新功能的 RNA 分子设计也在生物学研究乃至医学治疗中具有广阔的前景。近年来，研究人员已经确定一些 RNA 可作为小分子治疗人类病理的药物靶点。研究人员还发现，靶向 RNA 的小分子药物可以直接调控 RNA 剪接、翻译等过程，从而调控蛋白质表达水平，为一些“不可成药”的蛋白质提供替代方案（Childs-Disney et al., 2022）。因此，设计和优化 RNA 靶向小分子也具有非常重要的意义。

第四节　未来 5～15 年的关键科学与技术问题

结构生物信息学是结构生物学、分子生物学、生物物理学、生物化学、人工智能生物学等多学科交叉融合的学科，其研究内容涉及生物大分子（包括蛋白质、DNA 和 RNA）的序列、结构、功能、分子机制及与之相关生命活动的机理探究。尽管蛋白质序列中蕴含着大量的信息，但单单通过一维的序列并不能对蛋白质在细胞中的活动机理进行全面探究，因此需要精准的三维结构甚至四维（动态）结构才能更加有利于探究和解释相关的生物学机理。解析生物大分子结构的实验方法目前面临通量低、高成本和劳动密集的特点，通过实验获得结构的分子的数量远远少于序列的数量。

随着冷冻电子断层扫描技术的突破性发展，实现超大分子复合物在细胞原位的结构解析也成为可能。目前，该领域受限于冷冻电子断层扫描技术解析出的结构分辨率较低，需要在样品制备、三维重构算法等方面进一步进行研究。国内在应用冷冻电子断层扫描技术方面起步较早，相关的研究也处在国际前沿水平，需要在未来进一步加强和突破。

基于计算机算法进行蛋白质结构预测也是一类常见的解析蛋白质结构的方法。目前，AlphaFold2 及后续发布的 AlphaFold-Multimer 在多蛋白复合物上预测的效果仍有待提升，并且无法对蛋白质-DNA/RNA 构成的多链复合物的结构进行预测，也不能有效地结合冷冻电镜数据进行超大分子复合物的结构预测。进一步提升基于人工智能的超大分子复合物的结构预测能力将成为结构生物信息学的研究热点。

随着蛋白质三维结构的突破性发展，RNA 的二级结构和三维结构预测必将迎来新的变革。目前直接预测出 RNA 三维结构的方法主要有 Rosetta、Adamiak 等，由国外团队主导完成，我国在该领域仍具有较大的提升空间。除了 RNA 本身具有结构动态变化的特性，这些方法主要面临的技术瓶颈为已经解析出的 RNA 三维结构数据稀少，基于知识的方法和基于学习的方法均难以从中提炼出 RNA 结构的规律。RNA 疫苗的成功应用展示了 RNA 结构在药物研发方面的巨大潜力，我国需提前对 RNA 结构研究队伍的建设进行布局，对 RNA 结构的重大研究进行规划，争取在 RNA 结构领域取得世界领先的地位。

蛋白质设计是结构生物信息学的重要分支和新兴的前沿学科，需要生物物理学、生物化学、合成生物学及人工智能生物学等多学科的交叉融合。蛋白质三维结构的精确设计，将为设计具有全新结构和全新功能的蛋白质铺平道路，并可能对催化特定化学反应、设计药物、设计抗体、治疗疾病及探究生命机理等重要领域产生深远影响。

第五节　发展目标与优先发展方向

结构决定功能。生物大分子在行使生物学功能时通常伴随着多个精细的生物学步骤的发生，往往涉及生物大分子复合体的形成和三维结构的构象变化。如果能够揭示这些生物大分子在不同时间顺序相关的三维结构及其变化，将有助于深入理解相关的分子作用机制。电镜相机、数据采集和图像处理的革新使得冷冻电子显微术成为获得生物大分子三维结构信息的重要手段。与传统的蛋白质晶体学相比，冷冻电子显微术可以同时采集生物样品处于多种构象状态的图像，然而这也为后续的图像分类处理带来技术上的难点。因此，我们迫切需要建立及发展新的计算方法，对存在不同构象或者复合体状态的具有不同组分的混合样品的电镜数据进行快速精确的分类，并确定其中分子的取向，最终准确地重构出不同构象或者复合体状态的三维结构及其不同状态的动态变化过程。

相对于蛋白质的三级结构预测，目前对 RNA 的二级结构，特别是三级结构的预测都还处于初级阶段，其原因在于 RNA 的二级或三级结构相较于蛋白质三级结构具有更高的动态性及已知 RNA 三维结构数据的匮乏。因此，一方面，我们不仅需要开发和发展实验方法对 RNA 的二级或三级结构进行探测，积累更多 RNA 的结构数据；另一方面，我们还需要借鉴蛋白质三级结构预测的经验，开发新的基于人工智能的算法进行 RNA 三级结构的预测，以加深我们对 RNA 由一级序列折叠为三级结构过程的理解。

蛋白质设计作为蛋白质结构预测的逆向问题，共享着很多具体的算法和思想，也在随着蛋白质结构预测算法的不断进步而提升。目前，蛋白质设计可以实现提高特定蛋白质的稳定性、调节其亲和力及获得特定配体的结合能力，但对于蛋白质的相互作用界面的设计、酶的设计及蛋白质的动态变化的设计仍然非常具有挑战性，并且目前蛋白质设计的准确性和有效性有限，仍然需要大量专业知识的积累，缺乏完全自动的算法工具。此外，随着 mRNA 疫苗的兴起及小核酸药物的开发，对 RNA 设计的需求也在极速增长。目前对 RNA 的设计仍处于非常早期阶段，需要系统性的工作对 RNA 的序列、结构及对应性质和功能的关系进行大规模多维度的研究，并开发新的算法和工具对这些积累的数据进行分析，以期发现 RNA 设计的规律。

生物大分子的结构数据的快速积累及相关算法的发展，改变了药物发现及设计的研究思路，基于结构的药物发现加快了药物研发的速度，降低了其成本。在基于结构的药物设计中涉及许多结构生物信息学相关的分析，如靶标结合分析、基于结构的模拟筛选。其中关键的问题是分子对接，即如何准确地预测分子与蛋白质结合的复合物结构状态并进行打分。目前没有统一的分子对接算法及打分函数，这也是未来基于结构的药物研发迫切需要解决的问题。

本章参考文献

杨艳萍, 迟培娟, 李泽霞. 2018. 主要国家蛋白质科学设施战略发展分析及启示 [EB/OL]. https://news.sciencenet.cn/htmlnews/2018/3/406295.shtm[2018-03-20].

Anfinsen C B. 1973. Principles that govern the folding of protein chains[J]. Science, 181: 223-230.

Anishchenko I, Pellock S J, Chidyausiku T M, et al. 2021. *De novo* protein design by deep network hallucination[J]. Nature, 600: 547-552.

Armstrong D R, Berrisford J M, Conroy M J, et al. 2019. PDBe: improved findability of macromolecular structure data in the PDB[J]. Nucleic Acids Research, 48: D335-D343.

Baek M, DiMaio F, Anishchenko I, et al. 2021. Accurate prediction of protein structures and interactions using a three-track neural network[J]. Science, 373: 871-876.

Boyken S E, Benhaim M A, Busch F, et al. 2019. *De novo* design of tunable, pH-driven conformational changes[J]. Science, 364: 658-664.

Brown J A. 2020. Unraveling the structure and biological functions of RNA triple helices[J]. Wiley Interdisciplinary Reviews-RNA, 11: e1598.

Childs-Disney J L, Yang X Y, Gibaut Q M R, et al. 2022. Targeting RNA structures with small molecules[J]. Nature Reviews Drug Discovery, 21: 736-762.

Chu H Y, Peng X D, Li Y, et al. 2017. A polarizable atomic multipole-based force field for molecular dynamics simulations of anionic lipids[J]. Molecules, 23: 77.

Consortium U. 2023. UniProt: the Universal Protein Knowledgebase in 2023[J]. Nucleic Acids Research, 51: D523-D531.

Ding W Z, Gong H P. 2020. Predicting the real-valued inter-residue distances for proteins[J]. Advanced Science, 7: 2001314.

Gligorijević V, Douglas Renfrew P, Kosciolek T, et al. 2021. Structure-based protein function prediction using graph convolutional networks[J]. Nature Communications, 12: 3168.

Gu J K, Zhang L X, Zong S, et al. 2019. Cryo-EM structure of the mammalian ATP synthase tetramer bound with inhibitory protein IF1[J]. Science, 364: 1068-1075.

Huang B, Xu Y, Hu X H, et al. 2022. A backbone-centred energy function of neural networks for protein design[J]. Nature, 602: 523-528.

Huang Q J, Song P B, Chen Y X, et al. 2021. Allosteric type and pathways are governed by the forces of protein-ligand binding[J]. The Journal of Physical Chemistry Letters, 12: 5404-5412.

Jumper J, Evans R, Pritzel A, et al. 2021. Highly accurate protein structure prediction with AlphaFold[J]. Nature, 596: 583-589.

Lan J, Ge J W, Yu J F, et al. 2020. Structure of the SARS-CoV-2 spike receptor-binding domain bound to the ACE2 receptor[J]. Nature, 581: 215-220.

Li P, Wei Y F, Mei M, et al. 2018. Integrative analysis of Zika virus genome RNA structure reveals critical determinants of viral infectivity[J]. Cell Host & Microbe, 24: 875-886. e5.

Li S S, Xiong B, Xu Y, et al. 2014. Mechanism of the all- α to all- β conformational transition of RfaH-CTD: molecular dynamics simulation and Markov state model[J]. Journal of Chemical Theory and Computation, 10 (6): 2255-2264.

Li S Y, Dong F H, Wu Y X, et al. 2017. A deep boosting based approach for capturing the sequence binding preferences of RNA-binding proteins from high-throughput CLIP-seq data[J]. Nucleic Acids Research, 45: e129.

Liu Z M, Wang J, Cheng H, et al. 2018. Cryo-EM structure of human dicer and its complexes with a pre-miRNA substrate[J]. Cell, 173: 1191-1203.

Lu H Y, Zhou Q D, He J, et al. 2020. Recent advances in the development of protein–protein interactions modulators: mechanisms and clinical trials[J]. Signal Transduction and Targeted Therapy, 5: 213.

Lu P L, Bai X C, Ma D, et al. 2014. Three-dimensional structure of human γ-secretase[J]. Nature, 512: 166-170.

Ma J F, You X, Sun S, et al. 2020. Structural basis of energy transfer in *Porphyridium purpureum* phycobilisome[J]. Nature, 579: 146-151.

Mao W Z, Ding W Z, Xing Y G, et al. 2020. AmoebaContact and GDFold as a pipeline for rapid *de novo* protein structure prediction[J]. Nature Machine Intelligence, 2: 25-33.

Mikkola S, Kaukinen U, Lönnberg H. 2001. The effect of secondary structure on cleavage of the phosphodiester bonds of RNA[J]. Cell Biochemistry Biophysics, 34: 95-119.

Park H, Bradley P, Jr Greisen P, et al. 2016. Simultaneous optimization of biomolecular energy functions on features from small molecules and macromolecules[J]. Journal of Chemical Theory and Computation, 12: 6201-6212.

Qiu X D, Lei Y F, Yang P, et al. 2018. Structural basis for neutralization of Japanese encephalitis virus by two potent therapeutic antibodies[J]. Nature Microbiology, 3: 287-294.

Ruan H, Yu C, Niu X G, et al. 2020. Computational strategy for intrinsically disordered protein ligand design leads to the discovery of p53 transactivation domain I binding compounds that activate the p53 pathway[J]. Chemical Science, 12: 3004-3016.

Scott D E, Bayly A R, Abell C, et al. 2016. Small molecules, big targets: drug discovery faces the protein-protein interaction challenge[J]. Nature Reviews Drug Discovery, 15: 533-550.

Shen H Z, Li Z Q, Jiang Y, et al. 2018. Structural basis for the modulation of voltage-gated sodium channels by animal toxins[J]. Science, 362: eaau2596.

Silva D-A, Yu S, Ulge U Y, et al. 2019. *De novo* design of potent and selective mimics of IL-2 and IL-15[J]. Nature, 565: 186-191.

Singh J, Hanson J, Paliwal K, et al. 2019. RNA secondary structure prediction using an ensemble of two-dimensional deep neural networks and transfer learning[J]. Nature Communications, 10: 5407.

Song F, Chen P, Sun D P, et al. 2014. Cryo-EM study of the chromatin fiber reveals a double helix twisted by tetranucleosomal units[J]. Science, 344: 376-380.

Sun L, Fazal F M, Li P, et al. 2019. RNA structure maps across mammalian cellular compartments[J]. Nature Structural & Molecular Biology, 26: 322-330.

Sun L, Li P, Ju X H, et al. 2021b. *In vivo* structural characterization of the SARS-CoV-2 RNA genome identifies host proteins vulnerable to repurposed drugs[J]. Cell, 184: 1865-1883. e20.

Sun L, Xu K, Huang W Z, et al. 2021a. Predicting dynamic cellular protein-RNA interactions by deep learning using *in vivo* RNA structures[J]. Cell Research, 31: 495-516.

Townshend R J, Eismann S, Watkins A M, et al. 2021. Geometric deep learning of RNA structure[J]. Science, 373: 1047-1051.

Tunyasuvunakool K, Adler J, Wu Z, et al. 2021. Highly accurate protein structure prediction for the human proteome[J]. Nature, 596: 590-596.

Wang A H, Zhang Y B, Chu H Y, et al. 2020. Higher accuracy achieved for protein-ligand binding pose prediction by elastic network model-based ensemble docking[J]. Journal of Chemical Information and Modeling, 60: 2939-2950.

Wang C, Wei Y, Zhang H C, et al. 2019. Constructing effective energy functions for protein structure prediction through broadening attraction-basin and reverse Monte Carlo sampling[J]. BMC Bioinformatics, 20: 135.

Wang F, Gong H C, Liu G C, et al. 2016. DeepPicker: a deep learning approach for fully automated particle picking in cryo-EM[J]. Journal of Structural Biology, 195: 325-336.

Wang H, Zhang L F, Han J Q, et al. 2018. DeePMD-kit: a deep learning package for many-body potential energy representation and molecular dynamics[J]. Computer Physics Communications, 228: 178-184.

Wang J, Mao K K, Zhao Y J, et al. 2017. Optimization of RNA 3D structure prediction using evolutionary restraints of nucleotide-nucleotide interactions from direct coupling analysis[J]. Nucleic Acids Research, 45: 6299-6309.

Wang J, Zhao Y J, Zhu C Y, et al. 2015. 3dRNAscore: a distance and torsion angle dependent evaluation function of 3D RNA structures[J]. Nucleic Acids Research, 43: e63.

Wang S W, Sun Q, Xu Y J, et al. 2021. A transferable deep learning approach to fast screen potential antiviral drugs against SARS-CoV-2[J]. Briefings in Bioinformatics, 22: bbad211.

Warner K D, Hajdin C E, Weeks K M. 2018. Principles for targeting RNA with drug-like small molecules[J]. Nature Reviews Drug Discovery, 17: 547-558.

Wayment-Steele H K, Kim D S, Choe C A, et al. 2021. Theoretical basis for stabilizing messenger RNA through secondary structure design[J]. Nucleic Acids Research, 49(18): 10604-10617.

Wei X P, Su X D, Cao P, et al. 2016. Structure of spinach photosystem Ⅱ -LHCII supercomplex at 3.2′Å resolution[J]. Nature, 534: 69-74.

Wu S, Tutuncuoglu B, Yan K G, et al. 2016a. Diverse roles of assembly factors revealed by structures of late nuclear pre-60S ribosomes[J]. Nature, 534: 133-137.

Wu Y, Qu R H, Huang Y M, et al. 2016b. RNAex: an RNA secondary structure prediction server enhanced by high-throughput structure-probing data[J]. Nucleic Acids Research, 44: W294-W301.

Wu Y, Shi B B, Ding X Q, et al. 2015. Improved prediction of RNA secondary structure by integrating the free energy model with restraints derived from experimental probing data[J]. Nucleic Acids Research, 43: 7247-7259.

Xie X, Yu T T, Li X, et al. 2023. Recent advances in targeting the "undruggable" proteins: from drug discovery to clinical trials[J]. Signal Transduction and Targeted Therapy, 8: 335.

Xiong P, Chen Q, Liu H Y. 2017. Computational protein design under a given backbone structure with the ABACUS statistical energy function[J]. Methods in Molecular Biology, 1529: 217-226.

Xiong P, Wang M, Zhou X Q, et al. 2014. Protein design with a comprehensive statistical energy function and boosted by experimental selection for foldability[J]. Nature Communications, 5: 5330.

Xiong Y P, He X, Zhao D, et al. 2021. Modeling multi-species RNA modification through multi-task curriculum learning[J]. Nucleic Acids Research, 49: 3719-3734.

Xu Y J, Wang S W, Hu Q W, et al. 2018. CavityPlus: a web server for protein cavity detection with pharmacophore modelling, allosteric site identification and covalent ligand binding ability prediction[J]. Nucleic Acids Research, 46: W374-W379.

Xu Y R, Zhu J H, Huang W Z, et al. 2023. PrismNet: predicting protein-RNA interaction using *in vivo* RNA structural information[J]. Nucleic Acids Research, 51: W468-W477.

Yang J Y, Anishchenko I, Park H, et al. 2020. Improved protein structure prediction using predicted interresidue orientations[J]. Proceedings of the National Academy of Sciences of the United States of America, 117(3): 1496-1503.

Zhang L F, Wang H, E W N. 2018. Adaptive coupling of a deep neural network potential to a classical force field[J]. The Journal of Chemical Physics, 149(15): 154107.

Zhang X F, Yan C Y, Hang J, et al. 2017. An atomic structure of the human spliceosome[J]. Cell, 169: 918-929.

Zhang Y, Wang J, Xiao Y. 2020a. 3dRNA: building RNA 3D structure with improved template library[J]. Computational and Structural Biotechnology Journal, 18: 2416-2423.

Zhang Y, Wang J, Xiao Y. 2022. 3dRNA: 3D structure prediction from linear to circular RNAs[J]. Journal of Molecular Biology, 434: 167452.

Zhang Z, Xiong P, Zhang T C, et al. 2020b. Accurate inference of the full base-pairing structure of RNA by deep mutational scanning and covariation-induced deviation of activity[J]. Nucleic Acids Research, 48: 1451-1465.

Zheng H, Qi Y L, Hu S B, et al. 2020. Identification of integrator-PP2A complex(INTAC), an RNA polymerase Ⅱ phosphatase[J]. Science, 370: eabb5872.

Zhu J W, Zhang H C, Li S C, et al. 2017. Improving protein fold recognition by extracting fold-specific features from predicted residue-residue contacts[J]. Bioinformatics, 33: 3749-3757.

第八章

进化生物学及其数学基础

1859 年达尔文《物种起源》的发表标志着进化生物学学科的初创。20 世纪 30 年代兴起的群体遗传学将孟德尔遗传学和达尔文进化论整合在一起，与古生物学等其他进化生物学分支相互融合，建立了现代进化生物学的主流理论框架。现代进化生物学理论认为，突变产生随机的变异，自然选择作用于这些变异，以渐进演化的方式推动生物的进化。

近年来，进化生物学与遗传学、发育生物学、生态学等其他生命科学分支学科交叉融合。在这些交叉学科中，进化遗传学（在基因组年代也可称为进化基因组学）是使用生物信息学技术或数学工具比较多的进化分支学科。该学科与进化发育生物学、进化生态学等学科相互融合，重点探讨基因型、表型及基因型–表型映射图谱演化的规律。

基因型的多样性推动了表型多样性的形成，揭示复杂性状的遗传基础是整个生物学的基本问题之一。具体地，在生物适应的场景下，研究复杂表型的多样性与分子水平的遗传变异的关联性，了解这些基因的功能特性、基因互作、表型改变的机制，即架起基因型与表现型之间的桥梁，是理解表型产生、改变和适应的关键。为了解决这一核心问题，比较直接和全面的研究模式是利用全基因组测序的手段，从遗传（DNA）和表观遗传等两个层面来寻找相关的变异，理解复杂表型的演化机制。该领域的进展有望在短期内促进对生物适应这一生命科学中心问题的理解，并提出新的研究思路和理论体系。进一步辅以全基因组编辑手段（CRISPR[①]/Cas9），复杂表型适应分子机制的全基因组水平研究已经成为可能。

进化基因组学与进化发育生物学、进化生态学等学科相互融合，目前主要关注适应性表型的遗传基础、发育及疾病进化的研究、新理论体系构建等领域的基础问题。就表型演化的遗传基础而言，生物适应的研究在基因组学发展之前的很长一段时间中，处于形态学宏观性状的分析阶段，与分子水平的研究相对疏离，人们对复杂性状背后分子机制的认识十分有限。全基因组的分析鉴定了大量关联突变，但并没有总结成一般性的、系统性的规律。在多种模式和非模式物种中鉴定与表型变异和适应相关联的蛋白质序列的突变、调控突变、基因的重复突变（拷贝数变异）等特定变异，进而开展基因编辑验证，将有助于理解基因型–表型映射图谱的演化。

发育的遗传基础归根结底是以中心法则为基础的网络进化问题。通过跨物种水平的进化基因组研究，探索突变如何整合到发育网络中并推动表型演化，这会促进对发育过程进化的解析。近年来单细胞组学被大规模应用于各个模式生物体系，2019 年以来上升到跨物种层面。可以期待，涵盖多物种的单细胞组学可极大地推动解析各类突变如何介导发育网络演化。同时，细胞水平的遗传和表观遗传变异的多组学数据分析和整合，大大推动了对发育、组织分化、疾病发生的理解和解析。实际上，细胞水平的进化体系（如癌细胞群体）是近几年快速涌现的进化生物学与医学交叉的最佳成长点之一。

模式、非模式物种群体数据和细胞群体数据的快速积累挑战了传统基于小数据分析的方法学。有趣的是，新的数据类型使得在更为广阔的角度和尺度上发现更多有意思的演化模式和动态过程成为可能，同时也对进化基因组数据分析方法提出了变革的需求。进化基因组学源于群体遗传学，后者是描绘种群内部多样性动态规律的一门学科。可以期待，基于新的基因组数据类型，以及面向大样本数据分析需求的、更有针对性的群体遗传学新方法将不断涌现。

---

① 成簇的规则间隔短回文重复序列（CRISPR）。

第一节　发展历史与驱动因素

一、发展历史

如上所述，1930～1940 年现代综合进化论的出现推动进化生物学成为一门独立的学科。如今，进化生物学与众多分支生物学科均有交叉，形成了进化遗传学、进化发育生物学、进化生态学、进化神经生物学等子学科。随着这些子学科涉及的数据量的不断增加，数学和计算科学的一些理论与方法被整合到进化生物学的研究中。今天的进化生物学日新月异，许多在数据匮乏年代无法探索的问题得以回答，一些新的学科方向也开始涌现。总体来看，现阶段进化生物学主要致力于回答如下四个方面的问题。

首先，人们关注进化历史，即物种和性状的起源和演化过程这一基础问题；其次，进化中的作用力，包括自然选择、随机漂变、基因流等，在进化过程中的贡献，也是领域中的重要问题；再次，进化生物学家们试图解析一些演化现象（如环境适应、物种形成）的遗传基础，如人类特异表型（如脑室扩张）的过程中有多少基因参与，每个基因的作用是什么；最后，突变偏好、重组率的快速进化、发育限制、生态系统共建、内共生、跨代表观遗传等复杂现象的存在，冲击着现代综合进化论。部分学者基于这些现象提出扩展的现代综合进化论，认为进化理论本身可能需要一定程度的重构，但这些说法目前仍存在较大争议。

二、政策支持

1990 年，人类基因组计划在美国正式启动，该计划推动生命科学开始进入基因组学蓬勃发展的年代。在该计划的刺激下，测序技术得到了长足的发展，基于桑格-库森法的第一代测序技术成本不断下降。2005 年前后，二代测序技术开始普及，实现了以非常低的成本测出大量短片段（150～400 碱基对）序列；近年来，可完成长片段（>10kb）测序的三代测序平台兴起。这些技术使得大量的动物、植物、微生物基因组得以测序和注释，也使得物种间及物种内大规模的进化比较基因组学分析成为可能（Armstrong et al.，2019）。这些基因组分析是我们推断物种的演化历史、鉴定进化中非常保守的基因及塑造物种特异性表型的序列必不可少的基石。

我国也确立了一系列科研项目及政策来支持进化生物学在中国的发展。国家自然科学基金委员会于 2011 年启动了“微进化过程的多基因作用机制”重大研究计划。该计划长达 8 年，经费金额超过 2 亿元，支持探索基础进化理论、人群演化历史、生物体系如何适应极端环境等重要问题。中国科学院也于2014年启动了“动物复杂性状的进化解析与调控”战略性先导科技专项。该专项持续 5 年，支持探索颅容量等重要性状的演化过程。

我国也设置了一系列政策来鼓励成立进化生物学相关的机构，推动学科发展。中国科学院动物研究所曾组建计算和进化生物学研究中心（CCEB），该中心旨在加强北京地区生物学、数学、统计学和计算机科学科研人员的合作与交流，有力地推动了进化生物学分支之一的理论群体遗传学科的发展。中国科学院昆明动物研究所于 2017 年开始设立中国科学院动物进化与遗传前沿交叉卓越创新中心，以推动进化遗传学领域的发展。目前，已有多个国家和省部级的重点实验室聚焦进化生物学相关的研究。

三、发展现状

数据量的迅速提升使得进化生物学的各个分支都或多或少地与数学或生物信息学交叉，其中体现得最好的可能是进化遗传学（Graur and Li，2000）。其现代形式即进化基因组学又与进化生物学的其他分支（如进化生态学）多少都有交织。本章将以进化基因组学为主，尽量覆盖其他分支学科。就研究尺度而言，进化基因组学又可分为物种间的比较基因组学、物种内个体之间的群体基因组学和同一个体内不同细胞间（即细胞水平）的进化基因组学研究。获得性遗传是新兴的进化生物学研究方向，古生物学等进化生物学分支也与数理相关，本章也对此进行简单论述。

（一）比较基因组学

比较基因组学通过对比分析不同物种的基因组序列，重点关注物种或种系特异性表型遗传基础的探索、物种演化历史的推断及基因组多倍体化等问题。

每个物种都是不同的，通过不同物种的比较即可获得特定物种如何发育出其物种特异性表型的线索（Long et al.，2003）。例如，金（King）和威尔逊（Wilson）的经典工作认为，非编码调控序列解释了人和黑猩猩的表型差异（King and Wilson，1975）。几十年以来，调控区进化的意义已经得到大量进化发育生物学家实例的支持。除了调控区，其他类型的变异，如新基因起源，近年来也被证明可推动表型进化。在这方面比较有代表性的工作是人脑扩张遗传机制的探索。例如，从 2012 年开始，以华盛顿大学为代表的若干团队通过比较基因组学分析并结合功能实验发现，*SRGAP2C*（Dennis et al.，2012）、*ARHGAP11B*（Florio et al.，2015）、*BOLA2*（Nuttle et al.，2016）、*NOTCH2NL*（Suzuki et al.，2018）等人类特异基因（其他物种皆不编码这些基因）促进了脑回或者突触连接的增加。

物种演化历史的研究是生物进化的根本问题之一。实际上，自达尔文起，进化生物学家都希望重建地球生命的进化历史。一个途径是利用化石，但化石零散且不完整，使得通过比较现生物种之间的差异来研究物种在进化上的亲缘关系成为主要的研究方法。研究物种间进化亲缘关系的学科称为系统发生学（phylogenetics）。系统发生学随进化论而生，其历史并不久远。然而由于其研究对象与方法的特点，系统发生学与生物分类学（taxonomy）也产生了密切关系。系统发生学早期的研究手段主要是利用比较形态学和比较生理学的方法。然而形态和生理性状数据非常复杂，基于这样的高维数据来解析进化历史在技术上比较困难。分子生物学改变了这种局面。由于物种共享 A/T/C/G 的序列，人们可以通过序列比较来研究物种的进化关系。近年来，基于大规模比较基因组分析的系统发育基因组学（phylogenomics）成为揭示物种亲缘关系及其演化历史的利器。例如，多国科学家联合发起的一项鸟类比较基因组学研究，基于 48 个鸟类物种的全基因组测序数据，利用系统发育基因组学的方法绘制了比较全面的鸟类演化系统树（Jarvis et al.，2014）。

基因和基因组的重复一直被认为是物种演化的重要推动力（Zhang，

2003）。基因组重复即多倍化在植物中广泛发生，但在动物中鲜有出现。对植物或者动物而言，多倍化会推动物种的分化。植物的多倍化已经成为植物进化研究的重要方向。虽然全基因组重复在动物里研究得相对较少，但在脊椎动物早期的演化过程中曾出现的两轮基因组加倍一直是该领域的研究热点。

（二）群体基因组学

个体水平的群体基因组学研究包括表型演化的遗传基础解析、演化历史推断、基本进化参数研究、群体功能基因组学和古基因组学研究五个方向。

群体基因组学可解析个体表型差异的遗传基础，相关工作越来越多，覆盖了人群和动植物研究，其中人群方面的相关工作是最多的（Butlin，2010；Zhang et al.，2017）。例如，2002年国际人类基因组单体型图计划（International HapMap Project，简称HapMap）启动。该计划主要分析人类在基因水平的相似性和差异性，从而鉴定与人类健康、疾病易感性相关的基因。该项目主要基于基因芯片技术展开，而基因芯片只能覆盖那些已知的多态性位点。因而2008年国际千人基因组计划启动，试图产生详尽的人类基因组遗传多态性图谱。国际千人基因组计划基于高通量测序技术，弥补了HapMap的不足，但其缺陷在于人群数目较小，且表型数据缺乏。此后，2012年英国启动万人基因组计划，鉴定可能导致罕见疾病的基因突变。部分数据（英国生物样本库）目前已经发表。除了辅助疾病易感性的分析，群体基因组学的一个重要研究方向是解析群体对环境的适应性进化机制。这个方面最出色的工作之一是探索藏族对青藏高原低氧环境的适应，通过研究鉴定出*EPAS1*（Simonson et al.，2010）、*EGLN1*（Yi et al.，2010）等高原适应性相关基因。

群体基因组学的另一个核心问题是通过分析基因组多态数据，推断动物、植物及微生物种群的演化历史及群体动力学（Zhao et al.，2019a）。例如，基于数千英国人的群体基因组学数据分析清晰地展示了英国人群的演化历史，揭示了欧洲大陆人群向英国迁徙的历史。人类基因组组织（Human Genome Organization，HUGO）泛亚太地区SNP联盟（Pan-Asian SNP Consortium）的一项大型研究通过对亚洲地区来自70多个人群近2000个体的基因组进行数据分析，揭示了东亚及东南亚地区现代人群的进化关系，推断了亚洲人群的历史迁移路线。

群体功能基因组学在很大程度上是理解个体表型差异的群体基因组学探索的外延。以人类为例，比较成功的项目是基因型–组织表达计划。该计划通过数百人的全基因组测序及这些遗体捐献者全身组织的转录组测序来理解变异如何影响转录组，从而探索人群间表型差异的遗传基础。

针对群体的大规模测序是理解突变、重组机制如何工作的前提，这些知识也是准确全面理解进化过程所必不可少的。例如，三刺鱼从海水到淡水环境过程中重复出现腹鳍丢失，通常认为该过程是以 *Pitx1* 基因调控区的丢失来驱动的；其重复丢失代表了适应性自然选择作用下的趋同进化过程。后来的研究发现，*Pitx1* 基因丢失是因为该基因区域的不稳定导致的高删除突变率（Xie et al.，2019）。所以更准确的理解是，重复的腹鳍丢失这一现象应该是突变偏好和自然选择联合作用的结果。

古基因组学是基因组学的一个新兴分支，通过获取古代人类等遗骸里残存的微量古 DNA 片段，来研究历史上人类等群体的遗传信息和进化过程（Abdulla et al.，2009；Yang et al.，2020）。在 2010 年公布了包括尼安德特人、丹尼索瓦人等在内的古基因组草图之后，古基因组学数据迅速积累，目前有大量古基因组序列发表。这些数据为揭示古人类和现代人类的起源、迁徙混合历史，以及人类基因组中适应性功能突变的出现时间等提供了信息。中国科学院古脊椎动物与古人类研究所的分子古生物学团队近年来在中国人群中开展古 DNA 研究，取得了系列进展。例如，2020 年对东亚 9500 年来南北方人群的大规模古基因组研究，揭示了近万年来东亚南北方人群的复杂历史，即内部频繁迁徙、南岛语族人群和南方内陆古人群紧密联系，向外通过沿海地带不断扩散交流。

（三）进化基因组学

细胞水平的进化基因组学是 2005 年以来二代测序技术普及之后新兴的进化生物学学科方向。廉价的测序使我们可以探索细胞层面的进化过程。该方向又可分为癌症细胞的进化基因组学、正常体细胞的进化基因组学、生殖细胞的进化基因组学及单细胞 RNA 测序的跨物种的进化研究等多个领域。

癌症的进化基因组学极大地推动了癌症的诊断和治疗研究。例如，胰腺癌的第一个癌症驱动突变和癌细胞的真正出现之间的间隔可以长达 10 年，这就为胰腺癌的早期诊断提供了较大的时间窗口。正常体细胞的突变积累过程也是一个很有意思的前沿探索方向。例如，刚出生的小鼠如果缺乏母亲的照顾，其基因组特别是脑细胞的基因组里会积累更多的转座子插入（Bedrosian et al.，2018）。生殖细胞的进化基因组学研究可以更直接地研究突变和重组机制。例如，一个团队实现了单精子全基因组测序，证明了基因区附近重组率的降低是由机制偏好而非自然选择造成的（Hinch et al.，2019）。近年来，单细胞 RNA 测序技术的广泛应用，使得跨物种的进化研究也逐步展开。哈佛大学采用高通量单细胞转录组测序，创建了哺乳动物的视网膜细胞形态分类图谱；恒河猴和小鼠的比较分析进一步展示了神经元细胞的转录组比神经节细胞的转录组更保守（Yan et al.，2020）。

（四）获得性遗传

获得性遗传指生物在个体生活过程中，受外界环境的影响，产生性状变化，并能够遗传给后代的现象。这一理论最早由拉马克提出，然后被达尔文进化论所否定。然而近年来大量研究表明，环境可影响表观遗传修饰，而后者的改变可传递到下一代并带来性状的改变。例如，中国科学院动物研究所与中国科学院上海营养与健康研究所合作，在父代肥胖小鼠模型中，发现一类精子中富集的 tRNA 衍生的小 RNA（tsRNA）可作为表观遗传信息的载体，将高脂诱导的代谢表型传递给子代（Chen et al.，2015）。从进化的角度来看，tsRNA 或者其他表观调控的改变，是否可稳定传递，以及相关表型的变化是否带有适应性意义，目前依然不清楚。这些都是亟待未来进一步探索的科学问题。

（五）古生物学

如前所述，上述研究主要侧重于进化基因组学，同时这些工作往往与进化发育生物学、进化神经生物学及进化生态学等其他子学科相互交叉。不过进化生物学的其他分支，其实也有不少生物信息学内容。例如，古生物学研究涉及很多成像技术，因此需要使用计算图形、图像分析等。

四、技术转化推动

虽然进化生物学是比较基础的理论学科，但其理论和方法体系同样具有产业应用潜力，这反哺着进化生物学自身的发展。其转化潜力可从定向进化、动植物驯化、生物医学、法医学、生物多样性保护、微生物溯源等方面进行分析。当然，可以应用的方向不止这些，如上文古基因组部分提到的人群演化历史推演也有其应用价值。

（一）定向进化

定向进化是进化生物学指导生产实践最关键的策略之一，其应用领域遍及生物、医疗等多方面。

在定向进化领域，美国科学家弗朗西斯·阿诺德因在该领域做出的开创性工作而获得2018年诺贝尔化学奖。该技术通过在基因水平上人为产生一个庞大的酶蛋白突变库，在人工模拟恶劣环境（如高温、高毒性）中筛选出符合目标要求（如高活性）的酶蛋白突变体，然后将筛选到的酶蛋白突变体基因作为母本，建立下一轮突变库，如此重复，从而获得最优化的酶蛋白。这种酶分子定向进化技术是酶催化领域的核心技术之一。利用这种方法，研究人员生产出能够催化自然界中并不存在的反应的新型酶，并已经被应用于药品制造、可再生能源、环保行业等领域。

定向进化领域成功的案例非常多，除了阿诺德定制酶，疫苗开发也常使用类似的策略。另外一个相对不为人熟知的例子是应用于基因治疗领域的DNA转座子载体，即来源于鲑鱼的“睡美人”（Sleeping Beauty，SB）转座子。与基于病毒的转运体系和瞬时基因转运体系相比，SB转座子在安全性、效率和成本等方面都较好。SB转座子的天然序列已经假基因化，科研人员经过进化重构恢复了其蛋白质序列，并进一步通过定向进化，增强了其转座能力，使其可以用于临床医学和基础科研。近年来如火如荼的CRISPR系列（包括2021年新鉴定的进化上相关的TnpB转座子）的基因编辑酶，也体现了定向进化的思想。

（二）动植物驯化

针对动植物的进化基因组分析有助于迅速鉴定出驯化基因，加速育种过程。国内科学家在动植物驯化方面有大量出色的工作，包括水稻、小麦、玉米等主要农作物的新品种培育及家犬、家鸡、家猪、牛、羊等动物的驯化。

（三）生物医学

在生物医学领域，进化生物学的思想与方法对癌症的诊断和治疗产生了很大影响。上述工作等所发现的初期癌症细胞的缓慢进化对癌症实践有现实的指导作用。目前国内外已经有数目众多的公司提供癌症基因组数据分析服务，通过生物信息学分析鉴定高频的、正常人群中不存在的功能突变来寻找自然选择作用下迅速积累的致癌突变，从而指导诊断及下游可能的靶向治疗。

目前大量开展的非侵入性胎儿筛查同样借助了进化基因组学的研究方法。该技术主要通过鉴定胎儿基因组中含有的致病突变，从而达到优生优育的目的。此外，通过宏基因组学对患者和正常人群样本中的微生物进行测序并分析，可鉴定导致患者感染的相对丰度大幅上升的微生物类群，以指导临床实践。

（四）法医学

随着群体基因组学和人类遗传学的进步，与人类体貌特征表型强相关的变异位点数据迅速积累。基于现场（如犯罪现场）采集的血样的全基因组测序分析，可对涉案人员的重要表型，包括种族、肤色、虹膜颜色、头发卷曲度、脸部特征等进行推断（DNA 画像或表型刻画）。这些信息无疑对刑侦领域是非常有帮助的。国内外已经开展不少此类法医基因组学相关的工作。

美国基因诊断公司 23andMe 提供用户祖先分析报告，可帮助用户分析祖先基因型构成。23andMe 公司可根据基因的相似度，帮助用户寻找近亲。此外，在此基础上，基于全基因组同源片段共享信息的远缘亲属关系研究（long-range familial research）发展了法医谱系分析（forensic genealogy analysis）。过去几年，欧美等国利用该新方法，破获了“金州连环杀人案”等多起冷案旧案。

（五）生物多样性保护

进化生物学的策略和方法同样有助于保护生物学的开展。首先，一个群体的遗传多样性高低可以为当地群体数目大小的估计提供依据，通过引入遗传差异度较高的其他群体进行杂交，有助于提升当地群体的遗传多样性和种群数量。另外一个比较新奇的想法是，通过对吸血昆虫血液的宏基因组分析，可对被吸血的哺乳动物遗传多样性进行推演。类似地，通过对空气中的宏基因组测序可对雾霾天空气质量进行评估。

（六）微生物溯源

近年来进化生物学特别是进化基因组学的策略和方法被大量应用于微生物的进化分析，特别是针对致病病毒的分析，包括流行性感冒病毒和 2019 年以来肆虐全球的新冠病毒。进化分析不仅可用于病毒的起源分析，寻找其中间宿主，同时可用于追踪病毒的变异，分析抗性突变以辅助疫苗和治疗药物设计。

第二节 国内研究基础与国际竞争力

近年来，我国在进化生物学，特别是进化基因组学领域的研究有了长足进步：一方面，在比较基因组学、群体基因组学等领域获得了一些进展；另一方面，在基础数学方法、生物信息学工具或平台开发方面也有一系列积累。同时，在进化发育生物学、进化生态学等相互交叉的领域，我国的相关研究也都在快速发展之中。值得一提的是，进化发育生物学的研究催生了进化保护生物学的兴起。

一、比较基因组学

近年来，我国在比较基因组学领域的成就集中体现在环境适应、农牧业物种及微生物（如病毒）比较分析等方面（Yu et al.，2016；Bi et al.，2021）。在环境适应方面，中国科学院、兰州大学、云南大学等多家单位先后解析了包括藏牦牛、金丝猴、雪雀、藏蛙等众多高原物种的基因组，并推断了这些物种适应高原的进化过程。2019 年，西北工业大学联合国内外多家单位在

《科学》发表三篇文章，详细阐述了反刍动物的适应性进化过程，为相关的畜牧业和动物保护工作奠定了基础。西北工业大学也联合中国科学院水生生物研究所等单位于2021年探索了脊椎动物从水登陆的演化历史。我国科学家在新冠病毒的进化分析中也有所建树。例如，2020年中国科学院武汉病毒研究所的工作发现了该病毒与此前SARS病毒的亲缘关系，这有助于理解这种新发病毒的生物学特性（Zhou et al.，2020）；中山大学的团队探索了病毒密码子偏好性的演化规律（Chen et al.，2020）。

在比较基因组学领域，我国研究人员也开发了一些原创方法（Li et al.，2020）。例如，中国科学院数学与系统科学研究院开发了新方法，分析了调控序列的演化及重复序列（转座子）的影响。非常值得关注的是，在达尔文的《物种起源》出版前后，就出现了跳变的观点，如著名学者赫胥黎（Huxley）和弗朗西斯·高尔顿（Francis Galton）的观点。19世纪的跳变概念指的是物种表型的跳变，特别是在没有认识基因组的遗传基础和遗传规律之前，人们只能从物种的性状方面开展观察和研究。现在，我们逐渐认识到，表型的跳变是可以通过表达调控的改变来实现的。

二、群体基因组学

在群体基因组学研究方面，我国科研工作人员的成果丰硕，涵盖了动物、植物和微生物群体的进化分析。复旦大学、中国科学院-马普学会计算生物学伙伴研究所等参与的国际团队推动了“泛亚SNP计划”，分析了东亚、南亚及东南亚70多个人群的样本，极大地提升了对该区域人群遗传多样性的理解。中国科学院古脊椎动物与古人类研究所通过古基因组学分析探索了东亚人群新石器时代的演化历史。复旦大学等单位推动了人类表型组大科学计划，该计划将有助于理解基因型和表型的映射。在植物研究方面，中山大学的团队则通过对红树的比较分析探索了物种起源的模型。

在突变如何积累这一关键科学问题上，我国通过以群体基因组学为主的手段做出了一系列比较出色的工作（Yang et al.，2015）。如南京大学通过家系测序发现，突变率与减数分裂中同源染色体间的异质性密切相关，证明了异质性可促进突变这一国际学术界此前未知的核心演化规律（Yang et al.，2015）。换言之，物种间的交配与繁殖方式、个体的染色体间异质性差异水平与这些个体及其物种本身的遗传变异与进化速率相关。中山大学的团队曾发现核小体结合可有效抑制突变（Chen et al.，2012）；中国科学院遗传与发育生物学研究所发现DNA的折叠影响突变的积累（Duan et al.，2018）；以中国科学院动物研究所为主的团队刻画了多种介导基因重复的机制（Tan et al.，2016，2021）。

针对农作物或家畜的大规模群体测序，有助于筛选驯化基因，进一步改良性状（Wang et al.，2014；Xu et al.，2019）。例如，包括中国科学院遗传与发育生物学研究所、中国科学院植物研究所等在内的多家单位通过物种间和物种内的整合分析，发现了水稻等作物在驯化过程中受到选择压力的基因（Wang et al.，2018）。一项很有意思的工作是，中国科学院植物研究所发现基因丢失可介导拟南芥对环境的适应，证明了少即是多（less is more）这一传统假说（Xu et al.，2019）。值得一提的是中国科学院昆明动物研究所领衔推进的万犬国际基因组（Dog 10k）计划，该计划可以提供大量不同狗品系的演化历史信息。狗也可以作为动物模型，为很多人类疾病相关的研究提供参考。从这个角度看，有关狗的基因型-表型映射的演化过程的研究更加有意义。

在微生物特别是致病微生物方面，中国科学院微生物研究所、中国科学院武汉病毒研究所、北京大学等多家单位都做出了一些很出色的工作（Tong et al.，2015；Tang et al.，2020）。一个典型的例子是北京大学联合中国科学院上海巴斯德研究所通过对新冠病毒的群体基因组分析展示了其内部的群体分化（Tang et al.，2020）。

三、进化基因组学

我国学者对细胞水平的进化基因组学研究主要集中于癌症基因组学（Ling et al.，2015）。例如，中国科学院北京基因组研究所对单个肿瘤进行深度测序，发现癌细胞之间的遗传多样性比预期的高出数千倍（Ling et al.，2015）。该工作意味着即使是小肿瘤也可能包含能够抵抗术后标准抗癌治疗（如化疗和放疗）的细胞。北京大学通过合作发现，在癌症演化过程中，肿瘤细胞倾向使用代谢成本较低的氨基酸。

四、进化发育生物学等领域

中国科学院动物研究所、中国科学院昆明动物研究所、中国科学院植物研究所等多家国内单位，在进化发育生物学等进化生物学的其他分支领域取得了多项成果（Nie et al.，2015；Luo et al.，2021；Wang et al.，2015）。中国科学院动物研究所联合国内多家单位发现，一个双氧化酶（DUOX2）的丢失突变贡献了熊猫低代谢的表型。中国科学院生物物理研究所与北京大学等单位联合发现，人类基因组编码的灵长类动物特异的基因 *TMEM14B* 导致了人脑回的增加。中国科学院昆明动物研究所领衔解析了脑发育中人特异的染色质结构，还围绕回声定位这一性状的演化开展了研究。植物学方面，中国科学院植物研究所解析了调控进化如何驱动螺旋花序的形态演化。

五、生物信息学资源开发

中国科学院－马普学会计算生物学伙伴研究所、中国科学院北京基因组研究所和中国科学院昆明动物研究所都开发了一系列可用于进化基因组数据分析的工具及数据库支持体系（Yu et al.，2019；Zhao et al.，2019b）。例如，中国科学院－马普学会计算生物学伙伴研究所联合国内多家单位开发了进化基因型－表型系统（evolutionary genotype-phenotype systems，eGPS）平台，整合了十几种常用的软件体系，该平台可以提供基因变异鉴定、选择压力推测等常见的进化基因组学数据分析服务。中国科学院北京基因组研究所联合中国科学院昆明动物研究所开发了第一个综合分析多物种的遗传多态性和物种分歧数据的比较群体基因组算法（HDMKPRF）。仿真数据表明，该方法与传统的麦克唐纳－克莱特曼（MK）检验及麦克唐纳－克莱特曼泊松随机场（MKPRF）等方法相比，有更高的功效。HDMKPRF 被用于分析人类及非人灵长类群体基因组数据，鉴定出在人类演化中受正向选择的重要基因，发现这些快速进化基因集中在特定的基因表达调控、免疫、代谢等通路，这可能与人类特异性表型的发生相关。在数据库方面，中国科学院动物研究所联合多家单位开发了第一个灵长类特异新基因的数据库，填补了国际空白。中国科学院北京基因组研究所开发了 2019 新型冠状病毒信息库，收集了新冠病毒序列及其变异数据，已经成为该领域最经常使用的资源之一。中国科学院-马普学会计算生物学伙伴研究所围绕着人群基因组变异开发了群体基因组学等一系列重要数据库。

第三节　发展态势与重大科技需求

一、物种特异表型的遗传基础

分子生物学蓬勃发展的几十年来，大量的功能研究重点关注进化上保守的基因。其内在逻辑在于众多物种都编码的基因可能具有跨物种的功能保守性，这种保守性也使得基因的功能研究可以在模式物种中开展。高通量测序技术及高效率基因编辑技术的发展模糊了模式物种与非模式物种的界限，我们第一次有机会来探索某一物种基因组所编码的每一个碱基的演化历史、选择压力及功能。人类及其近源种迅速积累的大量数据推动了人类进化生物学进入黄金时代，大量传统非模式物种的进化生物学研究（如熊猫、蝗虫等）工作近年来也得以开展，试图理解这些物种如何演化出其特异的表型。

物种或种系特异的表型也包括农、林、牧、副、渔业中相关物种的驯化表型，这些往往也是经济相关表型。实际上，上述提到的代表性的动植物比较和群体基因组学工作提供了大量候选驯化基因。可以预期，未来若干年内，将会开展越来越多的有关经济物种的进化基因组学研究。类似地，进化基因组学同样可以为致病微生物抗药性的演化，害虫、害鼠如何抵抗农药等实际问题提供线索。

二、基因型 - 表型映射网络演化的内在规律

既往研究对基因型-表型映射网络演化的内在规律的关注较少，该研究

是未来亟须发展的方向。以驯化为例，针对进化基因组学所鉴定的受选择位点的定向改良常常不能保证带来优良性状。其原因在于，首先，基因通常是多效的，定向变异的引入在增强某些性状的同时可能带来某些害处；其次，同一性状往往受多个基因的影响，这些基因之间存在着极其复杂的相互作用关系，单独针对一个基因的编辑通常不足以驱动性状的显著改善，更复杂的是，基因互作本身并不一定保守；最后，同一基因的表型效应在很大程度上还受到环境的影响。

随着英国十万人基因组计划的开展，人类基因型-表型映射网络推演的统计效力大幅提升。在我国，复旦大学、中国科学院北京基因组研究所等单位也开展了基于我国人群（东亚人群）的基因型-表型映射网络工作。针对不同人群的数量遗传学和群体基因组学整合分析有助于理解基因型-表型映射网络进化的规律，从而为人类健康和病理状态的演化研究提供参考。

三、重复序列的进化分析

由于二代短读长测序技术的局限性，在过去一段时间里，人们很难准确地获取基因组中包括重复基因、转座子等在内的重复区域，而这些区域往往是突变速率较高、有潜力快速推动进化的区域。如前所述，重复基因、转座子等可能是人类演化的主要推动力。在过去，由于测序技术的局限性，重复序列在个体基因组测序数据中往往大量缺失。

近年来，三代长测序数据凭借读长的优势，快速推动了包括重复序列区域在内的完整基因组拼接技术的发展。针对重复序列的研究特别是可变数目串联重复（VNTR）的研究显示，重复序列在人类表型决定方面具有重要作用（Mukamel et al.，2021）。在此基础上进一步深入研究重复序列的进化历史和选择压力，预期会有非常重要的发现。

四、进化理论的医学应用

如前所述，进化生物学的理论和方法，可为疾病原理解析和治疗提供指导。例如，人类进化过程中，调节炎性细胞反应（促炎性细胞因子等）、能量代谢（胰岛素信号通路分子）等生理过程的节俭基因可能被自然选择保留下来。这些节俭基因有助于人类祖先在饥饿、感染等状态下生存下来。它们在现代生活环境下可能被激活，从而增加了胰岛素抵抗等疾病的发生风险。不过关于节俭基因的理论尚存在争议，还有待进一步探索。

在各类疾病的进化医学研究中，针对癌症的研究最为普遍，但癌细胞与正常细胞在体内复杂的生态系统内如何博弈、突变和选择如何交互等核心问题依然不清楚。单细胞 DNA 测序、单细胞转录组测序及其他功能基因组技术的快速发展将有助于理解并探索这一细胞层面的进化过程，从而指导诊断和治疗。实际上，癌症进化的研究同样可以促使进化理论进一步完善，如可以指导对突变、重组等基本过程的理解。

致病微生物的进化研究也是进化医学中非常重要的一个子领域，特别是在全球新冠感染的现状下，针对这些微生物的进化历史、选择压力研究，将持续地为人类抗疫提供支持。

五、突变机制的探索及基因工程工具的开发

突变和自然选择如何推动进化是进化生物学的基础问题，曾引发 20 世纪遗传学派和统计学派间的辩论。不过这些理论工作绝大多数产生于 2005 年高通量测序兴起之前。在 DNA 数据缺乏的情况下，进化生物学家通过对宏观性状的观察、逻辑和数学的推演，建立了聚焦突变的各种理论。在科学史上，这段时间通常被描述为理论丰富、数据缺乏（theory rich，data poor）的时代。然而由于数据的匮乏，进化生物学给予了突变机制最简单的假定。近年来，数据的迅速积累更新了对于突变机制内在特点或其偏好性的认识，而这些认识对于更深刻地理解进化过程是必不可少的。

对包括突变、重组、重排在内的各类分子机制的理解有助于我们开发更好的基因工程工具。实际上，上面提到的 CRISPR 技术就是对细菌突变过程的学习：病毒将自己整合进细菌的基因组，细菌针对病毒序列进行切割；该切割技术经改造之后就成为我们最好的基因编辑工具。近年来，迅速发展的碱基编辑器在很大程度上也是对生物体内自发的突变过程进行学习并转化之后发展起来的。类似地，上述载体 SB 转座子的研发过程也是对这些天然的

DNA 转座子的学习过程。可以预期，随着大规模基因组数据的不断积累，我们有可能在这些序列宝库中筛选到更好的各类基因工程工具。

第四节　未来 5～15 年的关键科学与技术问题

一、海量数据存储与分析

不同物种数据的快速积累、同一物种不同个体数据的快速积累，以及同一个体不同细胞数据的快速积累，使得传统的针对少数物种或少数个体数据进行分析的进化基因组学工具变得不再实用或速度太慢，这体现在数据存储、传输，以及下游的展示、进化分析等多个方面。

首先需要解决的问题是高效的数据存储与传输，一个可能的解决方案是信息论指导下的无损数据压缩和有损数据压缩技术。由于基因组数据和测序数据有其特有规律，为了提高压缩比和计算存储效率，还需要研发有针对性的压缩算法。

生物信息学分析工具或资源必须考虑大数据时代这一背景。例如，外显子组聚合数据库（ExAC）通过大量的网页优化，可展示 6 万个以上的外显子组数据，给用户带来比较好的浏览体验。以加利福尼亚大学圣克鲁兹分校开发的长序列比对软件的全基因组版本（BLASTZ）为代表的多基因组比对工具被大量使用。基于这些基因组水平的比对，可以鉴定高度保守的功能序列，也可以推断在某一个物种内快速演化的序列。但这些传统的算法速度都比较慢，通常只能处理几十个物种。2020 年，一个多国联合团队开发了可以快速比对几千个哺乳动物基因组的工具——仙人掌（Cactus），使得大规模比较基因组的开展成为可能。

实际上，考虑到效率，多数的群体遗传学分析方法并不适用于大样本。其中一个主要的障碍是现有方法大都依赖于高强度计算。在这些方法的似然函数中将样本之间的谱系关系作为额外参数引入，在对谱系关系做平均或积分时，多采用马尔可夫链蒙特卡罗（MCMC）或重要性采样（IS）等方法。这些方法计算强度非常大，仅适用于分析小样本的局部基因组数据；面对大样本基因组数据，即使是在使用高性能计算机的情况下也无法有效分析。未来，开发计算高效的群体遗传学分析方法是必要的。大样本群体基因组数据分析面临的另一个主要问题是数值的不稳定性。例如，前文提到的基于溯祖过程框架的分析方法，其基本组成部分是溯祖时间和祖先分支数目。这两个变量的分布函数形式复杂。当样本量较大（如 $n>50$）时，该函数每个单独项的系数迅速增大，甚至超出了编程语言中双精度变量表示范围的上限。避免这种数值溢出情况的一种解决方案是使用高精度算术库（HPAL）进行编程（Wakeley，2008；Chen and Chen，2013）。这大大增加了编程难度，而且对计算性能的提高有限。一个更适用的解决方案是用其渐近分布代替精确分布，渐近公式具有简单的分析形式并且易于计算。

二、细胞层面的进化建模

细胞层面数据的积累给进化基因组学带来前所未有的机遇和挑战。但传统的进化理论、方法框架大多是在个体演化的层面上构建的，如何将其套用到细胞进化层面尚需进一步的探索。例如，一个英国团队分析了 TCGA 的癌症突变频谱数据，认为癌症演化主要服从中性模式（Williams et al.，2016）。该工作发表之后引发了较大争议。

三、功能基因组数据和分子网络的进化建模

传统的进化基因组学数据分析，主要围绕单个基因的 DNA 数据开展。近年来，转录组数据、表观调控组数据、DNA 复制起始数据等各类功能基因组数据快速积累。如何对这些数据进行建模还需大量工作。这些数据与 DNA 数据不同，存在不同发育时间、不同器官间的差异。数据内在的异质性导致科学家无法简单地像 DNA 数据那样去判断何种信号是保守的、何种信号代表着适应性的快速演化。转录组进化建模方面的研究有了一些进展，通过奥恩斯坦－乌伦贝克过程（Ornstein-Uhlenbeck process）分析转录组数据，发现转录

组主要处于稳定选择的作用之下（Chen et al.，2019）。

同样还处于早期探索方向的是基因交互作用网络的分析。例如，生物信息学领域早已有成熟的手段来推断基因共转录网络［如加权基因共表达网络分析（WGCNA）］，但对于如何开展跨物种网络分析的研究还很不成熟，只有一些初步的探索。

四、软性选择和多基因选择检测

软性选择和多基因选择的检测方法是目前进化遗传学领域面临的难题，这些问题牵涉到关于自然选择的一般形式的认知。在过去十多年里，对大量人类全基因组数据的分析研究，仅鉴定出少数基因受到自然选择影响，而其中多数是由极端环境因素（如高原缺氧环境作用于 *EPAS1*）或传染性疾病［如葡萄糖-6-磷酸脱氢酶缺乏症（G6PD）］引起的。这与此前的预期不符，提示现有的关于自然选择的理论和方法学可能无法有效地体现自然界中适应性进化的一般形式。进化遗传学领域的研究者猜测，其他形式的选择即软性选择和多基因选择可能是更为根本和常见的选择形式，而软性选择和多基因选择在现有的基因组的分析方法中尚不能得到有效检测（Wallace，1975；Reznick，2015；Pritchard and Rienzo，2010）。

目前用于检测自然选择的大部分方法在模型中都假设选择发生在新的功能突变上，这样的选择过程被称为硬性选择。选择也可能作用于一个高频率的已有突变，而该突变在群体中处于中性进化，已经存在相当长的时间，这种选择作用被称为软性选择。近年来的研究认为，软性选择比硬性选择更普遍（Hermisson and Pennings, 2005）。事实上，在群体中产生一个新的有利突变的概率非常小，并且新的有利突变在早期阶段由于频率低，多数会由于随机漂移的影响而最终从群体中丢失，能够长期存在并最终达到高频的概率也很低。尽管软性选择在自然界中更为普遍，但构建一种能检测软性选择的有效方法具有挑战性。软性选择导致的遗传多态性模式在许多方面与中性演化没有区别，包括等位基因频谱、遗传多样性和连锁不平衡等各个方面，因此绝大多数目前基于硬性选择模型发展的检测方法都无法有效检测软性选择。

另一方面，有关自然选择的基因组研究主要集中于单个基因，但事实上，很多性状是由若干个主效基因决定的，并且基因之间还存在互作效应。如普理查德（Pritchard）和迪里恩佐（Di Rienzo）所述，“很多，甚至大多数自然种群中的适应性过程是通过多基因上的选择而发生的”（Pritchard and Di Rienzo，2010）。类似于软性选择，多基因选择的检测方法的开发也处于早期阶段，这两个关键方法论相关的分析方法的发展对深入了解适应性进化机制十分必要。

五、比对、建树的计算复杂度问题分析

作为系统发生学的基础，多序列比对是一个多项式复杂程度的非确定性问题（NP 问题），只能通过启发式算法来解决。常用的多序列比对的启发式算法，对于近缘物种效果尚可接受，但是对于远缘物种，其结果受初始参数的影响非常大。另一方面，组分矢量构树法（CVTree）这类非比对方法将序列信息变成矢量进行操作，有效避开了 NP 问题，在解决远缘物种问题方面更有优势。该方法能高效获得正确物种分化的拓扑关系，但也存在问题，即统计模型处理会丢失一些序列信息，代表物种的矢量与基因序列存在兼并，从而很难从理论上将矢量距离与基因的突变模型进行直接关联。在这个方面，任何算法的突破都有助于系统基因组学领域的发展。

在已经联配好的基因序列基础上，极大似然法或者贝叶斯法都可以找到特定的树形下最优的枝长。但从理论上讲，最优树形问题也是一个 NP 问题，只能通过启发式算法来解决。当前的解决思路有两条，一是基于联配结果或者代表矢量计算物种间的进化距离，再使用分层聚类算法构建进化树，如使用邻接法（neighbor-joining method）；二是从特定树形出发，通过特定规则改变树形，再计算损失函数，以寻找合适树形。或者结合两种算法，先使用分层聚类算法构建初始树形再局部调整，以达到较优的结果。无论是何种办法，都不能确保能得到最优的结果。因此，如何判断所构建的进化树是否达到了较优的结果也是一个需要解决的技术问题。

六、进化基因组学工具、资源的开发

国内的生物信息学领域在工具和资源开发方面相对于数十年前已经比较活

跃（Xu and Wang，2007）。例如，经过多年维护和开发的蛋白质搜库软件多肽/蛋白质查找器（pFind）已经达到国际顶尖水准，预测非编码RNA的软件编码潜力计算器（CPC）被引用约2000次（2023年5月谷歌学术数据）等。但在进化这个分支方向上，我们与国外的差距依然比较大。目前看来，只有少数工具有比较大的影响力。例如，在郝柏林院士的领导下，经过多个版本开发的亲缘关系研究工具组分矢量构树法（CVTree）已经被用作原核生物分类的基础研究工具，总引用次数超过1000次（2023年5月谷歌学术数据）；同时该课题组开发的预测长末端重复序列（long terminal repeat，LTR）的逆转录转座子的长末端重复序列查找器（LTR_Finder）也超过1000次（2023年5月谷歌学术数据）。但整体看来，不管是进化历史推断，还是选择压力分析研究，常用的工具大都是国外开发的。例如，如果要寻找同源基因，美国国家生物技术信息中心的基本局部比对搜索工具（BLAST）是最常用的工具；物种间选择压力的检测常常使用英国团队开发的基于非同义和同义替代率比较（Ka/Ks）的软件最大似然法系统发生分析（PAML）。我国相关软件的自主研发能力亟待加强。

第五节　发展目标与优先发展方向

一、高效准确的进化基因组学工具开发

如何更有效地处理大数据是一个迫切需要解决的技术问题。由于基因组数据和测序数据有其特有规律，可研发有针对性的无损数据压缩和有损数据压缩算法。同时，进化基因组学在演化历史推断和选择压力分析这两个基本角度上都需要开发可支撑海量大数据的新一代生物信息学工具和资源体系。例如，将近年来高速发展的深度学习等人工智能方法合理地引入到进化基因组学中，就是一个非常有前景的研究方向。

二、新数学模型或方法的开发

细胞水平的进化过程研究涉及的模型构建问题，关键是模型选择问题。例如，为什么用布朗运动来模拟转录组演化，而不是用其他模型；为什么用隐马尔可夫模型来处理 DNA 相互作用信息的演化等。系统发生学中计算复杂性问题，即所谓的 NP 问题也并非完全不可解决，寻找实际问题中潜在的限制或者新的数学表示，则有可能将该问题由 NP 问题转化为 P 问题。从牛顿开始，物理学等学科的成长伴随着数学公理化模型的不断演化，当然这些公理化模型要以能够解释观察数据为前提。相比之下，进化基因组学的数学公理化建模的道路还很长。

三、重复序列的分析与挖掘

如前所述，由于重复序列很难被测序拼接等问题，长期以来对其研究相对较少，但重复序列是表型进化的一个重要推动力及挖掘遗传工具的宝库。针对这些此前研究较少的层面开展探索，有可能带来较大的突破。不管是高效工具还是新模型开发及重复序列的探索，都需要多领域（生物学、数学、计算机科学等）交叉攻关。值得一提的是，对这些基础性难题，需要提供宽松的研究环境，吸引各领域的年轻研究人员进入该领域，以多种思路促进其发展。

本章参考文献

Abdulla M A, Ahmed I, Assawamakin A, et al. 2009. Mapping human genetic diversity in Asia[J]. Science, 326: 1541-1545.

Armstrong J, Fiddes I T, Diekhans M, et al. 2019. Whole-genome alignment and comparative annotation[J]. Annual Review of Animal Biosciences, 7: 41-64.

Bedrosian T A, Quayle C, Novaresi N, et al. 2018. Early life experience drives structural variation of neural genomes in mice[J]. Science, 359: 1395-1399.

Bi X P, Wang K, Yang L D, et al. 2021. Tracing the genetic footprints of vertebrate landing in non-teleost ray-finned fishes[J]. Cell, 184: 1377-1391.

Butlin R K. 2010. Population genomics and speciation[J]. Genetica, 138(4): 409-418.

Chen F, Wu P, Deng S Y, et al. 2020. Dissimilation of synonymous codon usage bias in virus-host coevolution due to translational selection[J]. Nature Ecology & Evolution, 4: 589-600.

Chen H, Chen K. 2013. Asymptotic distributions of coalescence times and ancestral lineage numbers for populations with temporally varying size[J]. Genetics, 194: 721-736.

Chen J, Swofford R, Johnson J, et al. 2019. A quantitative framework for characterizing the evolutionary history of mammalian gene expression[J]. Genome Research, 29: 53-63.

Chen Q, Yan M H, Cao Z H, et al. 2015. Sperm tsRNAs contribute to intergenerational inheritance of an acquired metabolic disorder[J]. Science, 351: 397-400.

Chen X S, Chen Z D, Chen H, et al. 2012. Nucleosomes suppress spontaneous mutations bases pecifically in eukaryotes[J]. Science, 335: 1235-1238.

Dennis M Y , Nuttle X, Sudmant P H, et al. 2012. Evolution of human-specific neural *SRGAP2* genes by incomplete segmental duplication[J]. Cell, 149: 912-922.

Duan C R, Huan Q, Chen X S, et al. 2018. Reduced intrinsic DNA curvature leads to increased mutation rate[J]. Genome Biology, 19: 132.

Florio M, Albert M, Taverna E, et al. 2015. Human-specific gene *ARHGAP11B* promotes basal progenitor amplification and neocortex expansion[J]. Science, 347: 1465-1470.

Graur D, Li W-H. 2000. Fundamentals of Molecular Evolution[M]. 2nd ed. Sunderland: Sinauer Associates.

He Z W, Li X N, Yang M, et al. 2019. Speciation with gene flow via cycles of isolation and migration: insights from multiple mangrove taxa[J]. National Science Review, 6: 275-288.

Hermisson J, Pennings P S. 2005. Soft sweeps: molecular population genetics of adaptation from standing genetic variation[J]. Genetics, 169: 2335-2352.

Hinch A G, Zhang G, Becker P W, et al. 2019. Factors influencing meiotic recombination revealed by whole-genome sequencing of single sperm[J]. Science, 363: eaau8861.

Jarvis E D, Mirarab S, Aberer A J. 2014. Whole-genome analyses resolve early branches in the tree of life of modern birds. Science, 12 (6215): 1320-1331.

King M C, Wilson A C. 1975. Evolution at two levels in humans and chimpanzees[J]. Science, 188: 107-116.

Li L, Zhang S, Li L M. 2020. Dual eigen-modules of *cis*-element regulation profiles and selection of cognition-language eigen-direction along evolution in Hominidae[J]. Molecular Biology and Evolution, 37: 1679-1693.

Ling S P, Hu Z, Yang Z Y, et al. 2015. Extremely high genetic diversity in a single tumor points to prevalence of non-Darwinian cell evolution[J]. Proceedings of the National Academy of Sciences of the United States of America, 112: E6496-E6505.

Long M Y, Betrán E, Thornton K, et al. 2003. The origin of new genes: glimpses from the young and old[J]. Nature Reviews Genetics, 4: 865-875.

Luo X, Liu Y T, Dang D C, et al. 2021. 3D genome of macaque fetal brain reveals evolutionary innovations during primate corticogenesis[J]. Cell, 184: 723-740.

Mukamel R E, Handsaker R E, Sherman M A， et al. 2021. Protein-coding repeat polymorphisms strongly shape diverse human phenotypes[J]. Science, 373: 1499-1505.

Nie Y G, Speakman J R, Wu Q, et al. 2015. Exceptionally low daily energy expenditure in the bamboo-eating giant panda[J]. Science, 349: 171-174.

Nuttle X, Giannuzzi G, Duyzend M H, et al. 2016. Emergence of a *Homo sapiens*-specific gene family and chromosome 16p11.2 CNV susceptibility[J]. Nature, 536: 205-209.

Pritchard J K, Di Rienzo A. 2010. Adaptation–not by sweeps alone[J]. Nature Reviews Genetics, 11: 665-667.

Reznick D. 2015. Hard and soft selection revisited: how evolution by natural selection works in the real world[J]. Journal of Heredity, 107: 3-14.

Simonson T S, Yang Y Z, Huff C D, et al. 2010. Genetic evidence for high-altitude adaptation in Tibet[J]. Science, 329: Tan S J, Ma H J, Wang J B, et al. 2021. DNA transposons mediate duplications via transposition-independent and -dependent mechanisms in metazoans[J]. Nature Communications, 12: 4280.

Suzuki I K, Gacquer D, van Heurck R, et al. 2018. Human-specific *NOTCH2NL* genes expand cortical neurogenesis through delta/notch regulation[J]. Cell, 31: 1370-1384.

Tan S J, Cardoso-Moreira M, Shi W W, et al. 2016. LTR-mediated retroposition as a mechanism of RNA-based duplication in metazoans[J]. Genome Research, 26: 1663-1675. 72-75.

Tang X L, Wu C C, Li X, et al. 2020. On the origin and continuing evolution of SARS-CoV-2[J].

National Science Review, 7: 1012-1023.

Tong Y G, Shi W F, Liu D, et al. 2015. Genetic diversity and evolutionary dynamics of Ebola virus in Sierra Leone[J]. Nature, 524: 93-96.

Wakeley J. 2008. Coalescent Theory: An Introduction[M]. Greenwood Village: Roberts and Company Publisher.

Wallace B. 1975. Hard and soft selection revisited[J]. Evolution, 29: 465-473.

Wang G D, Xie H B, Peng M S, et al. 2014. Domestication genomics: evidence from animals[J]. Annual Review of Animal Biosciences, 2: 65-84.

Wang P P, Liao H, Zhang W G, et al. 2015. Flexibility in the structure of spiral flowers and its underlying mechanisms[J]. Nature Plants, 2: 15188.

Wang M, Li W Z, Fang C, et al. 2018. Parallel selection on a dormancy gene during domestication of crops from multiple families[J]. Nature Genetics, 50: 1435-1441.

Williams M J, Werner B, Barnes C P, et al. 2016. Identification of neutral tumor evolution across cancer types[J]. Nature Genetics, 48: 238-244.

Xie K T, Wang G L, Thompson A C, et al. 2019. DNA fragility in the parallel evolution of pelvic reduction in stickleback fish[J]. Science, 363: 81-84.

Xu Y C, Niu X M, Li X X, et al. 2019. Adaptation and phenotypic diversification in arabidopsis through loss-of-function mutations in protein-coding genes[J]. The Plant Cell, 31: 1012-1025.

Xu Z, Wang H. 2007. LTR_FINDER: an efficient tool for the prediction of full-length LTR retrotransposons[J]. Nucleic Acids Research, 35: W265-W268.

Yan W J, Peng Y-R, van Zyl T, et al. 2020. Cell atlas of the human fovea and peripheral retina[J]. Scientific Reports, 10: 9802.

Yang M A, Fan X C, Sun B, et al. 2020. Ancient DNA indicates human population shifts and admixture in northern and southern China[J]. Science, 369: 282-288.

Yang S H, Wang L, Huang J, et al. 2015. Parent-progeny sequencing indicates higher mutation rates in heterozygotes[J]. Nature, 523: 463-467.

Yi X, Liang Y, Huerta-Sanchez E, et al. 2010. Sequencing of 50 human exomes reveals adaptation to high altitude[J]. Science, 329: 75-78.

Yu D L, Dong L L, Yan F Q, et al. 2019. eGPS 1.0: comprehensive software for multi-omic and evolutionary analyses[J]. National Science Review, 6: 867-869.

Yu L, Wang G D, Ruan J, et al. 2016. Genomic analysis of snub-nosed monkeys(*Rhinopithecus*) identifies genes and processes related to high-altitude adaptation[J]. Nature Genetics, 48: 947-952.

Zhang C, Lu Y, Feng Q D, et al. 2017. Differentiated demographic histories and local adaptations between Sherpas and Tibetans[J]. Genome Biology, 18: 115.

Zhang J Z. 2003. Evolution by gene duplication: an update[J]. Trends in Ecology & Evolution, 18: 292-298.

Zhao S L, Zhang T, Liu Q, et al. 2019b. Identifying lineage-specific targets of natural selection by a Bayesian analysis of genomic polymorphisms and divergence from multiple species[J]. Molecular Biology Evolution, 36: 1302-1315.

Zhao Y P, Fan G Y, Yin P P, et al. 2019a. Resequencing 545 ginkgo genomes across the world reveals the evolutionary history of the living fossil[J]. Nature Communications, 10: 4201.

Zhou P, Yang X L, Wang X G, et al. 2020. A pneumonia outbreak associated with a new coronavirus of probable bat origin[J]. Nature, 579: 270-273.

第九章

基于医学影像的计算神经科学

虽然生物学的发展在过去的一个世纪中突飞猛进，但即使在十年前，生物学还是一门相对比较定性的科学，无论是在实验方法还是在计算分析方面，生物学的定量性程度远不如物理学和化学等学科来得发达。当然，物理学和化学等学科在历史上也曾经历过从定性到定量的转变过程。定量研究方法和计算分析的普及可以使一门学科从探索阶段转变成预测阶段，并反过来加快新的探索过程，这也是任何科学领域发展的必然途径。随着成像技术的发展及影像分析手段的日趋成熟，研究者对生命现象的定量观测成为可能。同时，随着研究的日渐深入，生命科学研究也对成像系统和数据结果的解读提出了更高的要求和挑战。

在计算科学已经成为第三种科学研究范式的当下，计算生物学应运而生。计算生物学是典型的交叉学科，所涉及的学科包括数学、统计学、化学、物理学、生物学和信息科学等。计算生物学运用和发展了复杂系统理论、大数据挖掘算法、数学建模等，以生命科学中的现象和规律作为研究对象，解决机体运行机制、疾病发生与演化等重大科学问题。如果将生命体看成一架极其精密的机器，那么诸如蛋白质表达、细胞间信号转导、大脑认知行为等生命活动，均可以基于高精度技术手段进行观测，并通过计算建模来描述其运行规律。计算生物学使得传统生命科学研究走向定量化、精确化，并且可以在微观、介观、宏观及系统层面上进行整合研究。在介观层面，最重要的突破方向之一为计算神经科学。大脑执行感觉运动、学习记忆和情感加工等认知功能时，是通过神经元之间的神经纤维连接所形成的神经环路之间的信息传递和处理实现的，其中涉及大脑不同脑区、不同核团和不同类型神经元间在神经环路上的动态协作。通过整合不同尺度、不同模态的神经影像数据，系统地研究大脑的连接结构和功能，解析大脑认知加工的生物学原理已经成为现代计算神经科学家的追求。在宏观层面，以跨尺度、多维度大型人群医学影像数据队列建设为核心，推动群体科学及疾病精准诊疗的发展也符合现代生物前沿研究的趋势。

第一节　发展历史与驱动因素

对神经科学相关现象的探索和认识可以追溯至远古时代。早在 16 世纪，人们就对人类的行为和神经生理活动进行了实验性的研究。尽管如此，现代神经影像学技术的历史却较短暂，甚至晚于现代科学的整体发展。直至 19 世纪，随着科学家们开始记录神经元放电活动并对突触概念有了更深的理解，神经影像学的雏形才逐渐形成（Stuart and Spruston，2015）。神经影像根据其检测模态，可以分为结构性成像和功能成像。前者是包括 CT、结构磁共振成像和弥散张量成像（DTI）等对中枢神经系统结构进行成像的技术，后者是对神经功能进行描绘的成像技术，根据其原理可以分为三种类型：一是直接测量神经电活动或电磁活动，如脑电图（EEG）、脑磁图（MEG）等；二是通过测量神经代谢相关的化学成分以反映脑活动，如正电子发射断层显像（PET）和磁共振波谱（MRS）等；三是测量间接反映脑活动的代谢物，如单光子发射计算机断层显像（SPECT）、功能性磁共振成像（fMRI）和近红外光学成像等。

对神经电生理的记录起源较早，在 20 世纪 20 年代，德国科学家汉斯·伯格（Hans Berger，1873—1941）在神经电活动记录的基础上发明了头皮脑电图技术。随后，科学家们在头皮脑电图的基础上又相继发明了皮层脑电图（ECoG）和脑磁图。与神经电生理相比，脑代谢和脑活动测量技术在早期阶段发展缓慢。直到19世纪60年代，法国教授布罗卡（Broca）首次通过记录受试者进行语言任务时的头皮表面温度变化，进行语言功能区定位，并以其姓氏命名了一直沿用至今的语言中枢脑区——布罗卡区（Broca's area）（Hagoort，2005）。该方法虽然十分粗糙，但也奠定了脑代谢和脑活动显像的基础。整个20世纪上半叶，脑代谢研究集中在对脑损伤病例的大脑活动时血流量的观察上，并提出了脑活动可以引起脑血流量变化这一重要推论，这也为基于脑代谢和脑活动的成像技术提供了理论基础。到了20世纪50年代，美国神经科学家凯蒂（Kety）发明了放射自显影成像技术，实现了对脑血流量的定量测量。至此，脑代谢和脑活动成像技术迅猛发展。1973年，英国电气工程师亨斯菲尔德（Hounsfield）发明了电子计算机断层扫描技术，这也成为临床研究观测大脑结构的一大利器。此后，工程师们将CT与放射自显影结合，产生PET和SPECT成像技术，以实现三维空间中特定脑区的脑活动观测。PET通过结合不同放射性示踪剂可以进行中枢神经系统的代谢成像、灌注成像和神经受体显像等。另一方面，虽然人们早在20世纪30年代即已经发现磁共振现象，并在1946年就采用射频激励的方式成功地进行了磁共振实验，但直到20世纪70年代末才在CT和射频编码成像的基础上出现了可以进行生物组织成像的MRI系统。由于MRI可以测量生物组织中多种不同的特征信号，科学家和工程师们随即根据特定的需求开发出了不同的扫描序列进行成像，如磁共振波谱、灌注成像，弥散张量成像等。1990年日本学者小川（Ogawa）等发现，不同二氧化碳浓度下大鼠视觉皮质MRI的信号不同。1992年，小川等引入血氧水平依赖（BOLD）理论，用以解释其1990年的实验现象。同年麻省总医院贝利沃（Belliveau）等完成了对人脑的测图，从而将fMRI引入到了神经影像学研究中（van Horn and Gazzaniga，2002）。该项技术不仅具有简便、费用较低、无放射学损害、可重复性佳等优点，最重要的是，与神经电生理学需要依靠算法重建空间信息相比，fMRI结合结构MRI的信息可以实现真正的三维数据采集，这使其成为神经影像学研究和临床医学影像中应用最为广泛的成像技术（Matthews et al.，2006；Sahakian and Gottwald，2017）。

对神经信息处理的计算建模最早可以追溯到路易斯·拉皮克（Louis Lapicque）于1907年发表的开创性文章中介绍的神经元的整合发放模型（integrate-and-fire model）（Lapicque，1907）。该模型由于其简单性，时至今日仍受到人工神经网络研究的欢迎。到了1952年，霍奇金（Hodgkin）与赫胥黎（Huxley）描述了一个基于电导的模型，用一组非线性微分方程解释了鱿鱼巨轴突中动作电位产生和传播的离子机制，并开发了电压钳技术来验证这一模型，该模型也被后人称为"霍奇金-赫胥黎模型"（简称HH模型）（Hodgkin and Huxley，1952）。这项工作使他们获得了1963年诺贝尔生理学或医学奖，也成为计算神经科学研究中，结合生物实验数据和抽象理论模型研究的典范。得益于神经成像技术和分子与细胞生物学的快速发展，在宏观和微观层面上对大脑的理解取得了很大的进展，也使得神经科学家的研究目标发生了从记录神经元的反应到寻找神经环路，再到解码高级认知功能的转变。然而，鉴于大脑功能的复杂性，在生命科学领域中理解人类的认知过程被视为人类理解自然的一个终极挑战。神经影像学特别是活体脑成像技术的飞速发展为科学观测、记录和研究脑的时空特性提供了可能。同时，计算建模方法和大数据驱动必将为医学影像的研究带来全新的变革。

第二节 国内研究基础和国际竞争力

中国拥有世界上占比巨大的人口基数和发展潜力。尽管国内的生物学基础研究起步较晚，但随着20世纪90年代末政府开始大规模投资基础研究，中国科学家在神经科学领域做出了一系列具有国际水平的贡献，这吸引了大批国外学者来华交流并积极开展卓有成效的国际合作。到20世纪末21世纪初，领域内的专家前瞻性地向国家提出加强我国脑科学研究的建议，并规划了中国脑科学研究的战略选择、实施步骤、研究内容、组织实施和保障措施等内容（Poo et al.，2016）。2021年，脑科学与类脑科学研究（简称中国脑计划）被正式提出，这是继欧盟的人类脑计划（Frégnac and Laurent，2014）、美国的脑计划（Insel et al.，2013）及日本的脑/思维计划（Okano and Mitra，2015）后的又一重要脑计划项目，并将进一步引领这一全球性的大型脑科学计划热潮。这些脑计划中最重要的一个方向即“大脑全细胞图谱网络”，其将构建人脑从出生、发育、成熟到衰老的全细胞图谱，为神经退行性疾病、精神疾病等的发病及治疗机制提供支撑。在全脑尺度上解析脑结构和功能研究方面，中国科学院脑科学和智能技术卓越创新中心杜久林团队实现了斑马鱼幼鱼全脑神经连接介观图谱的绘制。复旦大学冯建峰教授团队提出的动态脑网络分析方法，实现了对神经环路动态性特征的精确刻画，构建了首个全脑动态脑网络图谱，阐明了脑功能环路的动态性特征。这些突破性工作为我们揭示大脑运行规律、突破冯·诺依曼计算框架提供了理论依据。

尽管不同国家的脑计划项目都有着类似的长期目标，但中国脑计划有着一些独特的亮点。第一，中国脑计划把脑疾病和脑启发的人工智能（AI）放在特别优先的位置，而不是作为在更加完整地理解大脑运作规律之后的长期目标。第二，中国拥有世界上最大的各类脑疾病患者群体，这使得在脑疾病的预防、早期诊断和早期干预方面取得突破性进展显得尤其紧迫，同时也为相关研究提供了丰富的数据支撑。第三，中国有着丰富的非人灵长类实验动物资源，这使得中国在利用非人灵长类研究高级认知功能，如共情、意识和语言，以及脑疾病的病理机制和干预手段方面，可以做出独特的贡献。

与此同时，国内也构建了很多可以和国外影像数据库相媲美的基于中国人群的大规模神经影像数据库，如已经建成的中国汉族人群影像遗传学队列（Chinese Imaging Genetics，CHIMGEN）、抑郁症脑成像大数据会议队列和中国人脑连接组计划（CHCP）等，以及截至2024年3月项目仍在进行中的张江国际脑库（ZIB）队列。此外，国内还成立了多个具有国际领先水平的影像中心，以开展科研和临床试验。特别是由复旦大学冯建峰教授牵头的张江国际脑影像中心被《自然》报道为亚洲最大的影像中心（Zhang et al.，2019）。

第三节　发展态势和重大科技需求

一、数据：积累与共享

目前在国际上，欧美国家近年来都加速了在脑科学数据与相关计算科学领域的布局（Grillner et al.，2016）。美国脑计划于 2013 年启动，该计划利用最先进的磁共振成像技术对 1200 名成人志愿者进行脑部功能成像，以期获得具有更高时空分辨率的数据，并进一步了解人类脑部神经环路的连接情况和功能。美国脑计划建立了涵盖神经科学、数学等领域的专家团队，通过发展多种实验、数学和统计方法，记录并解码百万级大规模神经元工作原理。在完成对 1200 名成人志愿者的影像收集后，该项目还计划对包括婴幼儿、青少年、老年人在内的全生命周期的脑影像数据进行收集，以期全面地解析大脑发育与衰老的生命过程及神经基础（Casey et al.，2018）。与此同时，欧洲也在脑影像数据方面布局了 IMAGEN 项目（Amunts et al.，2016）。IMAGEN 项目是最早利用脑影像和遗传学数据研究人类青春期的生理、心理和环境因素如何影响大脑发育和精神健康的研究项目。目前该项目已经完成对 2000 名青少年从青春期到成年早期的随访跟踪调查（Maričić et al.，2020）。另一项代表性的研究队列是英国生物样本库。这是一个前瞻性的队列研究项目，收集了来自英国的约 50 万人（年龄在 40～69 岁）的深度遗传和表型数据，并计划建成 10 万人的脑影像数据库，截至 2024 年 3 月已经完成约 6 万人的脑影像数据采集。另外，国外多个研究中心和研究团队也在积极推动数据的开放与共享，特别是在典型神经退行性疾病和精神类疾病的大规模队列研究方面（Myszczynska et al.，2020）。

在中国，2014 年春，强伯勤院士、蒲慕明院士、杨雄里院士、范明研究员主持了第 20 届题为“我国脑科学研究发展战略研究”的特别会议，就中国脑科学研究的许多重大问题取得了基本共识，中国脑计划历经累积而正式破土。在中国的脑科学数据积累方面，张江国际脑库遵循了“三库（干库、湿库、算法库）融合，多源共享”的建设思路和“全维度、多模态、跨时空”的数据获取模式。其中，干库和算法库由复旦大学类脑智能科学与技术研究院联合多家国内外医疗和科研机构共同建设，湿库由华山医院西院投入建设。目前张江国际脑库已经集合英国生物样本库、青少年大脑认知发展研究（Adolescent Brain Cognitive development study，ABCD）、人脑连接组计划（Human Connectome Project，HCP）等国际共享数据库50余万例全维度个体数据（其中磁共振影像超过10万例），并完成合作采集脑卒中、抑郁症等国内重大脑疾病数据1.5万例。到2023年，张江国际脑库将围绕精神分裂症、抑郁症、儿童孤独症、脑卒中、神经退行性疾病及大学生人群等六个队列共15 000例次样本，采集环境、行为、遗传、脑影像、神经等5-O尺度数据，并在全国建立多个脑科学数据库临床合作点。张江国际脑库计划与全球主流生物数据库建立新型的合作共享机制，致力于建成全球最大规模的全维度脑数据库和算法中心之一。

由天津医科大学牵头的中国汉族人群影像遗传学队列是目前样本量最大的中国神经影像遗传学队列（Xu et al.，2020），共收集了10 000名年龄在18～30岁的中国汉族健康人群的基因组、神经影像、环境和行为数据，旨在研究与神经影像和行为表型相关的遗传和环境因素及其相互作用。复旦大学正在建设的泰州队列已经建成20万人规模、200万份生物样本的队列，是目前国内最大的自然人群队列之一（复旦大学泰州健康科学研究院，2023）。复旦大学表型组队列将建成1000人规模、测量20 000多种表型特征的队列，且是世界上表型最为完整的队列之一（复旦大学泰州健康科学研究院，2023）。此外，抑郁症脑成像大数据会议联合了国内17家医院的25个抑郁症研究组，汇聚了1300例抑郁症患者和1128例健康对照者的脑成像数据（中国科学院心理研究所抑郁症大数据国际研究中心，2023）。中国人脑连接组计划完成了1000例中国人语言加工的脑结构与脑功能数据采集，建立了中国人语言功能多模态脑影像数据库并实现了开放共享（Ge et al.，2023）。这些人群队列的建设在推动生命进化及癌症、脑疾病等研究方面起到重要作用。

二、算法：利用与启发

大脑是一个具有百万亿级神经元连接的超复杂动态随机系统。通过研究来理解大脑的工作原理，进而启迪类脑智能研究的脑科学已经成为当前全球科学技术的前沿及制高点。随着信息获取技术的发展，脑科学相关研究积累了海量的跨时空多尺度数据。在微观、介观及宏观层面，大脑的分子、神经元、神经环路及脑影像形成了复杂巨系统，同时与机体功能协同，形成了从发育、成长到衰老的动态演变过程。实现生物复杂系统跨尺度、动态演变模型的构建，需要新的数学与统计方法与工具，海量数据分析、复杂模型参数估计与存储、多维度动态时空脑图谱等对高性能计算算法及通信架构提出了新的需求（Amunts and Lippert，2021）。

在计算科学已经成为第三种科学研究范式的当下，脑科学与计算科学的融合将是人工智能进一步发展的引擎。人工智能学科发源之时即已经与脑科学原理密切融合，借鉴了大脑的视觉、感觉信息处理等感知功能，推动了神经网络、深度学习等方法的提出，进一步融合学习、记忆、决策等认知功能，将可以推动强人工智能的发展（Arbib and Bonaiuto，2016）。在大规模、多维度、多模态的全脑尺度，借鉴生物脑来启发生物智能的发展也将成为下一代人工智能的突破口（Furber et al.，2014）。在欧洲，蓝脑计划发布了首个神经元数字 3D 图谱；英国曼彻斯特大学的 SpiNNaker 项目实现了 10 亿神经元的神经形态计算（Li et al.，2023）。在美国，美国国际商用机器公司与空军研究实验室合作的 TrueNorth 项目实现了 6400 万个神经元 /160 亿个突触的形态计算（Furber et al.，2014）。我国清华大学施路平团队发布的“天机”芯片是世界首款异构融合类脑芯片，同时也是世界上第一个既可支持脉冲神经网络又可支持人工神经网络的人工智能芯片，实现了目标探测跟踪、自动避障、语音理解控制等功能。浙江大学联合之江实验室共同研制成功了我国首台基于自主知识产权类脑芯片的类脑计算机。复旦大学实现了超过 200 亿个脉冲的神经元网络建模，并开发了基于图形处理器集群的大规模脉冲神经元网络模拟计算系统。上述国际领先的研究成果对重构生物脑图谱具有至关重要的价值和意义，为实现从生物脑到数字孪生脑、类脑智能突破奠定了坚实的技术基础。

三、交叉：基础与融合

计算生物学与类脑智能正在进入融合发展的新阶段，两者交互助力，在生命运行机制、人工智能等领域的新理论、新技术和新应用突破方面均创造了新机遇。各学科之间也逐渐打通了学术壁垒，研究所需的知识广度涵盖了生物学、医学、物理学、化学、数学、计算机科学及药学等几乎所有的理科学科。2015 年，英国五所顶尖高校共同建立了艾伦·图灵研究所，融合数学、统计学、计算机科学等学科，以巩固英国在人工智能方面的领先地位，并推动其在脑科学及脑疾病领域的应用。计算生物学和人工智能的交叉学科作为一门新兴学科，在我国的起步还是比较早的。国内的优势在于基础学科的通识性及数理基础与国外同行相比更强一些，究其原因，应该和国内的基础教育特别是数学教育相对扎实有关。但值得额外强调的是，我们的弱势也很明显，主要表现为发展极不平衡，尤其是在核心算法开发及原创性技术上相对薄弱。例如，神经影像系统的硬件设备研发、神经成像序列的优化及计算核心算法的开发是基础研究中的基础，必须引起高度的重视并给予长时间的高强度的投入。只有这样才能让未来我国计算神经科学研究真正引领国际水平，真正具备开拓原创性成果的能力。

第四节　未来 5～15 年的关键科学与技术问题

计算神经科学在数据采集方面面临的关键问题如下。

（1）数据采集和处理的标准化与研究结论的可迁移性。近年来已有多项研究表明，脑科学相关研究的可信度可能受到诸多因素的影响，其中站点和处理流程差异是造成实验结果不可重复的非常重要的因素。因此，如何制定标准化的数据采集和处理方案，以提高研究结果的可重复性，将是脑科学研究领域首先需要解决的问题。

（2）数据管理和共享平台的整合。当前脑科学领域的公开数据库几乎都来自于国际数据，国内虽然积累了海量的数据，但在共享公开上却举步维艰。这个困局一方面是源于各个研究组普遍缺乏共享数据的主观意愿，另一方面是因为缺乏合理的数据共享的范式和具有完善数据管理与共享机制的平台。因此，国内急需建立起一批集合数据管理和共享功能的综合性平台。

（3）信号动态研究的关键成像技术。纵观细胞信号时空动态领域的发展，每一阶段的进步都依赖于显微成像技术和分子探针技术的协同进步。细胞信号的前沿探索将对新模态、高时空分辨、高通量成像研究技术产生迫切需求。这有待新的显微成像技术、小分子探针、可遗传探针的不断突破，解决高时空分辨的动态可视化问题，同时还要发展多维数据实时处理算法。这些关键技术不仅将为脑科学研究提供有力支撑，同时也将产生具有自主知识产权、推动相关领域发展的技术创新。

脑科学相关数学模型上的关键问题主要集中在如何充分利用当前已有的海量多尺度时空动态脑科学数据，发展和应用数学理论方法，建立从微观到宏观的全脑复杂模型，揭示大脑的运行机制，进而通过类脑计算的实现促进新型数学理论与方法的发展方面。例如：①基于大规模多尺度时空神经数据，实现脑功能从关联分析到因果关系分析的跨越；②基于已有的大脑工作模型和类脑计算理论与方法，建立超大规模神经元全脑计算模型；③利用建立的大规模神经元全脑计算模型，模拟人类大脑的实际活动，并从中反向获取大脑工作模型和认知神经调控的底层信息，实现理解生物脑和建造人工脑之间的互相促进。

第五节　发展目标与优先发展方向

从研究目标来讲，现有的神经影像数据积累已经足以支撑脑功能因果分析算法的建立，这对阐明行为、生理与疾病相关的脑功能因果关系具有重要的意义。建立千亿级神经元跨尺度的全脑计算模型并实现与真实大脑的同化是脑科学发展里程碑式的目标。这一目标的实现不仅需要极其强大的软件及硬件系统平台的支持，也需要全脑计算相关的数学算法、模型和理论的进一步发展。在此基础上，发展下一代基于脑与类脑互相启发的人工智能算法是脑科学研究的远景目标。

一方面，从国家脑科学发展目标而言，推动全国性的规范化数据资源采集标准，并据此完成多中心数据融合，形成标准化的数据校准和处理流程，是当前需迫切完成的首要目标；另一方面，研发合理的数据共享机制，并建立相关的集管理与共享于一体的信息化平台，是保证脑科学研究在将来能够长期健康发展的必要条件。同时，加大对神经影像成像设备硬件与优化算法等一系列的关键“卡脖子”技术研发的投入，也是促进神经影像学和计算神经生物学发展的关键，是使我国生命科学发展在国际上实现从“跟跑”跨越到“领跑”的基础与保障。

本章参考文献

复旦大学泰州健康科学研究院 . 2023. 泰州队列 [EB/OL]. https://www.fdtzihs.org.cn/dljs[2023-10-27].

中国科学院心理研究所抑郁症大数据国际研究中心 . 2023. 抑郁症脑影像大数据联盟简介 [EB/OL]. http://ibcdr.psych.ac.cn/REST-meta-MDD[2023-10-27].

Amunts K, Ebell C, Muller J, et al. 2016. The Human Brain Project: creating a European research infrastructure to decode the human brain[J]. Neuron, 92(3): 574-581.

Amunts K, Lippert T. 2021. Brain research challenges supercomputing[J]. Science, 374(6571): 1054-1055.

Arbib M A, Bonaiuto J J. 2016. From Neuron to Cognition Via Computational Neuroscience[M]. London: The MIT Press.

Casey B J, Cannonier T, Conley M I, et al. 2018. The Adolescent Brain Cognitive Development(ABCD) study: imaging acquisition across 21 sites[J]. Developmental Cognitive Neuroscience, 32: 43-54.

Frégnac Y, Laurent G. 2014.Neuroscience: where is the brain in the Human Brain Project? [J]. Nature, 513(7516): 27-29.

Furber S B, Galluppi F, Temple S, et al. 2014. The Spinnaker project[J]. Proceedings of the IEEE, 102(5): 652-665.

Ge J Q, Yang G Y, Han M Z, et al. 2023. Increasing diversity in connectomics with the Chinese Human Connectome Project[J]. Nature Neuroscience, 26: 163-172.

Grillner S, Ip N, Koch C, et al. 2016. Worldwide initiatives to advance brain research[J]. Nature Neuroscience, 19(9): 1118-1122.

Hagoort P. 2005. On Broca, brain, and binding: a new framework[J]. Trends in Cognitive Sciences, 9(9): 416-423.

Hodgkin A L, Huxley A F. 1952. A quantitative description of membrane current and its application to conduction and excitation in nerve[J]. The Journal of Physiology, 117(4): 500-544.

Insel T R, Landis S C, Collins F S. 2013. The NIH brain initiative[J]. Science, 340(6133): 687-688.

Lapicque L. 1907. Recherches quantitatives sur l'excitation électrique des nerfs traitée comme une polarization[J]. Journal de Physiologie et de Pathologie Generalej, 9: 620-635.

Li E-P, Ma H Z, Ahmed M, et al. 2023. An Electromagnetic Perspective of Artificial Intelligence Neuromorphic Chips[EB/OL]. https://www.emscience.org.cn/en/article/doi/10.23919/emsci.2023.0015[2023-10-27].

Maričić L M, Walter H, Rosenthal A, et al. 2020. The IMAGEN study: a decade of imaging genetics in adolescents[J]. Molecular Psychiatry, 25(11): 2648-2671.

Matthews P M, Honey G D, Bullmore E T. 2006. Applications of fMRI in translational medicine and clinical practice[J]. Nature Reviews Neuroscience, 7(9): 732-744.

Myszczynska M A, Ojamies P N, Lacoste A M, et al. 2020. Applications of machine learning to diagnosis and treatment of neurodegenerative diseases[J]. Nature Reviews Neurology, 16(8): 440-456.

Okano H, Mitra P. 2015. Brain-mapping projects using the common marmoset[J]. Neuroscience Research, 93: 3-7.

Poo M M, Du J L, Ip N Y, et al. 2016. China Brain Project: basic neuroscience, brain diseases, and brain-inspired computing[J]. Neuron, 92(3): 591-596.

Sahakian B J, Gottwald J. 2017. Sex, Lies, and Brain Scans: How fMRI Reveals What Really Goes on in Our Minds[M]. Oxford: Oxford University Press.

Stuart G J, Spruston N. 2015. Dendritic integration: 60 years of progress[J]. Nature Neuroscience, 18(12): 1713-1721.

Van Horn J D, Gazzaniga M S. 2002. Databasing fMRI studies — towards a 'discovery science' of brain function[J]. Nature Reviews Neuroscience, 3(4): 314-318.

Xu Q, Guo L N, Cheng J L, et al. 2020. CHIMGEN: a Chinese imaging genetics cohort to enhance cross-ethnic and cross-geographic brain research[J]. Molecular psychiatry, 25(3): 517-529.

Zhang X, Zhang Q, Mao Y, et al. 2019. Brain science and technology: initiatives in the Shanghai and Yangtze River delta region[J]. Nature, 571(7766): S22-S26.

第十章

生物信息学与健康转化应用

第一节　发展历史与驱动因素

随着计算机在医学领域的推广应用，医学计算、医学计算科学、医学电子数据处理、医学软件工程等相关学科陆续出现。至今，生物信息技术已经应用于病理解析、医药研发、医学检验、健康决策等各个环节。生物信息学能够帮助实现信息和知识的集成、管理及利用，为医药健康研究提供资源保障、技术支持、完善周全的信息交互环境，并推动致病基因与机制的发现。

健康中国已经成为我国的国家战略，并屡屡见诸政府工作重点。目前，我国正在快速进入老龄化社会，疾病发病率上升，药品与医疗资源相对不足的矛盾日益凸显。人民身体健康是全面建成小康社会的重要内涵，为了提升人民健康水平、提高全民生活质量，亟须提高我国国产药物的疗效、降低药物成本，提高诊断准确性，提升治疗疗效，并降低医疗费用。

传统医药行业研发诊断医疗方案及药品，所需的时间和金钱成本远超一般人的想象。大数据时代的到来为打破这一困境带来了变革的曙光。生物信息智能计算技术在如下方面具有巨大的潜力：加速新药发现，缩短药品研发周期，降低研发成本；防控突发、新发传染病，维护国家公共卫生安全；提高个性化诊断效率，鉴别疑难杂症；促进新医药产业发展，提高健康管理效率，降低医疗成本，减少老百姓的医疗负担，节省国家医保财政资源等。所以，生物信息技术及产品是推动医药健康供给侧结构性改革、实现创新驱动发展国家战略的重要保障。

鉴于生物信息技术在辅助医学诊断、加快新药发现、缩短新药研发周期、辅助健康管理中起着非常重要的作用，国内外主要国家对该领域的发展非常重视。美国政府于2011年发布了《向精准医学迈进》的报告。报告提出，需要对以往的疾病分类方法进行优化更新，不只是依赖疾病原发灶位置（肝、胰腺等）和细胞学特征，还须根据现有的生物医学知识，构建综合、全面的网络以指导疾病的分类，如通过人类表型制定个性化医疗方案等。目前，澳大利亚、法国、韩国等已经陆续启动国家层面的"精准医学研究计划"。

欧盟委员会在2017年发布的《"地平线2020"未来和新兴技术2018—2020年工作计划》（总预算15亿欧元）中，将生物信息学列为健康和生命科学领域的"革新医疗健康领域的颠覆性技术"之一。我国早在2006年出台的《国家中长期科学和技术发展规划纲要（2006—2020年）》的"科学前沿问题"中就明确提出要发展生物信息学。进入"十三五"以来，国家也越来越重视该方向的发展，在2016年出台的《"十三五"生物产业发展规划》中提出"建设技术先进的基因库""完善中药标准物质及质量信息库""建设蛋白元件资源库""建设生物药质量及安全测试技术创新平台"等一系列与生物信息学相关的发展任务，并提出如下详细的发展内容。

（1）在现有基因库基础上，建设生物资源样本库、生物信息数据库和生物资源信息一体化体系，建设具有重要产业应用价值及科研前瞻性的国家精品样本库和实时全景生命数据库，构建"高通量、低成本、标准化"的生物样本和数据存储、管理、认证、基础应用体系，引领并推动国内外相关标准和行业规范的制定。搭建信息资源研究开发的基础性支撑平台。建立全球联盟体系，逐步实现与国际权威数据库的数据交换与共享。建设独立的疾病相关遗传信息应用型数据库，包含超过至少10万例中国人基因多样性发生频率的数据库和中国靶向药物用药信息知识库，形成适合我国疾病基因谱、持续升级的全球领先基因数据解读系统。推动完善畜禽遗传资源基因库、生物遗传资源保藏库（圃）等。

（2）在现有中药实物库的基础上，进一步完善中药资源-质量一体化数据信息库，并实现信息共享。收集涵盖民族药在内的实物药材，系统鉴定、规范采集药材的质量和品质信息；针对常用中药饮片和中药提取物，收集基于生产过程和炮制技术在内的实物产品，系统采集全过程的质量信息，构建对照或标准物质库，为规范药品质量、传承中药炮制精髓提供对照或标准物质；加快中药产品标准中涉及的化学成分对照品的制备、供应、标化；通过系统规范研究，形成中成药大品种各种剂型成品的对照或标准物质，建立质量-生产过程-剂型质量信息库，为中成药大品种的质量批间一致性和品质评价服务，支撑中药的标准化和国际化发展。

第二节　国内研究基础和国际竞争力

总体来说，我国生物信息学已经在疾病变异位点、肿瘤差异表达基因、创新药物筛选设计技术、一体化新药研发创新支撑技术平台方面取得了令人瞩目的成绩，推动了疾病分子标志物、多组学数据整合分析、基因网络分析的发展。其中，药物发现、疾病组学、智慧医疗、人工基因线路的设计与实现、中医药系统生物学和网络药理学等都取得了很大进展。

一、发展现状

（一）单分子化学药物的计算研发新技术

药物研发需要经历靶点筛选、药物挖掘、临床试验、药物优化等阶段，而人工智能可以大幅提升药物的研发效率。在药物靶点发现阶段，人工智能的应用尤为广泛。新加坡国立大学（National University of Singapore）建立并维护了全球第一个免费的治疗靶点数据库（The Therapeutic Target，TTD），全面确证了所有美国食品药品监督管理局已经批准和数千个临床试验药物的药靶，严格区分了“无疗效”和“有疗效”药靶的概念，系统提供了药靶的治疗信息、临床疾病状态、药靶验证试验与构效关系等，对新药设计具有直接影响力。全世界治疗药物的成果药靶在500个左右，处于临床试验阶段、临床前及研究阶段的靶标分别在1350个、200个和1600个左右（Zhou et al.，2022），根据人类基因组研究结果预测的潜在药物靶点，据保守估计，约为20 000个蛋白质（Gates et al.，2021）。在进行药物靶点研究的同时，将生物信息学技术和计算机辅助筛选相结合，预测药物构效关系，也是药物发现的一个重要途径。药物构效关系即药物的化学结构和生物活性之间的关系。药物的生物活性与其性质有关，该性质则由药物的化学结构决定。通过分析构效关系，可以确定药物中引起生物效应的化学基团，进而通过改变其化学结构来优化药物的效果。利用生物信息的技术预测化合物的构效关系可以进行药物先导化合物的快速筛选。鉴于小分子巨大的化学多样性空间，通过实验完全合成和筛选这些小分子在经济上是不可行的，也是不可能的。在生物信息学研究的基础上，利用已经获得的蛋白质结构和功能信息，采用以分子生成、虚拟建库和以人工智能为特征的计算技术直接进行药物虚拟筛选，已经被证明可显著提高药物发现效率。

目前，许多算法和软件能够实现基于计算的原理模拟化合物的构效关系，预测化合物的活性，并根据化合物的可药性筛选出潜在药物的化合物，不需要耗费大量的人力物力做实验筛选，从而节约了挖掘药物的资源。

（二）组合用药预测

疾病的发生是由多种复杂的因素导致的，包括细胞中DNA突变导致的基因表达异常、细胞信号通路异常所带来的细胞的代谢紊乱等。为了有效地治疗复杂疾病，针对多基因靶点的联合药物或联合疗法的开发十分重要，也是临床医生和药物公司广泛关注的焦点。但由于药物组合的可能性数据众多，单纯依靠实验筛选出治疗效果好的药物组合十分困难。因此，近年来，药物研发机构开始运用生物信息技术来研发快速高效的药物组合药效计算预测方法，代表性工作如下。

1. 美国斯坦福大学的 Decagon 系统

针对两种药物组合的潜在副作用，美国斯坦福大学的研究团队在 2018 年 7 月左右，开发出一种新的人工智能系统——Decagon 进行预测。据悉，该人工智能系统 Decagon 可用于预测并追踪药物组合的潜在副作用，从而帮助医生或研究人员找到更好的药物组合来治疗复杂疾病。Decagon 系统基于人类大脑的工作机制，将已知的药物及其副作用的数据作为训练集，通过深度学习技术，构建出一种名为“十角形”的人工智能模型。基于该模型，Decagon 系统可以自主识别潜在的药物组合副作用。但目前该模型还只能预测两种药物组合治疗后对人体所产生的副作用，其性能还有待提升。

2. 新加坡国立大学的 QPOP

2018 年 8 月，新加坡国立大学的科学家开发出了一个可以让医生迅速决定为患者提供最佳药物的人工智能平台。据悉，该平台被称为二次表型优化平台（QPOP），它利用小的实验数据集来识别针对单个患者的最有效的药物组合，有望加速药物组合设计（Rashid et al.，2018）。

3. 复旦大学研究团队开发的针对癌症个性化协同组合用药的高效预测系统

复旦大学曹志伟课题组研究人员于 2015 年开发了一个针对协同抗癌药物组合的筛选系统。该系统基于多成分多靶点药物的网络效应，结合癌症的基因表达谱特征，采用机器学习算法，提取出具有协同作用的抗癌药物组合的网络靶向特征，并将其应用于潜在协同药物组合的排序筛选。该系统将国际上的协同用药预测吻合度 / 准确率（PC Index）从 61% 提升到了 78%，极大地提高了联合药物筛选的效率（Sun et al.，2015）。该团队还使用斑马鱼肿瘤的动物实验模型，进一步验证出一组具有强协同作用且低副作用的抗乳腺癌协同药物组合。

除以上的定性组合药物计算方法外，一些研究团队还探索了反馈系统控制算法、随机搜索算法、统计模型、基于因子的多尺度模型等，尝试预测了组合药物在不同剂量配比下的药效，以便为未来的临床应用提供更多线索。

（三）抗体药物设计

随着单克隆抗体、双特异性抗体及抗体药物偶联物（antibody-drug conjugate，ADC）药物的相关研究不断发展，抗体药物已经成为药物研发的新热点。2019年新冠疫情暴发以来，由多种抗体混合而成的"鸡尾酒抗体"可能有助于治疗和预防新冠感染，引发新冠抗体研发的井喷趋势。随着抗体结构数据的快速增长，针对抗体药物研究的生物信息学设计工具也不断发展，主要集中在抗原表位预测和单克隆抗体设计方面，其代表性的方法如下。

1. 抗原表位预测

随着抗原识别技术的提高，合成肽疫苗日益受到重视。合成肽疫苗是基于化学方法来合成能识别出B细胞和T细胞表位并且可以诱导特异性免疫应答的免疫显性肽段。以表位为基础的疫苗可以被构造为T细胞和B细胞表位疫苗，其中T细胞表位通常为连续肽片段，而B细胞表位可以是蛋白质、糖、脂质、核酸等大分子的非连续空间构象表位。因为肽具有相对容易制造、结构稳定性和化学稳定性等特性，合成肽成为疫苗制造最具潜力的候选者。适应性免疫主要包括由T细胞介导的细胞免疫和由B细胞介导的体液免疫，免疫信息学研究强调开发的疫苗蛋白质序列应同时涵盖B细胞和T细胞表位。大多数肽疫苗目标分子的B细胞表位可以同时携带T细胞表位，从而使其具有更高的免疫原性。

1）T细胞表位识别及预测

T细胞表位的识别和免疫应答的诱导在个体的免疫系统中起关键作用，基于T细胞抗原表位的合成肽可被用于激活T细胞。T细胞表位预测的关键点之一是MHC的结合预测，而MHC是高等脊椎动物蛋白质中最具多态性的蛋白质。如此广泛的等位基因的肽结合偏好难以用实验筛选，因此需要生物信息学预测的参与。T细胞表位的预测通常涉及特定的MHC I类或MHC Ⅱ类等位基因的肽结合特异性，然后用生物信息学软件预测表位。现有的T细胞表位预测方法可以根据其基础算法分为支持向量机、隐马尔可夫模型、定量构效关系（QSAR）分析及基于结构的方法。T细胞表位识别及预测工具如表10-1所示。

表 10-1 T 细胞表位识别及预测工具

工具名称	工具地址	工具功能
国际免疫遗传学数据库（IMGT Repertoire, IG and TR）	http://www.imgt.org/IMGTrepertoire	包含人类白细胞抗原（HLA）和 TCR 序列的排列注释
免疫和疫苗相关的动力学、热力学和分子数据库（AntiJen）	http://www.ddg-pharmfac.net/antijen/AntiJen/antijenhomepage.htm	提供 MHC、抗原肽转运蛋白体（TAP）、B 细胞和 T 细胞抗原等相互作用多肽的实验和预测数据
等位基因频率数据库（Allele frequencies Net Database）	http://www.allelefrequencies.net	概述 HLA 频率和细胞因子多态性
免疫表位数据库（IEDB）	http://www.iedb.org	包含人类及其他物种来源的近 160 万个多肽表位
抗体表位预测工具（ElliPro）	http://tools.iedb.org/ellipro/	通过改善建模软件和可视化平台来预测和展示表位
MHC 肽结合亲和力预测工具（NetMHC）	https://services.healthtech.dtu.dk/services/NetMHC-4.0/	基于人工神经网络预测多肽与 HLA 分子的相互作用
HLA 分型工具（HLAscan）	https://github.com/SyntekabioTools/HLAscan	利用全基因组测序与全外显子组测序数据来预测 HLA 基因型

2）B 细胞表位识别及预测

与 T 细胞表位不同，B 细胞表位主要识别不连续的表位。由于必须考虑抗原的三维结构，预测构象型 B 细胞表位更加复杂。在该领域，同济大学曹志伟课题组致力于蛋白抗原 B 细胞表位预测的算法研究，先后开发了空间表位预测工具 SEPPA（Sun et al.，2009）及其升级版本 SEPPA2.0（Qi et al.，2014）和 SEPPA3.0（Zhou et al.，2019），以及抗体特异性表位预测算法 SEPPA-mAb（Qiu et al.，2023）。不仅从空间结构和理化特征方面进行了深入研究，还创新性地引入亚细胞定位、宿主物种及翻译后糖基化修饰等特征，显著提升了 B 细胞表位预测的准确性，成为 B 细胞表位预测的基准算法。表 10-2 详细列出了 B 细胞表位识别及预测工具。

表 10-2　B 细胞表位识别及预测工具

工具名称	网址	工具功能
半抗原、载体蛋白和抗半抗 原抗体的综合数据库（A Comprehensive Database of Haptens, Carrier Proteins and Anti-Hapten Antibodies，HaptenDB）	http://www.imtech.res.in/raghava/haptendb	包含引起免疫反应的半抗原特异性、交叉反应性抗体和在诊断中抗体的使用等信息
蛋白质三维结构中不连续 B 细胞表位的预测（Prediction of Discontinuous B-Cell Epitopes from Protein 3D-Structure，Discotope 2.0）	https://services.healthtech.dtu.dk/services/DiscoTope-2.0/	利用表面可及性和表位倾向氨基酸评分预测不连续 B 细胞表位的三维结构
B 细胞表位预测工具（A Web-Server for Predicting B-Cell Epitopes，Epitopia）	http://epitopia.tau.ac.il/	预测蛋白质三维结构或线性序列中的免疫原性区域
蛋白抗原空间表位预测 2.0（Spatial Epitope Prediction for Protein Antigens 2.0，SEPPA 2.0）	http://www.badd-cao.net/seppa2/index.php	引入抗原亚细胞定位及宿主物种信息构建预测模型，可进行抗原蛋白空间表位预测
蛋白抗原空间表位预测 3.0（Spatial Epitope Prediction for Protein Antigens 3.0，SEPPA 3.0）	http://www.badd-cao.net/seppa3/index.html	空间表位预测平台，首款糖基化蛋白抗原的表位预测工具
蛋白抗原空间表位预测 - 单克隆抗体（Spatial Epitope Prediction for Protein Antigens-monoclone Antibody，SEPPA-mAb）	http://www.badd-cao.net/seppa-mab/index.html	空间表位预测平台，首款抗体特异性表位的在线预测工具

3）其他方法预测

部分优选的肽锚点氨基酸位置的组合被称为模体。在抗原表位的预测过程中，检索序列的方法即通过使用模体文库对目标肽段氨基酸序列中的特定序列进行检索，这是抗原表位预测最古老也最广泛使用的方法。阿马罗（D’Amaro）等开发的计算机程序模体（MOTIF），收集了所有已知的亲和 HLA-A* 0201 的模体。另外一种广泛使用的表位预测工具是配体和多肽基序数据库（SYFPEITHI），它也是基于模体检索方法的软件。但由于并不是所有的结合肽都具有可识别的模体，这类基于检索模体的预测算法的精度普遍不高。基于结构的表位预测方法能够大大提升预测算法的精度，除本文介绍的表位识别的方法外，在合成蛋白疫苗的设计过程中还可以应用分子结合能和分子动力学、亲疏水性和电荷结合力等方法，以进一步提高设计合成的肽疫苗的免疫原性和生物安全性。

2. 单克隆抗体设计

免疫信息学极大地改变了单克隆抗体产业。目前，已有很多本地及云程序被开发出来，并被用于抗体的应用研究。这些软件主要聚焦的功能包括：①确定特定抗体互补决定区（CDR），代表性的软件如 Abnum（Abhinandan and Martin，2008）；②确定抗体重链和轻链的亚类，较为经典的工具如 SUBIM（Déret et al.，1995）；③构建特定序列的抗体三维结构，工具包括 RosettaAntibody、PIGS（Marcatili et al.，2008）、SWISS-MODEL（Arnold et al.，2006）、AbM、WAM 等。除此以外，需要关注的问题还包括：检查给定的抗体序列中可能存在的测序错误（如 AbCheck），评估抗体的人源化程度（SHAB）（Abhinandan and Martin，2007），以及预测抗体亲和力（Abhinandan and Martin，2010）、抗体的凝聚性和半衰期等。

（四）计算机辅助的疫苗研发

疫苗为人类健康提供了重要保障，更多安全可靠的疫苗产品是社会发展进步的必然需求。随着科技的进步，研发的疫苗功能性得到提升，由预防性发展到治疗性；适用范围也得到扩充，从传染病治疗发展到肿瘤免疫治疗、阿尔茨海默病治疗等方面。人类基因组计划的完成、生物信息学的发展及病原微生物基因组的解析，使得疫苗的研发更加精细化。

疫苗研发面临的一个重要科学问题，就是免疫原是否具有足够的保护范围。解决这个问题的关键在于准确地衡量不同抗原蛋白之间的抗原性距离。目前有很多针对特定病原体（如流感病毒、登革病毒、口蹄疫病毒等）的抗原性距离计算工具，但这些方法大多需要大量的实验数据作为训练，对于突发或新发传染病的应对能力不足。为解决这一问题，同济大学研究团队设计了空间免疫表位比对工具（CE-BLAST），可以不依赖于实验数据，对新发或再现传染病病原体的抗原性进行快速度量，可为包括新冠在内的突发传染病疫苗的设计提供支持（Qiu et al.，2018）。

疫苗研究在线信息网（Vaccine Investigation and OnLine Information Network，VIOLIN）是一个专门为疫苗设计而开发的网站，其中包括大量与疫苗相关的数据库及软件。例如，Vaxign（Vaccine Design）是一种基于反向疫苗学原理的疫苗靶点预测与分析系统（He et al.，2010）。Vaxign 包括两个部分：一是 Vaxign Query，可直接查询 Vaxign 网站已经预测好的结果；二是 Dynamic Vaxign Analysis，即对输入的序列进行交互分析和可视化。Vaxign 集成了一系列分析软件，包括预测 MHC I 及 MHC Ⅱ结合能力的 Vaxitope、预测蛋白质跨膜方式的 TMHMM 等。常用的免费计算机辅助疫苗设计工具见表 10-3。

表 10-3　常用的免费计算机辅助疫苗设计工具

工具名称	网址	工具功能
EpiPredict	https://github.com/cmu-delphi/epipredict	6 种人类白细胞抗原（HLA-DR/DQ）及人 TAP 配体预测
PAProC	http://www.paproc.de	PAProC Ⅰ预测人及酵母 20S 蛋白酶体酶切位点；PAProC Ⅱ是 PAProC I 的改进版，专门预测人类 20S 蛋白酶体酶切位点
PREDEP	http://margalit.huji.ac.il/Teppred/mhc-bind/index.html	MHC Ⅰ类的线性表位预测
ProPred	http://www.imtech.res.in/raghava/propred/	51 种 HLA-DR 配体预测，长于预测杂合性 T 细胞表位
ProPred1	http://www.imtech.res.in/raghava/propred1/	47 种 MHC-Ⅰ类配体预测，集成蛋白酶体酶切位点预测
SDAP 2.0	http://fermi.utmb.edu/SDAP/	变应原 3D 结构及免疫球蛋白 E（IgE）表位数据库，预测变应原交叉反应及 IgE 结合位点
SYFPEITHI	http://www.syfpeithi.de	MHC 配体与多肽模体数据库，提供 7000 种以上可结合 MHC Ⅰ类和Ⅱ类的肽序列

（五）生物标志物发现

生物标志物是一种能客观测量并评价正常生物过程、病理过程或对药物干预反应的指示物，也是生物体受到损害时的重要预警指标，涉及细胞分子结构和功能的变化、生化代谢过程的变化、生理活动的异常表现及个体、群体或整个生态系统的异常变化等。生物标志物的研究不仅是生物化学基础研究的重要内容，也在新药开发、医学诊断、临床研究方面具有重要的价值，有助于研究人员开发出更有效的诊疗手段，尤其在肿瘤、心血管疾病、糖尿病、神经性失调等慢性疾病与复杂疾病的防控上更是如此。

目前，基于计算生物技术的生物标志物发现方法主要包括生物芯片方法、高通量测序方法、蛋白质组学方法、代谢组学方法、整合多组学数据的系统生物学方法等。近年来的研究证明，用于描述反应动力学网络的数学模型可以有效地预测生物对外界刺激的响应，识别潜在的、可能的药物靶标

（Recanatini and Cabrelle，2020）。一种系统的药物设计方法是通过在网络中模拟单个反应的抑制过程，再将其在指定观察量上的作用效果量化。在不同的网络和模型中，观察量往往有所不同。代谢网络中的观察量通常指稳态值，而在信号级联模型中，观察量则是浓度、特征时间、信号持续时间和信号幅值等。

（六）智慧医疗与健康管理

近年来，随着人工智能的飞速发展，人工智能的可应用性和可普及性逐渐提高，在医疗健康领域扮演着越来越重要的角色。人工智能技术在疾病筛查、辅助诊疗和药物研发方面，取得了不错的成就。2019 年初，来自斯坦福大学和谷歌研究（GoogleResearch）的研究者对医疗领域中的深度学习应用进行了综述，并将研究文章发表在《自然医学》（*Nature Medicine*）上，从应用于医疗行业的计算机视觉、自然语言处理、强化学习和通用方法等角度，详细介绍了深度学习在医疗中的应用（Esteva et al.，2019）。

随着医疗卫生信息化建设进程的不断加快，越来越多的医疗数据得到积累。根据数据来源，目前现有的医疗数据库可以被划分为三类：电子健康档案数据库、电子病历数据库及全员人口个案数据库。近年来，随着移动设备和移动互联网的飞速发展，便携式可穿戴医疗设备及智能穿戴设备逐渐普及，通过“物联网”，即医疗器械、智能穿戴设备等收集的健康数据，APP、远程监控、传感器提供的连续临床数据等成为医疗大数据的另一主要数据来源。

利用人工智能构建机器学习模型的关键挑战在于如何组装具有代表性的多元化数据集。生物医学大数据的特征与发展现状说明集成与融合技术是实现生物医学大数据成功应用的关键。因此，我们需要建立标准化的涵盖各种组学、医疗健康档案和电子病历信息，以及下游分析应用等功能的综合数据处理与质量控制系统，针对典型需求制定功能完备、可扩充性和移植性强的数据标准化体系，为科学研究、临床决策、临床试验、医药产品开发及人民群众健康提供可靠的数据资源。

（七）生物信息助力中医药研究

中医药是我国独特的重要医药资源宝库，截至 2023 年初，第四次全国中药资源普查已经汇总药用植物超过 13 000 种，中医药领域从中药资源到临床应用等各个方面积累了大量科研数据。生物信息学在中医药领域的运用，与中药相关数据库与智能计算技术密切相关。国际上，新加坡国立大学陈宇综教授于2002年发布了西药药物靶点数据库，于2005年率先发布了全球首个科研类中药复方数据库（TCM-ID），并应用系统生物学原理比较分析了中西药的协同药效机制差异。国内随后建立了若干数据库，以提供中药的各方面信息，包括疾病、方剂、草药、生物活性成分、体内代谢、实验靶点等，如中医药系统药理学数据库（TCMSP）、中医药百科全书（ETAM）、中药成分靶点数据库（HIT）、中药成分代谢数据库（HIM）等。同时，李梢团队领衔研发了网络药理学系列理论与方法；曹志伟团队创建了协同药效计算模型与中药体内代谢转化预测技术等；纪志梁团队构建了药物临床不良反应的系统计算技术等。一些代表性中医药数据库资源罗列如下（表10-4）。

表10-4　部分中医药数据库

数据库名称	数据库地址	数据库功能
中医药百科全书（ETCM）	http://www.tcmip.cn/ETCM/	ETCM提供了常用的中草药、配方和化学成分信息。ETCM允许用户探索中药、配方、成分、基因靶标及相关途径或疾病之间的关系网络
中药系统药理学数据库和分析平台（TCMSP）	https://tcmsp-e.com/tcmsp.php	TCMSP提供了化学成分、靶标、药物-靶标网络、相关药物-靶标-疾病调控网络，以及天然化合物的药代动力学特性，包括口服生物利用度、药物相似性、肠上皮通透性、血脑屏障、水溶性等信息
中药信息数据库（TCM-ID）	https://www.bidd.group/TCMID/	TCM-ID收录了中医复方信息、中药成分化学信息、中药成分靶基因信息
位于台湾的传统中药数据库（TCM Database@Taiwan）	http://tcm.cmu.edu.tw/	TCM Database@Taiwan收录了中药化合物结构信息，并提供在线分子对接和动力模拟功能
草药成分靶标平台（HIT 2.0）	http://hit2.badd-cao.net/	HIT2.0提供了常用中药的活性成分信息，以及具有文献证据的成分靶标。HIT2.0还应用文本挖掘技术提供在线靶点审核管理平台
天然产物活性与物种来源数据库（NPASS 2.0）	https://www.bidd.group/NPASS/	NPASS收录了天然产物的组织来源、生物活性、成分靶点，以及收录了天然产物的生物特征、化学特性等信息

二、重要成果与国际竞争力

（一）疾病 SNP 研究重要成果

疾病相关基因的研究发现，很多疾病的发生与基因突变或基因多态性有关。2020 年 8 月，西班牙研究团队通过对 66 种癌症的 28 076 个肿瘤样本的基因组突变进行分析，鉴定了 568 个癌症驱动基因（Martínez-Jiménez et al., 2020）。随着人类基因组计划的完成，在明确了人类全部基因在染色体上的位置、其序列特征［包括单核苷酸多态性（single-nucleotide polymorphisms, SNP）］及其表达规律和产物（RNA 和蛋白质）特征］以后，研究人员就可以有效地了解各种疾病发生的分子机制，进而研发适宜的诊断和治疗手段。

普遍认为，SNP 研究是人类基因组计划走向应用的一个重要步骤，这主要是因为 SNP 在疾病相关基因的鉴定、疾病高危群体的发现、药效机制的研究等方面均有较好的应用。在人类基因组计划完成之后，以美国为首的多国科学家又合作完成了国际人类基因组单倍型图计划、国际千人基因组计划等人类基因组变异研究计划。截至 2023 年 10 月，美国国家生物技术信息中心的 dbSNP 数据库已经收集超过 19 万人的 10 亿多个 SNP 数据①，为解析人类表型和生理差异与病理机制奠定了基础。

我国科学家在基于 SNP 的致病基因和致病位点发现方面也颇有建树。2020 年 4 月，中国代谢解析计划（ChinaMAP）联盟携全国 29 家研究机构和医院，在《细胞研究》（*Cell Research*）发表了题为《中国代谢解析计划对 10588 例样本的深层全基因组序列分析》（“The ChinaMAP Analytics of Deep Whole Genome Sequences in 10588 Individuals”）的长文，首次报道了 ChinaMAP 一期研究对覆盖全国 27 个省份和直辖市、8 个民族、超过 1 万人的高深度（40X）全基因组测序数据和表型的系统性分析结果。应用高通量测序方法，中国科研人员在脑血管疾病药效评估、非小细胞肺癌罕见致病突变、红斑狼疮相关变异等多种疾病的致病突变发现方面，均取得了诸多成果。

① RELEASE: NCBI dbSNP Build 155. https://www.ncbi.nlm.nih.gov/projects/SNP/snp_summary.cgi?view+summary=view+summary&build_id=155[2023-10-27].

（二）迅速确定了突发传染病的致病病毒序列与药物靶标

2003 年 SARS 暴发流行期间，我国科学家利用生物信息学与实验生物学相结合的方法，迅速解析了 SARS 病毒的基因组序列，在很短的时间内，确定了 SARS 防治药物的作用靶标为半胱氨酸蛋白酶 3CLpro，并采用虚拟筛选技术从化合物库中筛选出化合物半胱氨酸蛋白酶抑制剂 E64D，攻毒实验表明，E64D 是开展 SARS 防治药物研究以来活性最高的化合物（Shang et al., 2020）。2019 年底新冠疫情暴发后，中国科学家快速确定并公布新冠病毒的基因组序列，并率先解析了新冠病毒刺突蛋白膜融合核心结构域的晶体结构，有效地支持了防治新冠病毒感染的药物设计和疫苗研发。

（三）新药研发取得的重要成果

结合药物与医学信息学平台技术，中国研究人员对危害人类健康的多种疾病进行了药物研发。2010～2020 年，中国共有 1636 个创新药物递交了首次新药临床试验申请（IND），有 101 个创新药递交了新药申请（NDA），其中 58 个创新药获得批准（Su et al.，2022）。2019 年新冠疫情暴发以来，从病毒溯源，到药物快速筛选与研发，再到疫苗免疫原预测与抗体发现，生物信息再次发挥了重大作用。截至 2023 年初，已有阿兹夫定片、先诺特韦片 / 利托那韦片、氢溴酸氘瑞米德韦片和来瑞特韦片等 4 款中国国产口服小分子新冠病毒感染治疗药物获得国家药品监督管理局批准上市，为疫情防控提供了有力药品储备。

第三节　发展态势与重大科技需求

一、临床诊断与治疗

生物信息学健康转化应用的重要领域之一是临床应用。随着大规模组学数据的积累，精准医学成为可能，有望推动疾病诊疗产生新的变革。目前，基于计算技术的生物信息学方法已经在存储疾病相关的医学数据、发现大量潜在的生物标志物、评估生物标志物的可行性等方面做出了重要贡献，有利于设计出更加有针对性的生物学实验，以促进现代诊断技术的开发。

利用生物信息学手段辅助疾病诊疗的优势主要体现在：①不局限于特定的技术或信息类型，尤其适合将不同的数据整合到一个大的体系中以发现潜在的疾病风险基因和诊断生物标志物；②以网络为基础的疾病风险基因和诊断生物标志物发现平台有利于从整体角度进行病理解析和生物标志物筛选；③随着动态且详细的生物学时空数据的累积，有可能在计算机中精确地模拟病理变化过程及其对整个人体产生的影响，从而大大提高疾病诊疗技术和新药开发的效率。

生物信息学方法在临床诊疗中的应用尚属于起步阶段，随着人工智能、实验技术、统计分析和建模方法等多方面的进一步融合与发展，生物信息学必将在后基因组时代的疾病诊断、预后和个性化医疗中发挥更加重要的作用。

二、创新药物的发现与设计

传统药物寻找方法耗时长、成本高。生物信息学利用功能基因组学、蛋白质组学等学科所提供的丰富的数据资源及开发出来的一些算法软件，可快速实现靶标识别与药物筛选。

生物信息学对药物发现与新药开发的作用主要体现在两方面：一方面是药物靶点发现，另一方面是药物基本设计。其中，寻找先导化合物是新药物研发的关键，药物作用的基础是先导化合物与靶蛋白的结合会阻断靶蛋白的功能或改变其功能状态。生物信息学方法在这方面的作用越来越受到重视。

此外，生物信息学还可用于新型药物的可药性验证。随着研究的深入，越来越多的潜在药物靶点被发现，一些数据库如TTD、药物数据库（DrugBank）对药物靶点进行了整理。面对大量的靶点，需要筛选小分子药物用于治疗，而筛选过程中大量的实验和临床测试是造成药物开发费用大、耗时久的主要原因。因此，利用已有的药物靶点数据，预测小分子的可药性及副作用等，可以对数量巨大的小分子做初步筛选。

除了小分子的可药性，潜在靶点的可药性也是研究的重点之一。目前已经有多种计算方法用于预测潜在靶点（蛋白质）的可药性。首先需要在蛋白质表面选择可能与配体结合的位点。

生物信息技术为药物研究设计提供了崭新的研究思路和手段，已经在新药设计的各个环节，如初始阶段、筛选及药物设计及新药开发阶段，发挥着越来越重要的作用。随着基于人工智能方法的药物设计相关研究的深入和优化，如蛋白结构预测技术 alpha-fold、大预言模型 ChatGPT 等，未来新药研发的周期有望进一步缩短，成功率也有望大幅提升，由此可带来新药研制成本的大大降低，更快更好地让患者受益。

第四节　未来5～15年的关键科学与技术问题

与国际相比，我国的生物信息研究在健康转化方面的应用仍存在较大差距，这主要是因为国内相关数据库缺失、原创性分析技术积累不足，以及转化应用型创新研究体系有待建立。而且我国药物研发企业的原创力不足，尚无创新药靶诞生。大量药企以实验和人工经验指导为主，急需生物计算技术介入。该领域生物信息技术研发与应用脱节现象普遍，尚未形成干湿结合、面向应用转化的创新研究范式。面向以上技术瓶颈，药物与医学信息学领域急需攻克以下关键科学问题。

一、基于人工智能的生物医学数据挖掘与整合

随着各种高通量研究与检测方法的广泛应用，生物医学领域的数据量呈指数级递增，传统的数据挖掘与整合方法已经难以满足对海量数据的有效处理需求，不能够发现数据内部所蕴含的底层信息。因此，建立新的研究方法，实现系统性、智能化的生物医学数据的挖掘与整合成为当前生物信息学研究领域的重要挑战。

生物医学数据由于数据量庞大、数据维数高、噪声干扰强、数据结构复

杂等特点，给数据挖掘和整合带来了诸多问题。推进基于人工智能的生物数据挖掘与整合，综合运用高性能计算、机器学习、人工智能、模式识别、统计学、数据可视化等方法，提升数据的分类、优化、识别、预测等技术，有望解决目前生物医学大数据复杂性问题，实现更为有效的数据挖掘和更为智能的数据整合，以更好地推进新阶段由数据到知识的转化。

二、面向精准医学的人类生物医学知识库的建立

随着生命科学研究的发展，尤其是高通量技术的建立和广泛应用，在多个聚焦人类生物医学的大数据科学计划如国际千人基因组计划、DNA 元件百科全书计划、英国万人和十万人基因组计划、美国精准医学计划、癌症基因组图谱计划、人类表观基因组计划、美国脑科学计划及最近启动的人类细胞图谱计划的带动下，人类的遗传信息、调控信息和表型信息日益丰富，为精准医学的开展奠定了重要的大数据基础。但是，数据呈爆发式增长的同时，其非标准化、非结构化、高度异质性等特点，又极大地限制了知识挖掘效率。各大研究计划的数据往往存放于各自的数据库中，相互之间的连通性较弱，而系统性地整合关于人类生物医学多方面的序列、组学、影像和表型信息，开发高效的生物信息学算法和方法，在标准、统一的语义网络下，通过挖掘、关联等技术，规模化地建立的人类生物医学知识库仍有待开展。

三、生物建模与生命过程模拟

生物建模即综合利用多学科知识构建生命活动的数学模型，实现模拟生命活动的发生与发展过程，并预测多种条件下细胞和机体的状态与功能。生物建模可实现将生物实验的机理抽象为数学模型，并可视化地表现生物过程，更为重要的是，一个完善的生物模型为研究人员提供了一个新的实验手段。生物模型可被视为一个完全受控下的“虚拟实验室”，它可以模拟真实生物实验中不便展开的操作，预测人为施加控制条件后生物系统的运行过程，从而大幅拓展研究范围、提高效率。重要生物模型的建立和模拟可帮助医学科研

工作者开展基于计算机分子模拟的药物活性预测、筛选与设计，实现精准的疾病预防、诊断与治疗。未来，生物建模和生命过程模拟领域也许会实现更多生命科学理论与概念的突破，为更有效地推动应用转化研发提供更多的支持。

四、生物信息学辅助疾病诊断与智慧医疗

生物信息学应用人工智能技术（特别是深度学习）实现医学影像自动分析及辅助医生做出医学诊断的研究已经获得大量成果。多种组学技术（如基因组、转录组、蛋白质组和代谢组）的进步使得疾病在分子水平的精确诊断成为可能。在不久的将来，人工智能技术有望成为协助或替代医生进行疾病诊断的主力军。智慧医疗产业展现了巨大的市场潜力，但是作为一个新兴产业，它还处于起步阶段。智慧医疗需要新一代的生命科学技术和信息技术作为支撑，才能实现全面、透彻、精准、便捷的服务。未来，生物信息学在对疾病的精准评估、疾病的监测预防和临床治疗等关键性技术上的突破会成为“精准医学”与智慧医疗的核心议题。

第五节　发展目标与优先发展方向

随着信息计算技术的飞速发展和人类组学计划的实施，基于大数据的医疗健康生物信息智能技术与产品已经成为未来健康医学的发展目标，可穿戴设备、大数据、人工智能、深度挖掘已经开始在生命医学预防、诊断、治疗领域全面应用，成为未来提升重大疾病防治水平的关键技术和重要途径。通过对生命组学和表型数据的长期分析和监测，对生命信息大数据进行智能化整合与展示、挖掘与解读，已经在疾病早期检测预防、分类诊断、个性化精准用药及医疗决策、健康有效管理等方面展现出巨大潜力。

但由于我国在相关数据库保护、原创性分析技术等方面仍存在不足，结合我国实际情况，应优先发展以下方向。

一、中医药与联合用药

中医药学蕴含中华民族几千年来的医疗与健康养生实践经验，是内涵丰富的瑰宝。生物信息学与中医药学的结合，将会对中医药的传承发展产生巨大推动作用。联合用药、多靶向用药、协同靶点搜索这些借助中药配伍观念的用药策略近年来开始兴起。在联合协同用药研究方面，中医药具备长久的历史优势和临床经验，蕴含的智慧与联合用药机制，值得深入挖掘利用。

二、构建相关数据库

临床诊断用药信息、临床组学、药物分子活性数据、真实世界药物反应数据、医疗信息数据汇集等是相关领域研究的重要数据基础，而国内缺少具有自主知识产权的数据平台，导致目前相关研究数据均需要利用国外的数据库进行收集和整理。因此，亟须有目的性地产出、整理、汇集一批数据，开发专业数据平台，整合相关资源，构建具有自主知识产权、具备转化应用价值的生物信息健康转化数据库。

三、发展原创性分析技术

目前针对医学大数据分析的计算方法还相对较为匮乏，特别是具有我国自主知识产权的核心算法和软件严重不足，在医疗大数据深度学习、药物研发等方面仍主要依赖于国外公开发表的方法与系统。虽然我国生物信息工作者在国际上也公开研发了多种分析算法和软件，但这些都集中于组学基础研究，在创新药物和医学信息学方面，还欠缺大量原创性分析技术，虽有少数优秀的生物信息技术，但存在散、小、弱的局面，往往难以得到持续、有效的维护和更新。因此在原创性分析技术方面需要大力发展。

四、建立转化应用型创新研究体系

生物信息学一个重要的应用就是在药物和医学领域的应用。目前在该领域，生物信息技术的研发主要集中在大学和科研院所，以发表论文为主要导向。我国药物研发企业原创力不足，大量专利和计算技术未得到有效利用，尚未对我国药物研发起到真正支撑作用。未来应注重生物信息技术研发与企业需求应用相结合，形成干湿结合、面向应用转化的创新研究范式。

本章参考文献

Abhinandan K R, Martin A C. 2007. Analyzing the “degree of humanness” of antibody sequences[J]. Journal of Molecular Biology, 369: 852-862.

Abhinandan K R, Martin A C. 2008. Analysis and improvements to Kabat and structurally correct numbering of antibody variable domains[J]. Molecular Immunology, 45: 3832-3839.

Abhinandan K R, Martin A C. 2010. Analysis and prediction of VH/VL packing in antibodies[J]. Protein Engineering Design and Selection, 23: 689-697.

Arnold K, Bordoli L, Kopp J, et al. 2006 The SWISS-MODEL workspace: a web-based environment for protein structure homology modelling[J]. Bioinformatics, 22: 195-201.

Chen X, Ji Z L, Chen Y Z. 2002. TTD: therapeutic target database[J]. Nucleic Acids Research, 30: 412-415.

Déret S, Maissiat C, Aucouturier P, et al. 1995. SUBIM: a program for analysing the Kabat database and determining the variability subgroup of a new immunoglobulin sequence[J]. Computer Applications in the Biosciences, 11: 435-439.

Ehrman T M, Barlow D J, Hylands P J. 2007. Virtual screening of Chinese herbs with random forest[J]. Journal of Chemical Information Modeling, 47: 264-278.

Esteva A, Robicquet A, Ramsundar B, et al. 2019. A guide to deep learning in healthcare[J]. Nature Medicine, 25: 24-29.

Gates A J, Gysi D M, Kellis M, et al. 2021. A wealth of discovery built on the Human Genome Project - by the numbers[J]. Nature, 590: 212-215.

He Y, Xiang Z, Mobley H L. 2010. Vaxign: the first web-based vaccine design program for reverse vaccinology and applications for vaccine development[J]. Journal of Biomedicine and

Biotechnology, 2010: 297505.

Marcatili P, Rosi A, Tramontano A. 2008. PIGS: automatic prediction of antibody structures[J]. Bioinformatics, 24: 1953-1954.

Martínez-Jiménez F, Muiños F, Sentís I, et al. 2020. A compendium of mutational cancer driver genes[J]. Nature Reviews Cancer, 20(10): 555-572.

Qi T, Qiu T Y, Zhang Q C, et al. 2014. SEPPA 2.0—more refined server to predict spatial epitope considering species of immune host and subcellular localization of protein antigen[J]. Nucleic Acids Research, 42: W59-W63.

Qiu T Y, Yang Y Y, Qiu J X, et al. 2018. CE-BLAST makes it possible to compute antigenic similarity for newly emerging pathogens[J]. Nature Communications, 9: 1772.

Rashid M B, Toh T B, Hooi L, et al. 2018. Optimizing drug combinations against multiple myeloma using a quadratic phenotypic optimization platform (QPOP)[J]. Science Translational Medicine, 10: eaan0941.

Recanatini M, Cabrelle C. 2020. Drug research meets network science: where are we[J]? Journal of Medicinal Chemistry, 63(16): 8653-8666.

Shang J, Wan Y S, Luo C m, et al. 2020. Cell entry mechanisms of SARS-CoV-2[J]. Proceedings of the National Academy of Sciences of the United States of America, 117(21): 11727-11734.

Su X, Wang H X, Zhao N, et al. 2022. Trends in innovative drug development in China. Nature Reviews Drug Discovery, 21(10):709-710.

Sun J, Wu D, Xu T L, et al. 2009. SEPPA: a computational server for spatial epitope prediction of protein antigens[J]. Nucleic Acids Research, 37: W612-W616.

Sun Y, Sheng Z, Ma C, et al. 2015. Combining genomic and network characteristics for extended capability in predicting synergistic drugs for cancer[J]. Nature Communications, 6: 8481.

Vanunu O, Magger O, Ruppin E, et al. 2010. Associating genes and protein complexes with disease via network propagation[J]. PLoS Computational Biology, 6: e1000641.

Wang H N, Huang M L, Zhu X Y. 2009. Extract interaction detection methods from the biological literature[J]. BMC Bioinformatics, 10: S55.

Zhou C, Chen Z K, Zhang L, et al. 2019. SEPPA 3.0—enhanced spatial epitope prediction enabling glycoprotein antigens[J]. Nucleic Acids Research, 47: W388-W394.

Zhou Y, Zhang Y T, Lian X C, et al. 2022. Therapeutic target database update 2022: facilitating drug discovery with enriched comparative data of targeted agents[J]. Nucles Acids Research, 50: D1398-D1407.

第十一章

生物信息学与农业、生态、环境

第一节　发展历史与驱动因素

农业是人类衣食之源、生存之本，是一切生产的首要条件。“人以食为天。”粮食是人类最基本的生存依靠，农业在国民经济中的基础地位，突出地表现在粮食的生产上。随着人口的增长和人们物质生活水平的提高，世界各国对粮食、蔬菜和其他农作物产品的需求均持续增长，如何在不增加耕地面积并不引发气候灾难的情况下，满足新增的粮食需求并提高农产品的品质，已经成为全世界农业生产面临的巨大挑战。

加快对作物的改良培育、缩短目标作物的选育时间是应对全球农业挑战的首选方法。近年来，测序技术的进步使遗传学领域发生了翻天覆地的变化，也开创了作物育种的新时代。从基因组、转录组、表观遗传组、表型与基因型关联分析等高通量研究方法中获得的丰富知识将有助于快速发现调控目标性状的基因和基因相互作用网络，从而推进传统的作物育种方法向基因辅助的现代育种方法转变。

以组学数据解析为主要研究对象之一的生物信息学在农业领域、以农业为基础的工业领域、农副产品生产和环境保护方面都具有重要的作用。信息技术和高通量测序技术的进步推动了生物信息学在农业中的应用，特别是在作物改良领域。随着大量农业相关的植物和动物基因组测序工作的完成，生物信息分析可以帮助研究人员和育种专家快速发现对某种目标农艺性状具有重要调控作用的基因和基因相互作用网络，从而在这些基因信息的提示下，选择性地进行目标品种选育。这种借助于基因组和生物信息分析的育种方式可以大大缩短目标品种选育的过程，加速获得产量更高、品质更好、具有更强的抗环境胁迫和抗病虫害能力的作物或畜禽品种，从而带来农业生产上的飞跃。

生物信息学在农业相关的环境保护方面也具有重要的作用。一方面，基因组学技术可以快速监测作物病虫的变异情况，从而对农业病虫害做出预警，并对农业生产导致的土壤微生物群落等生态环境变化进行监控；另一方面，生物信息技术辅助的作物和畜禽选育也有利于筛选出更适宜环境变化的物种，可以在一定程度上改善环境。本章将对生物信息学在农业领域的应用进行系统探讨。

一、政策支持

鉴于农业在国民经济发展中的决定性作用，世界各国对农业相关的作物基因组学研究均非常重视。早在基因组测序技术刚刚兴起的 1998 年，美国国家科学基金会（NSF）就宣布要在接下来的 5 年内划拨 8500 万美元用于解析玉米和其他作物的基因组序列（Lunde et al.，2003）。其中接近一半的经费被用于玉米的基因组研究，其他经费用于番茄、大豆、拟南芥和棉花的基因组研究。2003 年，美国国家科学基金会又设立了两个新的项目（两年内共获资助 1030 万美元），用于通过高通量测序方法确定玉米基因组的基因间区序列，并建立高质量的玉米基因组物理图谱（National Science and Technology Council，2004）。

1998 年，国际水稻基因组测序计划（International Rice Genome Sequencing Project，IRGSP）正式启动，设立国际组织，中国与日本、美国、法国、韩国、印度等一起，成为这一国际组织的成员。每个组织成员根据自身的经济实力，除日本承担6条染色体的测序外，其他组织成员大都只承担一条染色体的测序任务。2002年12月12日，中国科学院、科学技术部、国家发展计划委员会和国家自然科学基金委员会联合举行新闻发布会，宣布中国承担的水稻基因组4号染色体测序“精细图”完成。国际水稻基因组测序计划的研究内容包括水稻基因组测序和水稻基因组信息，该计划是继人类基因组计划后的又一重大国际合作的基因组研究项目。

在国际水稻基因组测序计划完成之后，各国科学家相继展开针对主要农作物、蔬菜、畜禽、水产品等物种的基因组测序计划，其中不仅包括国际科学联盟主导的小麦基因组测序、番茄基因组测序、油菜基因组测序等，也包括我国科学家主导的黄瓜基因组测序、白菜基因组测序、家蚕基因组测序等。截至2023年7月，国际权威基因组数据平台Ensembl网站上公布的完成基因组测序的主要植物已经超过150种，并且这一数目还在持续快速增长中。

随着农业基因组学研究的不断深入，各国政府对相关研究的支持重点已经由最初的基因组序列获取向基因组功能研究转变。针对全球气候变化的大趋势，美国、英国等国家已经开展针对未来农业需求的作物组学研究支持，如针对定向基因编辑和可持续农业的资助等。国际领军的测序公司如因美纳公司、太平洋生物科学公司（PacBio）也设立了一些针对作物基因组测序和改良的项目经费。

与此同时，针对作物表型开展高通量鉴定，进而挖掘决定表型的基因调控网络的作物表型组学研究已经成为国际上的新兴热点。成立于1998年的比利时Crop Design公司较早着手研发可大规模开发转基因和植物性状评价的高通量的技术平台，并率先开发出大规模自动化植物表型分析设施性状工厂（Trait Mill）（Reuzeau et al.，2006）。2008年，澳大利亚植物表型组学设施在澳大利亚阿德雷德大学威特校区建立。目前，美国的杜克大学、杜邦公司、德国的LemnaTec公司等在作物表型组研究方面处于相对领先的地位。国际主要的作物表型研究中心联合成立了“国际植物表型网络”（International Plant Phenotyping Network，IPPN），参与国家包括美国、德国、英国、法国、澳大利亚等。近年来，我国科学家也在积极推动植物表型研究，目前，华中农业大学、南京农业大学、南京林业大学已经成为“国际植物表型网络”的成员。

二、生物信息学在农业模式植物研究领域中的应用

近年来，通过各国科学家的通力合作，植物基因组研究取得了重大进展，拟南芥、水稻等模式植物已经完成全基因组测序。人们可以使用生物信息学的方法系统地研究这些重要农作物的基因表达、蛋白质-蛋白质相互作用、蛋白质和核酸的定位、代谢物及其调节网络等，从而从分子水平上了解细胞的结构和功能。1997 年 5 月，美国启动了国家植物基因组计划（NPGI），旨在绘出包括玉米、大豆、小麦、大麦、高粱、水稻、棉花、番茄和松树等十多种具有经济价值的关键植物的基因图谱。美国国家植物基因组计划是与人类基因组计划并行的庞大工程。

目前国际上使用较多的主要农作物生物信息学数据库研究平台包括：植物基因组序列数据库 PlantGDP（http://plantgdb.org/）、JGI 的植物比较基因组数据库 Phytozome（https://phytozome.jgi.doe.gov/pz/portal.html）、水稻和其他植物功能基因组整合数据库 Gramene（http://gramene.org/）、收集主要植物基因组序列和功能基因组研究相关数据的 Ensembl Plants 数据库（http://plants.ensembl.org/index.html）、针对玉米基因组学和功能研究的 MaizeGDP 数据库（https://maizegdb.org/）等。在基因组序列信息的指导下，针对多种主要植物的关键调控基因与网络解析在过去十几年中取得了诸多重要成果，这里不再一一赘述。

三、生物信息学在种质资源保存研究领域中的应用

种质资源是农业生产的重要资源，也是地球上最宝贵的财富之一。种质资源为人类食品、衣着提供最基础的种子来源，它也为优良品种选育提供决定目标农艺性状的等位基因。随着分子生物学研究的快速发展，人们越来越多地应用微卫星、扩增片段长度多态性（AFLP）、SNP 等分子标记来鉴定种质资源。种质资源的分子标记检测、基因组测序、遗传变异与表观修饰检测等相关的基础研究和生产应用产生了大量的数据，因此越来越依赖生物信息学对这些数据进行收集、整理与分析等。美国的孟山都（Monsanto）公司、

先锋国际良种公司（Pioneer）等均有专门从事农业生物信息学研究与开发的机构，已经形成规模和产业。

保存种质资源的最主要形式是建立种质资源库。近年来，全世界和中国均已经建成大量的种质资源库，用来收集和保藏不同类别的种质资源。针对某一物种开展大规模的品种收集与测序，从而发现与优良性状相关的遗传或表观遗传信息，正成为优质种质资源发掘的新方法。在入库种质的鉴定和种质资源的管理与利用等方面，生物信息学正发挥着越来越重要的作用。

四、生物信息学在作物遗传育种研究领域中的应用

随着基因组学和生物信息学的发展，农作物育种正从传统的基于表型的杂交选育，向基于基因组序列和基因功能信息的分子设计育种转变。在应用遗传学和分子生物学等方法发现水稻、小麦等农作物关键性状调控基因的基础上，育种学家可以根据目标作物品种的性状特征，应用计算机软件从多种复杂的等位基因组合中筛选出符合育种目标的基因型组合，然后利用杂交等方法，使得多个符合目标基因型要求的等位基因整合到同一作物中，从而培育出符合要求的优良农作物品种。

基因图谱研究为加快转基因作物育种和生物信息学的农业应用打下了良好基础。对作物进行基因组分析，需要生物信息学工具。生物信息学的特殊作用主要体现在通过比较基因组学、表达分析和功能基因组分析来识别重要基因，为培育转基因作物、改良作物的质量和数量性状提供候选靶标。

随着遗传操作技术特别是动植物细胞的基因转移技术的不断创新和完善，如外源基因在转基因禾谷类作物中的表达，“报告基因”用于植物的转化，优良性状基因的分离技术等一系列技术的突破，将农业生物信息学与常规育种技术相结合，提高育种效率，创新遗传资源，加快育种进程，已经成为育种界的发展趋势。近年兴起的土壤宏基因组学主要依靠高通量测序和生物信息学方法来解析土壤微生物的群落组成与变化，为研究土壤微生物对农作物生长发育的影响提供了新的手段，这也已经成为新兴热点。

五、生物信息学在农药设计开发研究领域中的应用

生物农药是指“用来防治病、虫、草等有害生物的生物活体及其代谢产物和转基因产物，并制成商品的生物源制剂，包括细菌、病毒、真菌、线虫、植物、天敌昆虫、农用抗生素、植物生长调节剂和抗病虫草害的转基因植物等”（王岩，2020）。目前我国掌握了许多生物农药的关键研制技术，在人工卵繁殖赤眼蜂技术、虫生真菌的工业化生产技术、防治植物线虫的生物菌剂制备技术等方面处于国际领先地位。截至 2017 年 12 月 31 日，除农用抗生素外，我国已经登记的生物源农药有效成分 102 个、产品 1379 个，分别占农药总有效成分和总产品数量的 15% 和 3.6%[①]。

生物信息技术的引入在加速生物农药研发方面将起到较大的推动作用。如在基于 RNA 干扰（RNAi）的精准控害方面，基于生物信息学可以设计更加准确的 RNA 干扰靶点，并减少脱靶现象。植物免疫诱导和激发子研究是近年来绿色生态农药研究中新的增长点，生物信息学在发掘激发子受体、解析诱导植物免疫反应的信号通路等方面均具有重要作用。天敌昆虫和微生物菌株的创制技术也将随着基因组学、蛋白质组学和代谢组学等生物信息相关技术的进步而日趋完善和发展。在针对禽畜流行病方面，生物信息技术也可以通过鉴定禽畜感染的病原微生物的基因型，从而快速确定发病原因并辅助药物或疫苗研发。

六、生物信息学在环境保护中的应用

生物信息学在检测人类活动和环境变化对自然界物种多样性和物种种群数量变化方面也发挥着积极的作用。通过生物信息学分析，可以发现物种的进化规律，揭示环境变化对物种基因组组成和物种表型与适应性的影响，监控不同生态区域内生物多样性的变化，及时发现濒危生物种群等。例如，云南大学于黎团队通过基因组分析，揭示了我国珍稀濒危物种川金丝猴的起源和进化历史（Kuang et al.，2019）；中山大学孔阳团队与合作单位通过群体遗

① 全球生物农药发展与登记现状. https://www.syricit.com/s/16606-47697-136508.html[2022-01-02].

传学方法，发现了绿孔雀现存种群因存在严重自交现象而迫切需要拓展栖息地保护（Dong et al.，2021）；等等。

通过对土壤或海洋中宏基因组数据的分析，可以检测环境中的微生物种群及其变化情况，解析其对农业和人体健康的影响；通过将空气质量等环境数据与同期到医院就诊的人类健康数据相结合，可以揭示环境因素对人类健康的影响，从而为环境保护相应政策的制定提供依据。

第二节　国内研究成果与国际竞争力

随着各种高通量测序技术的开发和应用，拟南芥等主要模式植物和大量在农业上具有重要价值的粮食作物、经济作物、蔬菜水果等的基因组序列被测定，从而为开展相应的功能研究与遗传改良提供靶点。截至 2023 年 7 月，国际基因组权威数据库 Ensembl Plants 网站收录的、完成基因组测序的植物物种已达 150 种（EMBL-EBI，2023）。其中有些物种如水稻、大豆，完成了大量品系基因组序列的测定，为发现品系间性状差异的基因及其网络提供了很大便利。对一些具有重要价值的植物类别，研究人员也进行了系统测序。如针对茄科植物马铃薯、番茄、辣椒、茄子的测序，不仅为这些重要食物来源的品种选育奠定了基础，也有助于植物学家解析植物品种间的演化关系与调控机制。在基因组序列的基础上，调控不同性状的一系列遗传与表观遗传因素相继被发现。由于篇幅限制，这里不再一一赘述。

除主要农作物等植物的基因组完成测序外，多个畜禽的基因组测序计划也陆续完成，包括首个完成基因组测序的畜禽红原鸡（*Gallus gallus*），及其之后的家牛（*Bos taurus*）、野猪（*Sus scrofa*）、山羊（*Capra hircus*）、绵羊（*Ovis aries*）、牦牛（*Bos grunniens*）、绿头鸭（*Anas platyrhynchos*）、鸿雁（*Anser cygnoides*）等。一些与畜禽物种特异性状或进化适应性相关的基因或 SNP 位点相继被发现，为目标品系的选育提供重要依据。

近年来，随着基因组测序和各种高通量研究手段的开发与普及，我国农业领域在重要动植物基因组测序、功能基因组研究、基于基因组信息的新品种培育等方面均取得了诸多重要进展。部分代表性的研究成果如下。

一、在水稻功能基因组学研究方面取得重大突破

水稻是最重要粮食作物之一，也是世界1/2以上人口的主食，与其相关的遗传学和分子生物学研究一直备受研究者的重视。水稻基因组（430 Mb）是禾谷类作物中最小的，且易于遗传操作并与其他禾谷类作物存在共线性，目前已经成为遗传学和基因组研究的模式植物。国际水稻基因组测序计划由1997年在新加坡举行的植物分子生物学会议发起，中国科学家承担并完成了水稻（粳稻）第4号染色体全长序列的精确测定，成果于2002年11月发表于《自然》。此外，中国科学院基因组信息中心暨北京华大基因研究中心（简称基因信息中心）等12家单位，于1998～2001年率先构建了籼稻93-11基因组工作框架图和低覆盖率的培矮64S草图，其中籼稻93-11基因组测序工作于2002年4月发表在《科学》上，（Yu et al.，2002）。

在上述水稻基因组序列模板的基础上，我国科学家基于基因组重测序、遗传筛选等实验，发现了大量与水稻的产量、品质、抗逆性等相关的基因。至2015年，中国水稻研究相关的论文数量已经跃居世界第一。代表性的工作包括：中国科学院遗传与发育生物学研究所李家洋院士发现MOC1蛋白质在控制水稻分蘖方面具有重要作用（Li et al.，2003），此外还发现了新型植物激素独脚金内酯等（Jiang et al.，2013）；中国科学院植物研究所种康院士的研究团队揭示了水稻感知寒害的分子机制，使中国汉字“田”出现在《细胞》封面上（Ma et al.，2015）；中国科学院上海生命科学研究院植物生理生态研究所何祖华研究员揭示了水稻持久广谱抗病与产量平衡的表观遗传调控新机制（Deng et al.，2017）；中国农业科学院万建民院士和南京农业大学合作，发现自私基因系统控制水稻杂种不育，并影响稻种基因组分化（Yu et al.，2018）；中国农业科学院等单位合作完成3000份亚洲栽培稻基因组测序，并使得《自然》发表的文章中首次出现汉字（Wang et al.，2018）；等等。

二、牵头完成多种重要动植物的基因组测序

在水稻基因组测序工作的基础上，以中国科学院、中国农业科学院、深圳华大生命科学研究院等单位为代表中国科研机构开展了大量农作物基因组测序方面的研究工作，使我国在农作物基因组解析方面位居世界前列。仅2017年度，在SCI收录的954篇基因组学研究相关的文献中，来自中国的论文就有339篇，位居第一，远高于居于第二名的美国（163篇）[①]。中国科研人员主导或作为主要参与者完成的农作物基因组涉及大麦、小麦、珍珠粟、高粱、苦荞、中国茶、马铃薯、陆地棉、西瓜、盐芥、胡杨、金鱼草等物种。这些工作产出了大量的高水平研究论文，显著提升了我国在基因组学研究方面的国际影响力，也为深入挖掘上述物种中的重要功能基因奠定了基础。

除农作物之外，我国在农业领域重要畜禽、水产物种基因组序列解析方面也取得了很多重要成果。由中国研究人员牵头解析的动物基因组涉及家养牦牛、驯化山羊、中华鳖、骆驼、鸭子、山羊、蚕、藏羚羊、鲤鱼、草鱼等物种。这些测序工作对研究人员了解物种特异性状的形成机制，进而进行物种改良具有重要指导意义。此外，还有大量基于国际上已经发表的基因组进行中国境内生长的动物的重测序工作，如中国科学院昆明动物研究所的宿兵研究员和华大基因研究院的王俊研究员合作，对中国生长的恒河猴进行了基因组重测序，发现了大量特异性的SNP位点（Fang et al.，2011）等。

三、基于基因组信息的农作物与畜禽品种改良成效显著

基因组学与相关技术的发展为农作物和畜禽的新品种选育提供了新的途径。基于基因功能的农作物新品种选育方法可以快速锁定目标基因，大幅度缩短育种时间，显著提高育种效率。近年来，我国植物学家在基因组信息指导下的水稻新品种培育方面成效卓著，以中国科学院为代表的水稻分子设计育种近年来获得了大量高产、优质的水稻新品种，由李家洋院士牵头的“水

---

① 数据检索时间为2023年8月。

稻高产优质性状形成的分子机理及品种设计”研究成果还于2017年获得国家自然科学奖一等奖（Jiao et al.，2010；Li et al.，2003；Wang et al.，2015）。在小麦方面，由中国科学院遗传与发育生物学研究所高彩霞研究员牵头进行的基于基因编辑技术的抗病小麦选育取得突破性成果（Ji et al.，2015），成果入选《麻省理工科技评论》2016年全球十大技术突破之一。在蔬菜选育方面，中国农业科学院深圳农业基因组研究所的黄三文研究员领衔团队通过5年的时间，确定了黄瓜苦味的决定基因，为无苦味黄瓜的选育提供了解决途径（Shang et al.，2014）。该团队还鉴定了决定番茄风味的基因（Tieman et al.，2017），培育了多种功能性作物新品种等。基于基因组的新品种选育也被应用于鸡、猪等畜禽品种的培育工作，有望在不久的将来为人类提供更多更好的畜禽产品。

随着基因组学等新兴学科的快速发展和多种作物基因组测序工作的完成，育种专家对作物品系的基因型进行直接选择成为可能。基于基因功能研究的分子育种技术可以实现对目标基因的直接选择和有效组合，大幅度提高育种效率，将育种周期缩短至传统育种方法的1/3至1/4，实现快速、定向、高效地培育作物新品种。2017年，由中国科学院遗传与发育生物学研究所的李家洋院士和浙江省嘉兴市农业科学院的李金军研究员利用分子模块育种技术培育的嘉优中科1号水稻实现了亩[①]产900千克，比其他品种每亩增产200千克。该成果对指导未来作物改良具有重大战略意义。2018年，中国水稻研究所种质创新课题组研究发现了一个控制水稻籽粒锰积累的主效数量性状位点，并且创制了高锰低镉水稻的优良育种材料（Liu et al.，2017a）。基于基因组技术的品种改良不仅应用在粮食作物上，也对蔬菜品种的选育产生了较大的促进作用。中国农业科学院蔬菜花卉研究所与华南农业大学开展合作研究，揭示了番茄紫色果实形成的分子遗传基础及果实表皮中花青素生物合成的分子调控网络，为番茄高品质分子设计育种奠定了基础（Cao et al.，2017）。2018年，中国农业科学院深圳农业基因组研究所黄三文研究员领衔的科研团队利用大数据分析，揭示了番茄在驯化和育种过程中营养和风味物质发生的变化及其调控位点，为番茄果实风味、营养物质的遗传调控和全基因组设计育种提供了路线图（Zhu et al.，2018）。

---

① 1亩≈666.67平方米。

基因组选择方法也正在影响着传统的畜禽遗传评估体系。在多数奶业发达国家，基因组选择方法正逐渐取代传统奶牛遗传评估方法，成为奶牛遗传评估的“标准”方法。此外，基于基因型的选育在肉羊和细毛羊的筛选、种鸡的选育（Liu et al.，2017b）等方面也有较多应用。在我国，中国农业科学院北京畜牧兽医研究所创建了首个肉鸡基因组选择育种联盟，成功研制了京芯一号肉鸡基因组选择芯片（Liu et al.，2019），基于基因组筛选培育了京星黄鸡、栗园油鸡蛋鸡、中畜草原白羽肉鸭、中新白羽肉鸭、鲁西黑头羊、高山美利奴羊、“阿什旦”牦牛等畜禽新品种，并实现了产业化。

锌指核酸酶（ZFN）、CRISPR/Cas等新型基因编辑技术的兴起和普遍应用，为目标导向的作物品种改良提供了强大的工具，也极大地加速了作物新品种的培养进程。2013年以来，美国麻省总医院、英国塞恩斯伯里实验室和中国科学院等机构的研究人员先后发表了利用CRISPR/Cas9技术在双子叶植物拟南芥、烟草及单子叶植物水稻、小麦中进行基因组修饰的研究论文，证明了利用CRISPR/Cas9技术对作物进行靶向基因编辑的可行性。此后，世界各国研究人员开始聚焦这个新的研究领域，掀起了新一代基因组编辑的狂潮。中国科学院遗传与发育生物学研究所的高彩霞研究员在植物组基因编辑开发方面取得了一系列开创性的成果，引领了国际植物基因组编辑领域的发展。

第三节　发展态势与重大科技需求

一、适用于分子育种的候选基因/网络挖掘

虽然基于基因功能筛选的分子育种方法已经在水稻新品种培育上取得巨大的成功，但这仅仅是人类在分子育种方向上迈出的一小步。在水稻的性状改良和新品种培育方面还有很大的进步空间。在所有的农作物、经济作物、蔬菜水果和畜禽中，水稻是基因功能研究最深入的物种。因此，要实现对水稻之外的物种进行精准的分子设计育种，还需要在基因功能研究方面进行大

量的基础投入，以便发现决定其主要性状的基因和调控网络，从而使得基于基因功能筛选的分子育种成为可能。

二、适应未来气候变化的农作物新品种培育

不断变化的气候和不断增长的全球人口将增加我们生产足够粮食的压力。普遍的共识是，全球变暖将导致降水模式和降水量的变化，而降水模式的变化可能对农业产生重大影响。气温升高可能会增加一些农业生产力，然而，干旱强度和频率的增加很可能抵消许多因气温升高带来的农业积极因素，特别是在中低纬度地区。同时，气候变化导致的大气中 CO_2 含量的增加也会影响作物的生长，尤其是对水稻、小麦等 C3 植物。因此，应对全球气候变化趋势，确保未来全球粮食安全，需要加快培育对洪涝、干旱等非生物胁迫和病虫害等生物胁迫具有更强抵抗能力的作物新品种。与 C3 植物相比，C4 植物有更高的 CO_2 利用率，并且更适宜于在高温、光照强烈和干旱的条件下生长，已经被某些国家列为重点支持的作物品种选育方向。通过基因编辑技术创建可以高效利用 CO_2 的植物，从而减少大气中 CO_2 的含量，也是未来农作物新品种培育需要关注的方向。

三、药用植物改良

药用植物是一类具有特殊用途的经济植物，对人类具有重要的医疗和保健作用。随着医药学和农业的发展，药用植物逐渐成为栽培植物。然而药用植物的栽培对环境条件要求相对严格，不少药用植物只能在一定的地区内种植，不仅无法满足国内外对药用植物日益增长的需求，也无法保证药用植物中所含有效成分的均一性，从而对治疗效果产生一定的影响。目前，针对药用植物的分子生物学研究还较少，大多数药用植物的基因组序列未知，其药用成分合成的分子机制更不明确。此外，人参等名贵药用植物的栽培不仅有较严格的地域限制，还存在连作障碍问题，对土壤环境具有一定的破坏作用。因此，急需加大对药用植物功能基因组的研究，并在

此基础上，研发可以提高药用成分产量与均一性，并且对环境友好的新型植物药用成分的获取方法。

四、新型生物农药的研发

目前，我国生物农药类型包括微生物农药、农用抗生素、植物源农药、生物化学农药、天敌昆虫农药和植物生长调节剂类农药等六大类型，已有多个生物农药产品获得广泛应用。利用多种组学信息，通过研发土壤修复技术、植物免疫技术、昆虫信息素、微生物杀菌剂、植物源农药和天敌昆虫等生物农药技术，根据其作用特点和优势将不同技术进行综合集成，针对我国主要农作物病虫害的发生发展特点，开展综合治理的研究与集成，研究适合我国农业生产的主要病虫害防控综合技术集成体系和解决方案，是未来生物农药的发展趋势，基于生物信息学的多组学技术的引入也有望推动新型生物农药研发的快速发展。

第四节　未来5～15年的关键科学与技术问题

一、因缺乏统一数据资源而造成的研究不便

由于与农业相关的植物与畜禽种类繁多，其对应的数据资源也相对比较分散，目前尚缺少统一的数据平台，给研究者造成了极大的不便。以水稻为例，仅我国研究者开发的水稻数据库就包括中国水稻品种及其谱系数据库（http://www.ricedata.cn/variety/）、水稻功能基因组育种（RFGB）数据库（http://www.rmbreeding.cn/Index/）、水稻常用信息数据库（IC4R，http://ic4r.org/）等。这些分散的数据资源非常不利于研究者使用，使得研究者不得不花费大量的时间在数据资源搜索上，并且极易造成数据信息的遗漏。更为严重的是，很多研究组产生的农业相关数据资源并没有提交至公共数据平台或者开发成公用的数据库，从而导致数据无法共享和再使用，非常不利于科学的交流与传播，也造成

了研究资源的极大浪费。因此，急需建立国家级别的统一的农业物种组学数据平台，以便集中各类数据，为研究者提供重要的数据支撑。

二、多倍体、高重复的植物基因组序列的组装难题

与人类和动物的二倍体基因组不同，绝大多数植物的基因组均为多倍体，不仅体量大，而且重复区域多，给测序后的基因组组装带来了极大的挑战。虽然第三代测序技术获得的长读长序列能够在一定程度上解决重复区域基因组组装的问题，但第三代测序技术费用较高，并且对于植物基因组这种多倍体情况的拼接也仍存在较大的问题。因此，需要加强算法的研发，开发适用于多倍体植物基因组的基因组组装方法。

三、实验室研究成果与自然界性状决定因素间的矛盾

针对农作物、蔬菜水果、药用植物等开展基因功能研究所面临的一个共性难题是，植物生长的自然环境及其接触的自然环境变化与实验室的研究条件具有较大差异。尤其在基于基因功能的作物新品种选育方面，在很多情况下，实验室发掘出的主效基因在田间并不能表现出预期的调控效果。这一方面体现了植物对自身基因表达变化适应的鲁棒性，另一方面也体现了环境因素在植物生长发育调控中的重要作用。近年来，关于植物表型的调控已经由只关注植物自身的调控元件，拓展到关注土壤微生物等环境因素与植物的相互作用关系，未来还将有更多环境因素被关注。可以在不同条件下对作物表型进行高通量采集的作物表型研究设施也将成为解析作物表型决定因素的重要工具，有望通过高通量表型数据和基因型等分子数据相结合的方法，解析决定某种或某几种性状的调控因素及其相互作用网络，但如何将表型数据与基因型数据进行准确关联仍是目前面临的一个难题。

四、研究对象众多与科研投入不足之间的矛盾

农业与人类的生活密切相关，所涉及的粮食作物、经济作物、畜禽牧渔

等方面的物种繁多，问题多样，目前的研究力量和资源的投入还远远不够。在全世界范围内，人们也仅仅针对水稻、小麦、玉米等有限的主要农作物开展了较深入的研究，其余众多物种面临的很多农业生产方面的关键问题还亟待解决。尤其随着全世界人口增长和气候变化的压力日益增大，加大农业相关研究的投入、开展基于基因组学的现代农业研究与品种选育、探索可持续发展的绿色农业途径，已经成为全球迫切的发展需要。

第五节　发展目标与优先发展方向

一、建立农业相关动植物的综合数据平台

如前所述，农业涉及的动植物种类繁多，但数据资源却非常分散，缺少统一的数据库，给研究人员造成了很多困难。统一的综合数据库对于进一步发挥组学技术对农业发展的促进作用，推动农业生产由传统方式向科学指导下的现代化方式转变至关重要。由于农作物和畜禽等相关基因功能与作用机制研究所需的周期一般较长，并且研究基础还相对薄弱，及早建立农业相关动植物综合数据平台的重要性就更为凸显。

二、加强针对农业领域动植物数据的算法与软件开发

与人类和实验室常用模式生物的基因组不同，农业领域动植物的基因组体量通常较大，并且很多为多倍体，在基因组组装、功能基因鉴定和基因调控网络发掘等方面均不同于含有二倍体基因组的模式生物，从而导致很多常用的生物信息数据分析算法和软件均不适用于农业领域的动植物数据。因此，需要开发专门针对农作物和畜禽等农业领域生物基因组拼接、基因功能鉴定等的算法与软件，以便满足农业领域动植物研究的需要。

三、发展多因素、多层次的表型决定调控网络解析方法

农作物和畜禽等农业领域生物受气候等自然因素的影响较大，在研究其性状调控的分子机制时需要综合考虑多方因素，这些均与模式生物的研究方式有较大差异。在解析农业领域动植物的性状决定网络时，需要考虑气候、土壤微生物、土壤物质组成等多种因素，涉及的组学数据类型也更加多样和复杂。因此，需要根据农业领域不同动植物的特点，开发可以整合不同类别数据（如作物代谢组和土壤宏基因组）并进行综合分析的软件，并发展可以从多因素、多层次的角度解析表型决定的调控网络的数据分析新方法。

四、加大农业相关数据分析研究力量与经费的投入

尽管农业对人民生活至关重要，但农业领域动植物相关的基础研究一直未受到充分重视。农业领域的长期发展不足导致的结果是该领域研究基础薄弱，相关研究成果的质量和影响力均有待大幅提升，因此也导致大多数青年科研人员更愿意选择更有显示度的研究对象和领域，而远离农业领域。这种现象在生物信息学领域尤其突出，因为医学等其他领域对生物信息学的需求也极其旺盛，导致从事农业相关数据分析的生物信息研究人员极少，已经对农业相关基础研究的发展产生较大的阻碍作用。需要在经费投入和评价机制等方面加以引导，以便尽快扭转这种局面。

本章参考文献

王岩. 2020. 生物农药的发展现状及前景展望 [EB/OL]. http://www.pesticidenews.cn/zgny/zlzs/content/9ed20bfb-c994-4e72-ace6-8419e3f07516.html[2023-10-27].

Cao X, Qiu Z K, Wang X T, et al. 2017. A putative R3 MYB repressor is the candidate gene underlying atroviolacium, a locus for anthocyanin pigmentation in tomato fruit[J]. Journal of

Experimental Botany, 68: 5745-5758.

Deng Y W, Zhai K R, Xie Z, et al. 2017. Epigenetic regulation of antagonistic receptors confers rice blast resistance with yield balance[J]. Science, 355: 962-965.

Dong F, Kuo H C, Chen G L, et al. 2021. Population genomic, climatic and anthropogenic evidence suggest the role of human forces in endangerment of green peafowl (*Pavo muticus*) [J]. Proceedings of the Royal Society B Biological Sciences, 288: 20210073.

EMBL-EBI. 2023. Ensembl Plants[EB/OL]. https://plants.ensembl.org/index.html[2023-10-27].

Fang X D, Zhang Y F., Zhang R, et al. 2011. Genome sequence and global sequence variation map with 5.5 million SNPs in Chinese rhesus macaque[J]. Genome Biology, 12: R63.

Ji X, Zhang H W, Zhang Y, et al. 2015. Establishing a CRISPR-Cas-like immune system conferring DNA virus resistance in plants[J]. Nature Plants, 1: 15144.

Jiang L, Liu X, Xiong G S, et al. 2013. DWARF 53 acts as a repressor of strigolactone signalling in rice[J]. Nature, 504: 401-405.

Jiao Y Q, Wang Y H, Xue D W, et al. 2010. Regulation of *OsSPL14* by OsmiR156 defines ideal plant architecture in rice[J]. Nature Genetics, 42: 541-544.

Kuang W M, Ming C, Li H P, et al. 2019. The origin and population history of the endangered golden snub-nosed monkey (*Rhinopithecus roxellana*) [J]. Molecular Biology and Evolution, 36: 487-499.

Li X Y, Qian Q, Fu Z M, et al. 2003. Control of tillering in rice[J]. Nature, 422: 618-621.

Liu C L, Chen G, Li Y Y, et al. 2017a. Characterization of a major QTL for manganese accumulation in rice grain[J]. Scientific Reports, 7: 17704.

Liu R R, Wang H Y, Liu J, et al. 2017b. Uncovering the embryonic development-related proteome and metabolome signatures in breast muscle and intramuscular fat of fast- and slow-growing chickens[J]. BMC Genomics, 18: 816.

Liu R R, Xing S Y, Wang J, et al. 2019. A new chicken 55K SNP genotyping array[J]. BMC Genomics, 20: 410.

Lunde F C, Morrow D J, Roy L M, et al. 2003. Progress in maize gene discovery: a project update[J]. Functional & Integrative Genomics, 3: 25-32.

Ma Y, Dai X Y, Xu Y Y, et al. 2015. COLD1 confers chilling tolerance in rice[J]. Cell, 160: 1209-1221.

National Science and Technology Council. 2004. National Plant Genome Initiative[R].

Washington, D. C. , Executive Office of the President.

Reuzeau C, Frankard V, Hatzfeld Y, et al. 2006. Traitmill™: a functional genomics platform for the phenotypic analysis of cereals[J].Plant Genetic Resources, 4: 20-24.

Shang Y, Ma Y S, Zhou Y, et al. 2014. Plant science. Biosynthesis, regulation, and domestication of bitterness in cucumber[J]. Science, 346: 1084-1088.

Tieman D, Zhu G T, Resende Jr M F, et al. 2017. A chemical genetic roadmap to improved tomato flavor[J]. Science, 355: 391-394.

Wang W S, Mauleon R, Hu Z Q, et al. 2018. Genomic variation in 3,010 diverse accessions of Asian cultivated rice[J]. Nature, 557: 43-49.

Wang Y P, Cheng X, Shan Q W, et al. 2014. Simultaneous editing of three homoeoalleles in hexaploid bread wheat confers heritable resistance to powdery mildew[J]. Nature Biotechnology, 32: 947-951.

Wang Y X, Xiong G S, Hu J, et al. 2015. Copy number variation at the *GL7* locus contributes to grain size diversity in rice[J]. Nature Genetics, 47: 944-948.

Yu J, Hu S N, Wang J, et al. 2002. A draft sequence of the rice genome(*Oryza sativa* L. ssp. indica)[J]. Science, 296: 79-92.

Yu X W, Zhao Z G, Zheng X M, et al. 2018. A selfish genetic element confers non-Mendelian inheritance in rice[J]. Science, 360: 1130-1132.

Zhu G T, Wang S C, Huang Z J, et al. 2018. Rewiring of the fruit metabolome in tomato breeding[J]. Cell, 172: 249-261.

第十二章

生物信息学与生物安全

第一节 发展历史与驱动因素

转基因生物、人畜共患病、外来物种入侵、生物恐怖等生物安全问题已经引起国际社会的高度重视（Delaney et al.，2018；Chen et al.，2021；Wan and Yang，2016）。面对日趋严峻的生物安全形势，欧美等纷纷制定相应措施，甚至将生物安全纳入国家战略。但是针对不同的生物安全问题，各个国家的生物安全战略与防御措施既有相同也有差别。

世界各国对转基因生物安全管理的目的高度统一，都是通过相关政策措施来最大限度地维护本国利益。但是，具体到管理思想，各国又有不同。美国、加拿大、阿根廷、巴西、印度采用和推行了相对宽松的管理政策和法规，鼓励转基因生物技术及其产品研发，从而保护和促进本国转基因生物技术和产业的发展；而欧盟国家为保护其农产品进口利益，则采取了较严格的转基因生物安全管理政策措施，尤其是针对转基因食品和饲料，制定了严格的管理法规和配套的管理办法。各国家转基因生物安全法律法规均在不断完善，但是其做法不尽相同、法规形式不一。美国、加拿大采用以产品为基础的管理模式，依据产品的用途和特性，在原有法规的基础上增加有关转基因生物安全管理的内容，由分管部门各司其职，制定相应管理规章；欧盟、澳大利亚基于研发过程中是否采用了转基因技术进行管理，制定了专门的法律法规和指南，对转基因技术及其产品研发进行管理。2019 年 6 月，日本农林水产省（MAFF）发布了农林水产领域的《基因编辑生物信息披露标准》草案。草案规定，基因编辑生物的开发者应向农林水产省提供能够证实不存在外源基因的信息，以及改良生物的物种分类、应用的基因编辑技术、修饰的基因及功能、其他性质的变化、对生物多样性产生不利影响的可能性等信息。

美国有关人畜共患疾病防控的组织机构涉及农业部、卫生与公众服务部、环境保护局、商务部和司法部等，在各部都有负责疫病防控的相关机构，各部门依照《美国联邦法典》分别实施检验检疫。在美国，农业部建立了国家野生动物疾病计划，参与美国各地区野生动物疾病的监测和监督，促进农产品贸易安全；卫生与公众服务部建立了有关新发传染病预防的网络系统；“9・11”事件后，美国还建立了医学兽医学一体化实验室网络，以迅速识别、排除、证实和确定高致病性病原体。澳大利亚也建立了全国动物疾病报告系统，以准确、及时、全面地提供澳大利亚动物疫情，包括动物健康状况、特定疾病的监测情况、某些疾病的控制措施等。

面对日趋严峻的生物安全形势，发达国家相继组建了国家分级管理的生物防御体系，积极制定和出台相关政策法规，制订系统完整的生物防御计划，不断加大经费投入，部署和加强相关科学研究，以提高生物防御能力，在应对生物恐怖方面积累了丰富的经验。2018 年 9 月 18 日，美国政府发布《国家生物防御战略》，将自然发生、意外事故或人为蓄意造成的生物威胁并重，并突出传染病和生物武器威胁，确定了感知、预防、准备、响应和恢复五大重点建设和管理目标。此外，英国、德国、法国、意大利、日本等国家也各自组建了国家分级管理的生物防御体系，强化了本国的生物防御能力，使生物防御与国家安全建设统筹规划，同步研发、同步建设（陈方等，2020）。近年来，随着生物资源开发利用活动和现代生物技术的发展，涉及生物安全的野生动植物遗传资源流失、外来物种入侵、转基因风险等问题在我国日益凸显，由生物因素引发的各类安全威胁更是呈现出复杂性、多样化的特点，对我国生态环境、经济发展和人民群众健康造成严重影响，对我国生态安全构成重大威胁。

目前国内外研究团队已经针对新冠病毒开展了多项研究，利用遗传学与生态学方法，发现与新冠病毒关系最近的病毒是从蝙蝠中获取的冠状病毒RaTG13，基因组相似度约为96%（Asselah et al.，2021）。研究团队在穿山甲中也发现了与新冠病毒相似的冠状病毒，并且其基因组序列存在重组信号。此外，猫、狗、虎、狮子等其他动物也被报道可以感染新冠病毒。荷兰甚至报道了养殖的水貂被人类传染新冠病毒，而水貂又反过来感染人类的例子。随着疫情的持续发展，新冠病毒基因组上已经积累大量的变异。英国突变株（VUI202012/01）、南非突变株（501Y.V2）等先后被发现并用于新冠病毒的传播追踪。

野生动物是病原体的巨大天然储藏库，许多重大的新发突发传染病都来源于野生动物，病原在不同宿主间的溢出是许多传染病暴发和突发事件的触发因素。在溢出之前，野生动物源病原体需先积累一定量的自然突变或基因重组，进而获得突破种间屏障的能力。野生动物病原体从复苏至“溢出”到人类宿主是一个复杂的动态过程。开展野生动物源重要病原微生物变异和溢出机制的研究对科学有效开展疫情防控具有必要性和紧迫性。

第二节　国内研究成果与国际竞争力

一、重大新发突发传染病防控成果显著

我国已经在新发突发病原体的发生、播散、致病机制、防治及未来病原体调查预测等方面取得了一系列成果：发现了蝙蝠源冠状病毒、丝状病毒等烈性病原体的起源、与宿主共进化关系及跨种传播感染机制；揭示了H7N9、H5N6、EAH1N1等新发突发病原体的发生、重组、播散、损伤机制；建立了野生动物疫源疫病数据库、鸟类迁徙数据库、野生动物疫病样本库及预警

示范基地，为未来野生动物源性新发突发传染病监测预警奠定了基础。在应对新冠疫情过程中，国内应用新技术、新手段在新冠病毒遗传变异、动物溯源、传播规律等领域开展了系列工作。利用基因组数据推测了新冠病毒可能的自然源头，最早提出了新冠病毒的主要谱系，通过病毒蛋白和不同受体的结合特征，评估可疑动物作为中间宿主的可能性，利用人工智能、大数据等新技术开展了流行病学和溯源调查（Shan et al.，2021），结合模型方法对新冠疫情的时空传播规律进行了总结，获得了非药物干预措施的定量化控制效果（Forchette et al.，2021）。

二、外来物种入侵甄别与防控初步形成体系支撑

根据《2020 中国生态环境状况公报》，我国已经发现 660 多种外来入侵物种，其中 71 种对自然生态系统已经造成威胁或具有潜在威胁并被列入《中国外来入侵物种名单》，219 种已经入侵国家级自然保护区。农业农村部等 5 部委印发《进一步加强外来物种入侵防控工作方案》，这一方案明确要求：到 2025 年，外来入侵物种状况基本摸清，法律法规和政策体系基本健全，联防联控、群防群治的工作格局基本形成，重大危害入侵物种扩散趋势和入侵风险得到有效遏制。我国在外来生物入侵防控基础研究及其防治技术与产品方面也取得显著进展，入侵生物学学科框架体系初步形成；建立了上千种外来有害生物的 DNA 条形码识别或种特异分子检测等快速检测技术与产品；开发了多物种智能图像识别 APP 平台系统，实现了重大入侵物种的远程在线识别和实时诊断；针对红火蚁、苹果蠹蛾、马铃薯甲虫、稻水象甲、美国白蛾等农林业重大入侵物种，研究建立了集成疫区源头治理、严格检疫、扩散阻截、早期扑灭等应急控制技术体系；构建了基于生物防治和生态修复联防联控的区域性持续治理示范实践新模式，取得了巨大的经济、生态和社会效益（张润志等，2016）。

三、生物安全特种资源库初步建立

作为《生物多样性公约》的缔约方之一，我国政府高度重视生物多样性

的保护工作，成立了由国家领导人担任主席的中国生物多样性保护国家委员会，并且发布《中国生物多样性保护战略与行动计划》(2011—2030年)，明确中长期战略目标，划定了生物多样性优先保护区域，确定了一系列保护工作的优先领域和行动。国家制定和完善生物种质资源保护的相关管理制度和措施，先后颁布《中华人民共和国种子法》《中华人民共和国野生植物保护条例》《中华人民共和国生物安全法》等法律法规。率先发布《中国植物保护战略2021—2030》，建成野生生物种质资源的管理制度和保护体系。同时，有关部门正在开展“生物遗传资源获取与惠益分享管理条例”的立法工作，拟进一步规范生物遗传资源获取与惠益分享。通过以国家公园为主体的自然保护地体系建设，推动野生生物种质资源的就地保护。在迁地保护方面，依托中国科学院昆明植物研究所建设的“中国西南野生生物种质资源库”，是我国唯一以野生生物种质资源保存为主的综合保藏设施。截至2020年12月，该资源库已经保存植物种质资源10 601种(占我国种子植物物种数的36%)、85 046份，动物种质资源2203种、60 262份，微生物菌株种质资源2280种、22 800份，野生生物种质资源保存量居亚洲第一。

四、生物安全监测预警防控网络初步整合

我国已经建立应对新发突发传染病的综合防控网络体系和基于大数据技术的生物安全监测与预警平台。建成了突发卫生事件管理信息系统、传染病监测信息系统，覆盖全国所有省级疾病预防控制机构和98%的县级以上医疗卫生机构，大幅提升了未知病原体的监测、鉴定和疫情应急处置能力，在SARS病毒、新冠病毒、高致病性禽流感病毒、新型布尼亚病毒等新突发病原体的发现和溯源上发挥了重要作用。在上述传染病监测体系基础上，研制了数据接口标准，建立了国家生物安全监测网络集成与预警平台，可实现多部门数据实时共享，并且将国家传染病监测系统、全军传染病监测系统、动物疫病监测系统、出入境监测系统、野生动物监测系统等10个系统进行了初步整合；研发了基于互联网的国家生物安全风险探测与预警平台，实现了在线风险实时分析，自动侦查异常征兆并预警(田金强等，2019)。

第三节　发展态势与重大科技需求

一、国家生物安全科技支撑体系是时代的需求

面对新冠疫情的长期影响和国际百年未有之大变局，以生物技术为核心的全新因子对国家安全构成威胁，其危险性、急迫性、长期性、复杂性和不确定性，在当前形势下怎么评估都不过分。面对这一未来保障国家安全的国家重大需求，亟须尽快形成一套科技领先、快速反应、高效有序的防范体系，提供必备的科技支撑予以积极应对。

胜任新形势下生物安全需求的科技支撑体系，其真正的内涵既包括对突发烈性传播传染威胁做到快速反应、有效控制和积极消防，还要对潜在的威胁隐患做到准确的预测预警，必须形成具备“侦、检、消、防、治”五方面明确功能的有机整体。这样的体系不仅能够在面对突发事件时快速拿出解决预案和技术手段；并且在今后很长一段历史时期，在解决涉及国家安全各类事务中持续稳定地发挥作用。经历了 2003 年的 SARS 和 2008 年的禽流感，特别是 2019 年底以来的新冠病毒肆虐后，构建防范突发传染病等生物威胁的科技支撑体系显得尤为重要。

二、生物安全是国家安全的重要组成部分

科技是国家生物安全的重要战略支撑。从 20 世纪 90 年代开始，科学技术部通过“973 计划”、国家科技支撑计划及基础性工作专项等，重点支持了生物安全领域的基础数据普查、机制理论研究及相关应用技术的研究。自“十二五”以来，针对新发突发传染病、外来生物入侵、实验室生物安全、特殊生物资源保护等我国当前面临的重大生物安全威胁，科学技术部进行了一系列项目部署，不断加强生物安全科技支撑能力建设。“十三五”期间，科学

技术部启动“生物安全关键技术研发”重点专项，针对人与动植物新发突发传染病疫情、外来生物入侵、实验室生物安全，以及人类遗传资源和特殊生物资源流失等国家生物安全关键领域，开展科技攻关，推动我国生物安全科技支撑能力达到国际先进水平（刘杰等，2016）。

三、重大突发传染病疫情相关的生命健康数据问题

重大突发传染病疫情是指某种传染病突然发生、在短时间内传染范围广泛并导致大量感染或死亡病例，其发病率远远高于常年发病率的情况，是特别重大的突发公共卫生典型事件。近20年来，世界发生了多次重大突发传染病疫情，如2003年的SARS、2009年的甲型H1N1流感、2014年的西非埃博拉疫情、2015～2016年的寨卡病毒疫情、2018～2019年的刚果埃博拉疫情、2019年以来的新冠疫情。这些疫情具有高度不确定性、突发性、巨大破坏性，病毒具有极大隐蔽性、传播性和变异性，对人民生命财产造成了极大的破坏性影响。

通常，重大突发传染性疾病相关的生命健康数据主要包括三大类：①遗传数据，指生命健康个体（包含人、动物、植物、病毒、微生命健康等各类生命个体）携带的特异性遗传信息，主要包括DNA、RNA和蛋白质等生命健康分子信息，具备可遗传和可变异等分子特征；②非遗传数据，指描述生命健康体、病毒、微生命健康性状的各类衍生数据，包括生命健康实验研究数据、药物临床试验数据、健康管理数据和文献数据等，这些数据可以是仪器设备直接产生的，也可以是通过推理和计算间接得到的；③公共基础数据，包括流行病学数据、患病人数、疑似人数、医学观察人数、临床诊疗数据等，还可以包括人口数据、交通数据、医疗机构数据、疫苗接种数据、疫情防控数据等。这些生命健康数据都是重大突发传染病研究的核心载体和关键内容，从不同角度反映了人类认识重大突发传染病的程度。目前我国在重大突发传染性疾病相关的生命健康数据管理方面面临的主要问题包括如下几个方面。

（一）缺乏生命健康数据安全管理的保障制度

目前我国各级地方政府和科研平台间普遍缺乏生命健康数据获取和开放

的安全保障制度，尤其缺乏法律政策的规范和指导。没有针对敏感数据和隐私保护的具体措施，也并未对已经采集的生命健康数据的安全共享和使用方案进行必要说明。缺乏重大突发传染性疾病相关的数据安全与伦理委员会和各级信息安全部门来督导、引领、落实国内生命健康医学大数据的数据安全与隐私保护。

（二）数据的发布和共享渠道各异

在我国，政府官网通常是疫情数据发布的重要平台，提供疫情实时数据报告等信息，但也有不同的媒体网站发布疫情数据。在疫情发展过程中，医疗机构与政府部门等获得的患者病情、救治方法与疗效等数据的共享机制还不健全，从而不利于全面、快速地评估部分诊疗方法的效果，并开发新的疫情防控与治疗方法和相关药物等。

（三）数据之间的关联性和整合度不够

以此次新冠疫情为例，疫情相关的生命健康数据集缺乏必要的分类整理，数据的类型和格式没有统一标准，给数据的整合分析带来了较大困难。目前，我国重大疫情数据的开放共享还没有形成统一的体系，一些疫情的数据以碎片化的、不连续的、不完整的方式散落在不同政府网站、互联网门户网站和科研平台的页面和文件里，提取和整理这些数据需要耗费大量的资源，不同数据之间有时也存在矛盾，不利于使用者进行分析利用。

第四节　未来 5～15 年的关键科学与技术问题

一、基础病原学与疫苗研究

我国亟须组织跨学科、跨领域的科研团队，通过对病原体生存环境、可能的自然源头与中间宿主、传播途径方面的整体研究，以新冠病毒为契机，从多学科视角形成针对新发突发传染病发生、发展的规律性认识，总结发现一系列新发突发传染病背后的必然性规律。疫苗和药物是应对新发和烈性传染病流行的有效手段，针对传染病的疫苗有灭活疫苗、减毒活疫苗、基因工程疫苗等不同类型，药物主要有小分子化合物、抗体和抗血清等。由于新发和烈性传染病在暴发早期具有不可预见性，大多数新发和烈性传染病并没有有效的疫苗和药物储备，因此人们在应对疾病流行时非常被动。开发疫苗和药物不仅是新发和烈性传染病领域中最迫切需要解决的问题，也是生物安全领域中应对生物恐怖的重要手段。

二、高通量组学技术在生物安全中的应用

针对当前生物安全实验室检测技术相对单一并且灵敏度和效率不高的问题，建立以高通量测序、宏基因组学、基因芯片及 PCR-MassArray 质谱等技术为基础的多模式、多通道检测体系，研发生物安全防控的组合检测前沿技术，开发基于海量组学数据的特征菌株识别、入侵物种遗传变异信息挖掘和种内多态性分析等一系列计算方法，为重大传染病和生物突发事件的调查和监测提供技术升级；针对现有生物安全数据缺乏标准化技术及完善的数据整合与转换方法等问题，结合并行计算技术和计算生物学手段，构建大数据整合方法和高性能的计算工具，搭建可以处理多类型信息数据的整合分析和预警平台，构建基于个体水平的病原分子分型数据库，并在此基础上建立和维护面向我国生物安全监测网络的数据库和信息库。当前国内的生物安全防控缺乏统一的数据标准化技术及完善的数据整合与转换方法，也缺少对前沿生物识别技术、新检测方法和相关数据资源的开发利用，研发基于组学数据的生物安全防控的新型检测技术、升级优化生物威胁监测网络具有重要意义。

三、交叉学科技术

合成生物学技术、新型传染病防控技术、新型神经学技术的发展，将进一步提高传染病监测、检测及威胁评估、预防和恢复能力（刘晓等，2016）。美国国防部高级研究计划局（DARPA）已启动“生命铸造厂”项目，旨在创

建革命性的生物制造平台，采用新型生产模式，制造新型特质材料，开发新型产品（化学品、燃料、药物等）和系统（多细胞体系、自我修复体系、警戒性生物体系），以维护国家安全。新型遗传学和免疫学技术的研发，可用于精确和快速检测、诊断和治疗传染病；建立病毒进化研究平台，通过预测其突变路径，在疾病暴发前研发药品和疫苗等。另外，微电子、信息科学及神经科学技术的发展有助于创建可临床应用的连接受损脑部的植入式神经接口，进行精确的刺激治疗。发展基于计算机技术、数据挖掘、人工社会建模、地理信息系统、复杂系统建模仿真等技术及管理科学，将在生物威胁事件监测预警、危害评估、应急响应等方面发挥重要作用。

第五节　发展目标与优先发展方向

一、大力推进大数据技术在生物安全中的应用

生物安全相关的大数据涉及环境、生物、健康、农业等各个方面。长期以来，生物安全大数据的应用存在的主要问题是：数据结构不够标准，缺少有效的数据挖掘和分析工具，缺少有效的算法和模型及相应的更为精准的预测工具，数据实时获取与预测工具之间耦合不够等。因此，应加强生物安全大数据的挖掘与新型高效预测工具的开发（陈性元等，2020），重点关注生物安全大数据的采集和共享标准的制定、大数据之间内在的关联性分析及新型数据挖掘工具的研发，建立基于大数据的高准确度、高鲁棒性和实时性的预测工具，研发预测病害、虫害、生物入侵、生物安全等的相关模型和应对策略。

二、建立国家生物安全数据管理领导体制和数据汇交机制

构建统一、集中、高效、权威的国家生物安全数据管理领导体制，是加

强国家生物安全数据管理的根本保证，也是维护国家生物安全数据安全的重要保证。解决生物安全数据安全的一个核心问题是通过全国统一的数据中心对生物安全数据进行保存和监管。因此，亟须建立健全生物安全相关领域的全链条数据统一汇交、共享和管理机制，明确国家各类科技项目所产生的科学数据、文献成果和算法代码等，彻底打破我国生命健康领域存在的“数据流失”“数据孤岛”“共享匮乏”等现象，切实保障我国人类遗传资源、重要战略生物安全资源等数据的统一汇交与集中管理。

本章参考文献

陈方, 张志强, 丁陈君, 等. 2020. 国际生物安全战略态势分析及对我国的建议 [J]. 中国科学院院刊, 35(2): 204-211.

陈性元, 高元照, 唐慧林, 等. 2020. 大数据安全技术研究进展 [J]. 中国科学（信息科学）, 50(1): 25-66.

焦健, 马新勇. 2021. 从病原微生物学科领域理解生物安全的基础与前沿 [J]. 中国科学（生命科学）, 51(11): 1593-1596.

刘杰, 任晓波, 陈新文, 等. 2016. 中国科学院生物安全科技支撑体系建设的战略思考 [J]. 中国科学院院刊, 31(4): 394-399.

刘晓, 王小理, 阮梅花, 等. 2016. 新兴技术对未来生物安全的影响 [J]. 中国科学院院刊, 31(4): 439-444.

田金强, 何蕊, 陈洁君, 等. 2019. 我国生物安全科技工作成就与展望 [J]. 生物安全学报, 28(2): 111-115.

张润志, 姜春燕, 徐婧. 2016. 防范生物入侵：以昆虫为例 [J]. 中国科学院院刊 , 31(4): 400-404.

Asselah T, Durantel D, Pasmant E, et al. 2021. COVID-19: discovery, diagnostics and drug development[J]. Journal of Hepatology, 74(1): 168-184.

Chen Y Y, Klein S L, Garibaldi B T, et al. 2021. Aging in COVID-19: vulnerability, immunity and intervention[J]. Ageing Research Reviews, 65: 101205.

Delaney B, Goodman R E, Ladics G S. 2018. Food and feed safety of genetically engineered food crops[J]. Toxicological Sciences, 162(2): 361-371.

Forchette L, Sebastian W, Liu T. 2021. A Comprehensive review of COVID-19 virology, vaccines, variants, and therapeutics[J]. Current Medical Science, 41(6): 1037-1051.

Shan K J, Wei C S, Wang Y, et al. 2021. Host-specific asymmetric accumulation of mutation types reveals that the origin of SARS-CoV-2 is consistent with a natural process[J]. The Innovation, 2: 100159.

Wan F H, Yang N W. 2016. Invasion and management of agricultural alien insects in China[J]. Annual Review of Entomology, 61: 77-98.

第十三章

生物信息学与空间生命科学

第一节　发展历史与驱动因素

空间生命科学是随着人类对空间的探索而产生并发展形成的新兴学科。它是空间科学和生命科学的交叉前沿。它既是空间科学的一个重要的分支，也是生命科学在空间特殊环境下的延伸与拓展。空间生命科学是高地，也是未来。空间生命科学对国家规划当前和未来的空间任务具有重大的战略意义，是世界上所有强国都在通过相关政策积极发展的领域。截至 2020 年，随着载人航天技术的迅猛发展，全球已经有超过 500 名航天员完成了航天飞行任务（Smith et al.，2020）。空间生命科学的数据具有与地面生命科学不一样的特征，对数据分析方法提出了新的挑战。随着近些年空间生命科学数据的快速积累，其进一步发展离不开空间生物信息学分析方法的改良与突破。

一、发展历史

半个多世纪以来，空间生命科学始终是各国政策支持的重点方向。早在

1960年，美国国家航空航天局（National Aeronautics and Space Administration，NASA）就启动了空间基础生物学计划，通过开展分子、细胞及发育生物学研究，解析太空独特的环境对生命过程的影响。其中既涉及空间飞行对动物、植物及微生物的影响，特别是探索包括超重和失重在内的重力变化产生的生理影响，又涵盖了高能宇宙射线及宇宙磁场的细胞生物学与发育生物学效应。除了生命个体层面的微观研究，该计划的另一个研究重点是空间飞船环境中各个物种在太空的宏观生态圈内的相互作用。

伴随着人类对宇宙认知的不断深入与对宇宙空间探索的逐步拓展，人们对“是否存在人类以外的宇宙智慧生命”的好奇心与日俱增。1971年，NASA启动了一个寻找外星的智慧生命项目——搜寻地外文明（Search for Extra Terrestrial Intelligence，SETI）计划。其主要内容是实现全球合作，通过对无线电信号的数据分析寻找地外生命存在的线索，这形成了空间信息学的雏形。由于空间距离上的巨大鸿沟，人们受限于亲身接近地外生命所在的星球的能力，目前寻找地外生命主要通过在附近的恒星系统中检测并寻找窄频和短时闪现的无线电信号。尽管这些项目目前尚未得到明确的结论，但是人们普遍相信，在浩瀚的宇宙中，地外生命是一定存在的，发现地外生命需要依赖于信号检测和数据分析能力的不断提升。

作为对空间站宇宙生态学的探索，20世纪90年代初，NASA批准了美国波音飞机生命科学研究中心的一项建造空间植物园的科研计划。他们设想将空间植物园设计成圆筒状，直径约4米，长约14米，与空间站一起在空间轨道上运行。园内装置一套信息化系统以控制植物园的环境，为植物提供所需的水分、肥料、阳光、温度及湿度。植物园内的管理、收获、加工及废物处理则由机器人的智能控制完成。

除美国以外，欧盟也采取了一系列涉及空间生命科学的措施。2016年，欧盟和俄罗斯正式启动首个火星生命搜寻合作项目“火星太空生物”。任务的第一阶段由痕量气体轨道探测器（Trace Gas Orbiter）“斯基亚帕雷利号”（Schiaparelli）登陆器组成。该项目的第二个阶段由俄罗斯的登陆器和欧洲的火星车组成，原定于2022年9月完成的发射任务由于国际形势变化暂停。在政府对空间生命科学相关研究进行资助的同时，私人企业也在积极推动空间科学的探索。由埃隆·马斯克（Elon Musk）领导的探空探索技术公司（SpaceX）在2012年成功实现了“龙”（Dragon）太空舱与国际空间站（International Space Station，ISS）对接后返回地球，这标志着太空运载进入私人可以承接运营的时代。2018，SpaceX公司进一步实现了“重型猎鹰”运载火箭的发射，成功完成了两枚一级助推火箭的完整回收。私人运载火箭的运营扩展了空间生命科学的研究主体，为进一步多元化的研究提供了机遇和可能性。

多个研究机构发布了与空间生命科学相关的评估报告，其中也涉及空间生物信息学的内容。美国国家研究委员会（National Research Council，NRC）的生命起源和进化委员会于2003年发布了名为《宇宙中的生命：美国和国际天体生物学计划评估》（Life in the Universe: An Assessment of U.S. and International Programs in Astrobiology）的报告，对NASA正在进行的与空间生命科学相关的计划进行了评估（National Research Council of the National Academies，2003）。2006年，应NASA的请求，NRC对其发布的航天医学路线图作出评估，并给出题为《载人空间探索风险降低策略：NASA航天医学路线图评估》（A Risk Reduction Strategy for Human Exploration of Space: A Review of NASA’s Bioastronautics Roadmap）的评估报告（National Research Council of the National Academies，2006）。2011年，NRC发布了题为《重掌未来的空间探索》（Recapturing a Future for Space Exploration）咨询报告，梳理并规划了新时代的空间生命科学研究（National Research Council of the National Academies，2011）。2018年10月10日，美国国家科学院、工程院和医学院发布经美国国会授权的报告《寻找宇宙生命的空间生命科学策略》（An Astrobiology Strategy for the Search for Life in the Universe），建议将空间生命科学纳入未来空间探索任务的各个阶段（National Academies of Sciences Engineering and Medicine，2018）。

在教育教学方面，一些高校设有空间生命科学相关研究项目与课程。例如，华盛顿大学设有空间生命科学项目（Astrobiology Program），通过研究项目的学生将被授予空间生命科学与相关专业的双博士学位。NASA赞助了科罗拉多大学的空间生命科学中心（Center for Astrobiology）的活动，主要包括相关学科的研究进展、空间生命科学系列研讨会及关于空间生命科学重大问题的座谈会等。在校研究人员与学生则可以积极参与该领域的研究与培训。

根据NASA提供的美国空间生命科学项目设立情况，共有5个学校设立了空间生命科学的本科项目，6个学校设立了空间生命科学的硕士项目，14所学校设有与空间生命科学相关的大型开放式网络课程（MOOC）。

在我国，2007年中国国防科学技术工业委员会发布了《“十一五”空间科学发展规划》，内容包括开展微重力科学和空间生命科学等的实验研究。我国载人航天发展已经完成多次成功的短期载人航天飞行任务，并在此过程中开展了一系列空间生命科学实验，包括植物全发育周期的在轨观测，以及微生物和蛋白质科学与工程的相关研究。中国航天员科研训练中心研究团队已经开展多次空间飞行前后人体血细胞表观遗传学的研究实践，积累了飞行前后的血细胞DNA甲基化数据，并同步采集了与空间骨质丢失、糖脂代谢、免疫功能等相关的血生化表型指标。这些特色数据资源为研究我国航天员在短期空间环境影响前后的表观遗传学及生理变化提供了重要数据支持。随着空间生命科学数据的迅速积累，鉴于其数据的稀有性、复杂性与独特性，人们对生物信息学的分析方法的需求日益增长。

二、驱动因素

空间科学的发展极大地促进了空间生命科学研究。当前地球上的生命现象是在地球历史上特定环境之下起源，经历了40亿年左右不断地演化发展而形成的状态。人类在认知与探索这个包括自身在内的自然现象及背后规律的过程中，形成了近代科学的一个重要自然科学领域——生命科学。另一方面，基于近代科学的另一个重要自然科学领域——物理学——在20世纪最为重大的科技成就就是突破了来自地球的万有引力束缚，将人类带入距离地球表面超过100千米的浩瀚空间。随之而来的基本科学问题就是：太空的特殊极端环境会对动植物的活动产生什么影响？在陌生的宇宙环境中，人类能否长期生存？宇宙空间的其他地方有生命存在吗？因此，一个伴随着人类航天活动，与传统生命科学相关领域交叉结合发展起来的新兴学科——空间生命科学——成为前沿交叉学科，引起人们广泛的兴趣和重视（Pascale et al.，2021；Milojevic and Weckwerth，2020；Menezes et al.，2015）。尤其是空间站为人类在空间探索生命科学的基本问题提供了一个环境独特而又相对稳定的实验室，成为从事在地面无法开展的研究的有效平台，为人类开展空间生命科学探测发挥了不可替代的作用。空间生命科学大致包括以下三个研究方向。

（1）在空间环境下开展的（有人或无人操作的）生命科学研究，在空间极端环境下进行的生理学与生态学研究。

（2）空间环境生物样本返回地面后的后续研究，借助于空间无法搭载的地面大型设备，对空间采集样品开展空间中无法进行的生命科学检测与分析。

（3）空间生命科学的地面转化和应用研究，如将空间中获得的诱变产物应用于地面。

在这三个方向中，生物信息学都可以也理应发挥巨大的作用。空间生物信息学通过整合大量的空间生命科学数据获得新的知识，是空间生命科学不可或缺的关键组成部分。

第二节　国内研究基础与国际竞争力

我国在空间生命科学的研究中取得了一系列的进展，成效显著。在空间育种领域，1987 年 863 计划实施伊始就涵盖了航天育种项目。在空间动物实验方面，我国于1990年在发射的返回式卫星上开展了空间中小鼠的生理实验。在载人飞行任务中，我国科学家在“神舟六号”上开展了搏动心肌细胞的在轨实验，这在当时尚属国际上的首次。在“神舟九号”和“神舟十号”两次载人飞行中，我国科学家共开展了 27 项实验研究，这些研究在认识宇宙环境对人类的影响领域取得了突破性的认知。同时，这些研究也为发展和完善中长期飞行航天员健康保障技术、有效维持未来人类（不仅限于航天员）在太空中的常态化生存与提升太空中的工作能力奠定了坚实的理论基础。为加快航天医学等新兴专业发展，2018 年，致力于推广应用现有航天医疗手段、催生新型航天医疗体系的北京大学–航天中心医院航天医学科技创新中心在京成立。

1992 年，我国政府就制定了载人航天工程“三步走”发展战略，其中建成空间站是发展战略的重要目标。天宫空间站是我国设计建造的一个模块化空间站系统，由天和核心舱、问天实验舱Ⅰ和梦天实验舱Ⅱ三个舱段组成。2021年5月，空间站天和核心舱完成在轨测试验证。根据规划，天宫空间站轨道高度为400～450千米，设计寿命为10年，总重量可达180吨。天宫空间站预计长期驻留3人，是具备开展较大规模的空间科学实验与技术试验能力的国家太空实验室。

空间生物信息学在全球范围内依然处在起步阶段，最近几年才开始有重要学术论文发表。例如，《科学》期刊于2019年发表的“双生子太空人”的研究，通过对一对孪生双胞胎（其中一位为航天员）进行全面检验，系统地研究了空间活动对人类生理和遗传物质的影响（Garrett-Bakelman et al.，2019）。与空间生物信息学相关的算法可以在诸多其他生物信息学领域找到原型，我国在相关生物信息学研究方面取得了长足的发展，为空间生物信息学的建立与发展奠定了坚实的基础。

空间生物信息学发展的根基之一是有效去除实验观察的批次效应、建立数据标准化算法。对生命科学数据进行批次效应校正的生物信息算法已经在深度学习方法中找到原型，如*k*-最近邻域法（*k*-nearest neighbor method）（Altman，1992）。*k*-最近邻域法是一种非参数的懒惰学习算法，既是最简单的分类算法之一，也是最常用的学习算法之一。它的目的是将数据库中的数据点分成几类，进而预测新样本点的分类，已经被广泛应用于校正单细胞转录组数据的批次效应。我国在相关算法领域取得了较好的进展，一些科学家则加入国际人类细胞图谱计划（Rozenblatt-Rosen et al.，2017），相关算法的发展将为我国空间生物信息学的发展奠定坚实的理论基础。

空间生命科学数据的一个显著特征是存在细胞异质性。细胞的高异质性不仅出现在空间生命科学的样品中，也存在于地面上人类的肿瘤细胞里。国家自然科学基金委员会的重大研究计划“微进化过程的多基因作用机制”支持了国内一批科学家从细胞进化的角度对肿瘤发展进行研究，通过监测单细胞基因组变异与转录组变化来理解肿瘤的发生与扩散机理（Wu et al.，2016）。相关的细胞异质性算法将为空间生物信息学研究提供借鉴。

在空间极端环境下收集的样品可能部分已经发生降解和破坏。例如，2016年有报道显示月球表面水熊虫的DNA可能已经在一定程度上遭到破坏

（Hashimoto et al.，2016）。这为地面上对其进行基因组测序的研究增加了难度。如何通过生物信息学方法从中提炼有意义的生物学知识则可以借鉴古DNA测序分析的相关研究。我国科学家在古DNA领域已经具备一定的基础并在国际上崭露头角，通过对相关生物信息学算法进行优化，可以成为我国空间DNA信息学的研究起点。

总之，我国在生物信息学的相关领域有了一定的积累，并初步形成了合作团队。结合国内空间物理科学近些年的飞速发展，通过未来十年乃至二十年的努力，可以在国际上独树一帜，占领空间生命科学的制高点。

第三节　发展态势与重大科技需求

一、国际发展现状

美国是空间生命科学研究的发源地，相关研究基本由NASA主导，包括以火星和整个太阳系探索为主的空间探索项目都是NASA空间生命科学研究的重要组成部分。1976年“海盗一号”和“海盗二号”分别在火星登陆，它们在火星的现场实验发现，火星的表面或近地表都没有生命存在的迹象。NASA于1995年启动了探索空间生命的科学研究项目。1995年太阳系以外第一颗行星的发现，1996年木卫二欧罗巴上液态水海洋的发现，火星陨石艾伦·希尔斯84001（ALH84001）中可能存在与生物成因相关的磁铁矿的报道，以及在38.5亿年的岩石中可能的生命标志物（尽管后来发现可能是错误的）的报道都极大地推动了空间生命科学的发展（Kanapskyte et al.，2021）。空间生命科学会议（AbSciCon）自2000年在NASA召开以来，已经成为每两年一次固定的国际会议。

欧洲空间生命科学网络学会于2001年成立，协调17个欧洲国家的有关空间生命科学的活动。与空间生命科学有关的计划包括以行星探索为主题的“卡西尼-惠更斯号”计划（Cassini-Huygens，1997年，探索土星与其最大卫星土卫六)、“火星快车号”计划(Mars Express，2003年，加载小猎犬2号登陆器，研究内容包括探测火星上的水和生命)、“罗塞塔号”计划(Rosetta，2004年，探测彗星和星际物质)、对流旋转和行星横越计划(CoRoT，2006年，探索太阳系外行星)、“黎明号”计划(Dawn，2007年，探索小行星带的灶神星与谷神星)、计划中的“达尔文”项目(目标为寻找类地行星)及在地球轨道上的生命科学实验。

国际空间站为人类探生命科学基本问题提供了一个环境特殊的实验室，成为验证在地面无法开展的研究的有效测试平台，是人类开展空间探测的一个重要支点。国际空间站由美国、俄国、欧盟、日本等16个国家和组织共同建造、运行和使用。我国曾表达过参与国际空间站建设的意向，但因一些国家的反对，未能成功提交申请。国际空间站于1998年正式建站，于2010年完成建造任务转入全面使用阶段。空间站共有13个舱，其中一部分用于生命科学研究，涉及的生命科学和生物医学实验包括微重力科学研究、辐射生物学研究、植物生理及细胞生物学研究。国际空间站的建立和投入使用标志着空间生命科学的重大突破，其收集的大量数据也为空间生物信息学提出了新的要求。

二、已取得的重要成果

航天生理学与医学是空间生命科学中的应用学科，主要研究太空中的各种特殊因素对人体的影响，探讨其机理并制定有效的防护措施，目的是保障航天员在空间飞行时能够健康有效地工作。航天医学细胞分子生物学近几年的研究成果对于深刻认识理解航天医学问题的本质具有重要作用。该学科围绕航天重力环境的适应与再适应特征、器官间相互作用、心肌功能重塑及空间骨质丢失的发生机理等方面进行深入研究，建立了多项适合空间细胞学研究的技术、细胞模型和新理论。

2019年，一篇《科学》期刊文章报道了NASA的一项闻名已久的“双生子太空人”实验结果。一对白人同卵双胞胎兄弟，一个在国际空间站生活了340天，另一个留在地球。在这个过程中，科学家们对兄弟俩的多项生理生化指标进行了测试，期望解析长时间空间飞行对人体产生的影响。在这项研究中，研究者分析了宇航员的外周血细胞的基因表达变化，不少基因的表达在空间中发生了变化。虽然这些基因表达的变化有 91.3% 在“太空人”返回地球的 6 个月之内恢复了原状，但是仍有 8.7% 尚未恢复（Garrett-Bakelman et al.，2019）。

2019 年另一个广受关注的关于空间生命科学的报道是水熊虫在月球的定植（Weronika and Łukasz，2017）。据推测，随着以色列探测器“创世纪号”4 月在月球表面坠毁，探测器上携带的微型动物水熊虫（属于缓步动物门）可能在月球定植。水熊虫可在极端温度、饥饿、辐射和真空环境下存活，是地球已知生命力最强的生物之一。由于水熊虫基因组中编码了“防辐射”的蛋白质，可以降低其在紫外辐射下的 DNA 损失，在足以杀死人类或者地球上大部分动物的辐射条件下存活良好。相关研究将为人类在空间生存时遗传物质的保护提供重要的理论基础和实践指导。

在空间生物工程领域，许多国家都把微重力条件下的生物样品的制备作为空间生命科学的重点研究项目。组织工程是空间生物工程领域的热点，如空间 3D 生物打印的技术——在空间的环境下，利用 3D 生物打印机制造医疗器械、组织工程支架和组织器官等。在零重力的环境下，3D 生物打印产生的器官成熟得更快、生理活性更高。2018 年，俄罗斯宇航员开始了人类历史上首次生物器官的在轨 3D 打印工作，在空间中制造出小鼠甲状腺，为空间 3D 打印人体器官铺平了道路。美国国立卫生研究院也启动了相关空间组织芯片计划，在国际空间站研究微重力环境中人类器官病变的机理。

三、重大科技需求

空间生命科学的发展带来了多方面的重大科技需求。一方面，随着地球资源的日益匮乏，开展空间探索并获取空间矿物等资源成为未来空间科学的发展方向，这往往需要人类长期在宇宙空间开展作业。人类进入宇宙空间可能会发生心血管功能障碍、空间骨质丢失等多种生理、病理变化，造成机体损伤。因此，积累空间生物学知识、创造适宜人类长期居住的空间环境成为重大科技需求。为了支持人类在宇宙空间的长期生存，依赖于植物与微生物的生态平衡相比较于非生物方法创造的人类宜居环境可能更具稳定性。因此，开展针对空间探索与定居的植物与微生物的生理、群体研究也具有重要的意义。另一方面，空间育种与药物发现是空间生命科学的重要领域。经航天搭载诱变之后的菌株可以服务于人类的产业化应用需求。20 世纪 70 年代，美国宇航局提出开发利用空间微重力等资源进行空间制药，这在世界范围内引起了广泛的重视。进一步对植物微生物品种品系进行优化则是重大的科技需求。

空间生命科学数据的积累要求我们用更加先进的方法对其信息进行分析与提取，最终转化为生物学知识。生物信息学通过整合生物数据获得新的知识，在生命科学研究中正扮演着越来越重要的角色，是信息时代为生命科学与医学带来的巨大推动力。空间生命科学是生物信息学与多个学科交叉融合并实现创新应用的特殊领域，生物信息学是空间生命科学不可或缺的关键组成部分。空间生物信息学面临着三个方面的挑战：空间生命科学的样品珍贵，具有“少量”的特征；由于其珍贵性，科学家往往使用多种方法（如转录组、蛋白质组、表观组、代谢组、生理、生化、病理等）对其进行分析，构成了数据“高维”的特征；而空间辐射等带来的影响可能在细胞之间存在差异，因此数据在细胞间存在“高异质性”。“少量、高维、高异质性”这三个方面的特征对数据分析方法构成的挑战在生物信息学历史上是极为罕见的，对生物信息学的方法提出了全新的要求。

第四节　未来 5～15 年的关键科学与技术问题

随着国际空间站、火星探测、月球基地和空间移民等新空间计划的制定，空间生命科学面临着日益紧迫的任务。生物信息学将带给生物医学巨大的推动力，正在扮演着越来越重要的角色。同样地，生物信息学对空间生命科学的发展也将发挥不可或缺的作用。随着太空旅行实验的增多，空间生命科学积累了越来越多的数据，如何通过生物信息学方法从这些数据中获得生物学知识与发现，成为生物信息领域专家广泛关注的问题。

一、处理“小样本”和“无重复”样本的相关问题

尽管空间生命科学正在积累越来越多的数据，其总体的样本量相对于地面实验数据而言仍非常有限。另外，实施一次航天实验成本很高，通常不具备重复实施实验的条件。例如,《科学》期刊于2019年发表的“双生子太空人”实验仅包括一对双胞胎的一次实验，而地面上类似的“双生子”研究则可以广泛地开展，往往可以收集到成百上千对同卵双胞胎的数据。如何建立有效的算法，从少量的样品中获得有效可信的生物学知识，避免偶然性与随机性带来的计算误差，成为空间生物信息学独特的关键科学与技术问题。

二、处理多维数据的相关问题

由于空间生命科学样品的珍贵性，科学家往往对其进行了全方位的检测，从包括转录组、蛋白质组、表观组、代谢组、生理、生化、病理等多个角度对单一样品进行深度分析。这进一步构成了“高维”的数据特征。例如，“双生子太空人”实验涉及了多种研究方法的丰富数据，然而因为缺乏统计分析，还不足以得出确凿的结论。相反，它更像是一个探索的开始。如何整合高维数据是空间生物信息学另一独特的关键科学与技术问题。

三、处理数据异质性高、数据干扰因素多的相关问题

空间生命科学更重要的一个特征是样品具有“高异质性”。以空间辐射为例，其造成的DNA突变在细胞之间具有差异，而传统的基于细胞群体的研究方法可能会忽略单细胞的关键特征。另外，空间环境复杂，辐射、微重力、饮食及出舱工作等因素都会对数据造成难以评估的干扰。如何建立算法，对异质性数据进行拆解，降低非实验因素对结果的影响，排除异质性数据噪声的干扰，从而识别关键的生物学信号成为空间生物信息学第三个关键科学与

技术问题。

如上所述的空间生物信息学的这三个关键科学与技术问题互相叠加与倍增——每一个技术瓶颈与壁垒都因为另两个的存在而变得更加难以克服，三者共同为空间生物学信息学提出了生物数据处理中史无前例的独特挑战。

第五节　发展目标与优先发展方向

空间生物信息学需要优先在以下三个方面取得突破：发展“少量、高维、高异质性”数据分析策略，特别是对多批次来源迥异的数据采用标准化的方法；结合地面已有的海量生命科学数据进行多组学联合分析，建立将空间生命科学数据“投射”（project）到地面数据“全景空间”（space）的方法；发展单细胞多重组学生物信息学分析。

一、“少量、高维、高异质性”数据分析策略

在生物信息学的历史中，“少量、高维、高异质性”这三个方面的数据特征极为罕见，它们对生物信息学的分析方法构成了全新的挑战。一种可能的解决方法是将多次空间实验的结果整合来进行元分析（meta-analysis）。由于每次实验条件、检测仪器、实验流程、操作人员都存在差异，数据具有批次异质性并受到诸多干扰因素的影响。如何标准化数据、如何整合数据并开展后续分析、如何开展统计建模和推断都成为攻克空间生物信息学技术瓶颈的优先发展方向。

二、多组学联合分析

通过元分析可以部分解决空间生物信息学的样品数目较少的问题，但是依然无法完全摆脱该困境——即使将多次空间实验的数据进行整合，其样本

量依然不足以支撑高灵敏度的统计推断。针对“少量、高维、高异质性”数据特征的根本性整体解决方案是结合地面的海量生物学数据进行多组学联合分析。利用地面大量的实验数据构建生命过程全景空间，将少量的数据投射至该全景空间中，对其进行解读，从而转化为对空间生物学的认知。如何实现依据充分的数据投射是空间生物信息学另一优先发展方向。

三、单细胞多重组学生物信息学分析

空间生物学样本由于接受空间射线辐射的异质性而产生了细胞的“高异质性”，只能在单细胞水平开展多重组学分析。尽管单细胞多重组学研究相关的实验方法已经在地面上初步建立，但是相应的生物信息学方法仍然有巨大的进步空间，特别是如何实现单细胞多重组学的信息在单细胞层面的整合仍是挑战。区别于地面上单细胞组学的研究，空间样品单细胞可能携带大量的基因组 DNA 突变，如何将突变信息整合进单细胞多重组学数据分析是一个空间生物信息学的独特挑战。总而言之，从高度异质的单细胞多重组学数据中挖掘生物学知识成为空间生物信息学领域第三个优先发展方向。

本章参考文献

Altman N S. 1992. An introduction to kernel and nearest-neighbor nonparametric regression[J]. The American Statistician, 46: 175-185.

Garrett-Bakelman F E, Darshi M, Green S J, et al. 2019. The NASA twins study: a multidimensional analysis of a year-long human spaceflight[J]. Science, 364(6436): eaau8650.

Hashimoto T, Horikawa D D, Saito Y, et al. 2016. Extremotolerant tardigrade genome and improved radiotolerance of human cultured cells by tardigrade-unique protein[J]. Nature Communications, 7: 12808.

Kanapskyte A, Hawkins E M, Liddell L C, et al. 2021. Space biology research and biosensor technologies: past, present, and future[J]. Biosensors, 11(2): 38.

Menezes A A, Montague M G, Cumbers J, et al. 2015. Grand challenges in space synthetic biology[J]. Journal of the Royal Society Interface, 12(113): 20150803.

Milojevic T, Weckwerth W. 2020. Molecular mechanisms of microbial survivability in outer space: a systems biology approach[J]. Frontiers in Microbiology, 11: 923.

National Academies of Sciences Engineering and Medicine. 2018. An Astrobiology Strategy for the Search for Life in the Universe[R]. Washington, D.C.: The National Academies Press.

National Research Council of the National Academies. 2003. Life in the Universe: An Assessment of U.S. and International Programs in Astrobiology[R]. Washington, D.C.: The National Academies Press.

National Research Council of the National Academies. 2006. A Risk Reduction Strategy for Human Exploration of Space: A Review of NASA's Bioastronautics Roadmap[R]. Washington, D.C.: The National Academies Press.

National Research Council of the National Academies. 2011. Recapturing A Future for Space Exploration: Life and Physical Sciences Research for A New Era[R]. Washington, D.C.: The National Academies Press.

Pascale S D, Arena C, Aronne G, et al. 2021. Biology and crop production in space environments: challenges and opportunities[J]. Life Sciences in Space Research, 29: 30-37.

Rozenblatt-Rosen O, Stubbington M J, Regev A, et al. 2017. The Human Cell Atlas: from vision to reality[J]. Nature, 550: 451-453.

Smith M G， Kelley M, basner M. 2020. A brief history of spaceflight from 1961 to 2020: an analysis of missions and astronaut demographics[J]. Acta Astronautica, 175: 290-299.

Weronika E, Łukasz K. 2017. Tardigrades in space research - past and future[J]. Origins of Life and Evolution of the Biosphere, 47: 545-553.

Wu C I, Wang H Y, Ling S P, et al. 2016. The ecology and evolution of cancer: the ultra-microevolutionary process[J]. Annual Review of Genetics, 50: 347-369.

关键词索引

E

F

G

H

J

K

L

M

N

Q

R

S

T

W

X

Y

Z

其 他